普通高等教育"十三五"规划教材

通信与导航系列规划教材

通信工程设计与案例
（第3版）

The Case and Design of
Telecommunication Engineering, 3rd Edition

杜思深　编著

电子工业出版社

Publishing House of Electronics Industry

北京·BEIJING

内 容 简 介

本书将近年通信工程（移动通信、卫星通信、短波通信、超短波通信及通信线路等）勘测、设计的技术成果、工程经验及共性知识提炼优化，形成通信基础工程设计的系统性、综合性知识。本书以无线通信基础工程建设为主，以有线通信、计算机网络基础工程建设为辅，重点介绍通信基础环境勘测与评估，通信线路工程，通信天线、馈线及桅杆，通信台站机房工程，机房综合布线工程，地线与接地，雷电与电磁武器保护，通信电源与配电等工程建设主要环节及典型设计案例。

本书主要面向大专院校无线通信类、有线通信类和计算机通信类等专业，可作为本科和高职高专学生的教材，也可作为从事通信工程、通信管理和通信监理人员和工程硕士的培训教材或参考书。

需要本书配套电子课件的读者可与作者联系，联系方式：du2877@163.com；或者向本书责任编辑（zhangls@phei.com.cn）咨询。

未经许可，不得以任何方式复制或抄袭本书之部分或全部内容。
版权所有，侵权必究。

图书在版编目（CIP）数据

通信工程设计与案例/杜思深编著. —3 版. —北京：电子工业出版社，2016.8
通信与导航系列规划教材
ISBN 978-7-121-29312-2

Ⅰ. ①通… Ⅱ. ①杜… Ⅲ. ①通信工程－高等学校－教材 Ⅳ. ①TN91

中国版本图书馆 CIP 数据核字（2016）第 153328 号

策划编辑：张来盛（zhangls@phei.com.cn）
责任编辑：张来盛
印　　刷：北京虎彩文化传播有限公司
装　　订：北京虎彩文化传播有限公司
出版发行：电子工业出版社
　　　　　北京市海淀区万寿路 173 信箱　　邮编　100036
开　　本：787×1 092　1/16　印张：16　字数：409.6 千字
版　　次：2009 年 1 月第 1 版
　　　　　2016 年 8 月第 3 版
印　　次：2021 年 2 月第 8 次印刷
定　　价：45.80 元

凡所购买电子工业出版社图书有缺损问题，请向购买书店调换。若书店售缺，请与本社发行部联系，联系及邮购电话：（010）88254888，88258888。

质量投诉请发邮件至 zlts@phei.com.cn，盗版侵权举报请发邮件至 dbqq@phei.com.cn。

本书咨询联系方式：（010）88254467；zhangls@phei.com.cn。

《通信与导航系列规划教材》总序

  互联网和全球卫星导航系统被称为是二十世纪人类的两个最伟大发明，这两大发明的交互作用与应用构成了这套丛书出版的时代背景。近年来，移动互联网、云计算、大数据、物联网、机器人不断丰富着这个时代背景，呈现出缤纷多彩的人类数字化生活。例如，基于位置的服务集成卫星定位、通信、地理信息、惯性导航、信息服务等技术，把恰当的信息在恰当的时刻、以恰当的粒度（信息详细程度）和恰当的媒体形态（文字、图形、语音、视频等）、送到恰当的地点、送给恰当的人。这样一来通信和导航就成为通用技术基础，更加凸显了这套丛书出版的意义。

  由空军工程大学信息与导航学院组织编写的 14 部专业教材，涉及导航、密码学、通信、天线与电波传播、频谱管理、通信工程设计、数据链、增强现实原理与应用等，有些教材在教学中已经广泛采用，历经数次修订完善，更趋成熟；还有一些教材汇集了学院近年来的科研成果，有较强的针对性，内容新颖。这套丛书既适合各类专业技术人员进行专题学习，也可作为高校教材或参考用书。希望丛书的出版，有助于国内相关领域学科发展，为信息技术人才培养做出贡献。

中国工程院院士：

《通信与导航系列规划教材》编委会

主　编　尹玉富　吴耀光

副主编　管　桦　甘忠辉　高利平　魏　军

编　委　赵　罡　徐　有　吴德伟　黄国策　曹祥玉　达新宇
　　　　张晓燕　杜思深　吕　娜　翁木云　段艳丽　刘　霞
　　　　张景伟　李　强　魏　伟　王　辉　朱　蒙　罗　玺
　　　　张　婧　郑光威　鲁　炜　李金良　李　凡　封同安
　　　　黄　涛　刘振霞　王兴亮　陈树新　程　建　严　红

前　言

工程设计是人们运用科技知识和方法，有目标地创造工程产品构思和计划的过程，几乎涉及人类活动的全部领域。虽然工程设计费用往往仅占工程项目的一小部分，但它对工程先进性、科学性、竞争能力等却起着决定性的影响，且往往决定工程项目总成本。所以，工程设计是现代工业文明的最重要的支柱，是工业创新的核心环节，也是现代社会生产力的龙头。工程设计的水平和能力是一个国家和地区工业创新能力和竞争能力的决定性因素之一。

卫星、短波、超短波、程控、光传输等通信工程，其建设、扩容、更新、维护、运营等都离不开工程设计。本书在第 1 版和第 2 版基础上做了较大篇幅的改编，以无线通信基础工程建设为主，有线通信、计算机网络基础工程建设为辅，重点介绍通信基础环境勘测与评估，通信线路工程，通信天线、馈线及桅杆，通信台站机房工程，接地与地线，雷电与电磁武器的保护，综合布线工程，通信电源与配电等工程建设主要环节及典型设计案例。

全书共分 9 章。

第 1 章　通信建设概述。本章就通信工程建设概念、通信建设项目分类、通信工程建设特点、通信工程建设程序等内容进行概述，以使读者对通信工程建设有一个基本的了解，为学好后续各章做好准备。

第 2 章　基础环境勘测评估。基础环境勘测是根据工程建设法律法规要求，查明、分析、评价建设场地的气候环境、地形地貌、地表土壤、电气、电磁及建筑等条件，编制建设工程勘察文件的活动。评估是对勘查和测量结果的计算、分析及评价估量，决定建设方案的设计、工程经费预算及建设周期等，影响整个工程质量及工程的顺利实施。本章主要介绍电磁环境测评、气候环境勘查、地貌形态勘测、地表土壤勘测等内容，为做好通信工程设计奠定基础。

第 3 章　通信线路工程。通信线路指通信过程中信息传输的通路或通道，一般有线通信线路特指有实体的传输介质，无线通信线路特指无实体的传输信道，这里主要讨论有线传输线路。本章主要介绍光（电）缆线路工程分类与分级、常用线路工程材料、通信线路工程勘察、通信线路工程设计、设计文档编制等内容。

第 4 章　通信天线、馈线及杆塔。天线是一种换能器，发射天线是将高频电能转换成为电磁波的装置，接收天线则是将电磁波转换成高频电能的装置。天线工程质量如何，对保证无线通信质量的好坏起着至关重要的作用。本章首先介绍电磁波传播特性与方式、天线作用及类型、天线的性能指标，然后着重讨论常见短波天线、移动通信基站天线和卫星天线的选型与安装。

第 5 章　通信台站机房工程。通信台站机房是各类通信网络的中枢，台站机房工程必须保证网络和通信设备等能够长期而可靠地运行，同时为机房工作人员提供一个舒适而良好的工作环境。本章主要介绍台站机房选址及建筑装饰要求、机房空调新风工程、消防与防火、机房照明、机房空间规划与设备布局等内容。

第 6 章 综合布线工程。将建筑物（群）内语音、数据、视频、安监及信息交换等线缆网络，进行标准通用模块化设计和开放式星型拓扑的综合布置过程，称为网络综合布线。本章首先介绍综合布线系统的组成与特点，然后讨论综合布线系统的总体规划、常用布线器材，以及工作区子系统、水平布线子系统、垂直子系统、设备间子系统、管理子系统等的工程设计。

第 7 章 接地与地线。接地是通信、电力等领域中不可缺少的重要技术。本章首先介绍接地的目的、接地方法与形式、接地电阻概念、通信工程接地装置组成等基础知识，然后给出常用接地体电阻的计算公式，最后讨论接地装置设计及敷设，以及接地电阻的测量和人工降低接地电阻的方法。

第 8 章 雷电与电磁武器保护。雷电是一种常见大气放电现象，地球上每秒钟有数百次闪电发生，对社会财产和人民生命安全形成了巨大威胁；而电磁武器和感应雷电的破坏机理在本质上与雷电是一致的。故本章首先介绍雷电的基本概念，然后讨论躲、引、拒的三种防雷与保护策略，最后给出内部防雷、外部防雷以及电磁弹和感应雷电防护方案。

第 9 章 通信电源与配电。通信电源与配电设计直接关系到网络设备、通信设备以及其他用电设备的稳定运行和相关人员的正常工作与人身安全。本章首先介绍电力系统概论、供配电系统设计要求、UPS 电源的配置方案、机房配电容量估算，然后讨论配电电缆、低压断路器的选择，以及通信机房分支供电要求。

本书内容主要是编著者多年从事通信建设工程实践的资料、经验和体会。为了适应教学需求，本书在编写过程中力求循序渐进，尽量保持叙述内容的完整性，突出可操作性、实践性和实用性，书中配有图表和工程案例，以便读者理解、查阅。因篇幅等原因，本书仅对通信基础工程的一般性内容做了重点介绍，未能面面俱到，需要进一步了解和掌握的读者可以根据实际需要和本书的提示查找相关资料。本书各章相对独立，在教学中也可针对需要进行适当取舍。

本书主要由杜思深编著，参加部分章节编写与修订的有：翁木云、庄绪春、李娜、石磊、康巧燕、马丽华、李雪松、倪延辉、韩仲祥、杜菁、夏小梅、符鸿峰。值得欣慰的是，本书第 2 版在 **2016 年陕西省普通高等学校优秀教材**评选中获得**一**等奖。在此，向为本书出版做出贡献的所有人员和本书编写与修订工作中所引用资料的原作者表示衷心的感谢。

由于本书涉及内容广泛和编著者水平有限，加之时间仓促，书中难免存在错误和不足，恳请读者批评指正。联系方式：E-mail，du2877@163.com；QQ，949327701。

目 录

第1章 通信建设概述 ·· (1)

1.1 通信工程建设概念 ·· (1)

1.2 通信建设项目分类 ·· (1)

1.3 通信工程建设的特点 ·· (4)

1.4 通信工程建设程序 ·· (5)

    1.4.1 工程立项阶段 ··· (6)

    1.4.2 工程实施阶段 ··· (7)

    1.4.3 工程验收和交付阶段 ·· (10)

复习思考题 ·· (11)

第2章 基础环境勘测评估 ·· (12)

2.1 概述 ··· (12)

2.2 电磁环境测评 ·· (12)

    2.2.1 电磁环境构成 ··· (12)

    2.2.2 监测系统组成 ··· (15)

    2.2.3 测评法规依据 ··· (16)

    2.2.4 主要测评内容 ··· (18)

    2.2.5 勘测评估步骤 ··· (20)

2.3 气候环境勘查 ·· (22)

    2.3.1 勘查内容 ·· (22)

    2.3.2 法规及要求 ··· (24)

2.4 地貌形态勘测 ·· (25)

    2.4.1 等高线地形图 ··· (25)

    2.4.2 全站仪与地形测量 ·· (27)

    2.4.3 GPS 及工程测量 ·· (32)

2.5 地表土壤勘测 ·· (34)

    2.5.1 地表土壤类型 ··· (34)

    2.5.2 土壤电阻率及其测量 ·· (34)

    2.5.3 影响土壤电阻率因素 ·· (37)

复习思考题 ·· (38)

第3章 通信线路工程 ·· (39)

3.1 概述 ··· (39)

3.2 线路工程材料 ·· (41)

  3.2.1 电缆线路材料 (41)
  3.2.2 光缆线路材料 (42)
 3.3 通信线路工程勘察 (46)
  3.3.1 勘察准备 (46)
  3.3.2 现场勘察 (47)
 3.4 通信线路工程设计 (50)
  3.4.1 线路路由选择 (50)
  3.4.2 线缆选型 (52)
  3.4.3 线路传输设计 (54)
  3.4.4 线路防护设计 (55)
 3.5 设计文档编制 (56)
  3.5.1 工程设计概况 (56)
  3.5.2 工程环境及路由方案 (56)
  3.5.3 技术要求 (57)
  3.5.4 安装及施工要求 (57)
  3.5.5 安全生产责任 (58)
  3.5.6 图纸说明 (59)
 复习思考题 (60)

第4章 通信天线、馈线及杆塔 (61)

 4.1 引言 (61)
  4.1.1 电磁波传播特性与方式 (61)
  4.1.2 天线的作用和类型 (64)
  4.1.3 天线电性能指标 (65)
 4.2 常用短波天线 (72)
  4.2.1 双极天线 (72)
  4.2.2 笼形天线 (73)
  4.2.3 三线宽带天线 (74)
  4.2.4 对数周期天线 (75)
 4.3 短波天线场地及选型安装 (76)
  4.3.1 短波天线场地 (76)
  4.3.2 天线程式的选择 (79)
  4.3.3 通信距离和接收点信噪比 (80)
  4.3.4 天线方位角、仰角与架高 (81)
 4.4 移动通信基站天线 (82)
  4.4.1 基站天线分类 (82)
  4.4.2 基站天线的选择 (85)
  4.4.3 基站天线的架设与安装 (86)
  4.4.4 基站天线的优化 (88)

4.5 卫星面天线 (89)
4.5.1 卫星面天线概述 (89)
4.5.2 卫星抛物面天线的架设与调试 (92)

4.6 馈线的选用和架设 (95)
4.6.1 馈线的概念 (95)
4.6.2 馈线的特性、指标与选用原则 (96)
4.6.3 明馈线的架设 (97)
4.6.4 射频电缆安装 (100)

4.7 通信铁塔及天馈线杆 (103)
4.7.1 通信铁塔 (103)
4.7.2 天馈线杆基础、拉线与地锚 (105)

复习思考题 (108)

第5章 通信台站机房工程 (109)

5.1 引言 (109)
5.1.1 通信台站机房工程的项目构成及特点 (109)
5.1.2 机房分类及分级 (113)

5.2 选址及建筑装饰要求 (115)
5.2.1 台站机房选址 (115)
5.2.2 建筑及装饰要求 (116)

5.3 空调新风工程 (121)
5.3.1 通信机房环境参数 (121)
5.3.2 机房灰尘及防尘 (123)
5.3.3 机房空调 (125)
5.4.4 机房新风系统 (127)

5.4 机房消防与防火 (128)

5.5 机房照明 (130)

5.6 机房空间规划与设备布局 (131)
5.6.1 机房空间规划 (131)
5.6.2 机房设备布局 (133)

复习思考题 (137)

第6章 综合布线工程 (138)

6.1 概述 (138)
6.1.1 综合布线系统概念 (138)
6.1.2 综合布线系统组成 (138)
6.1.3 综合布线系统特点和标准 (139)
6.1.4 智能建筑与综合布线 (141)

6.2 综合布线系统总体规划 (142)

  6.2.1 拓扑结构 …………………………………………………………………（142）
  6.2.2 工程类型 …………………………………………………………………（143）
  6.2.3 设计原则 …………………………………………………………………（144）
  6.2.4 设计步骤 …………………………………………………………………（145）
 6.3 综合布线工程常用器材 …………………………………………………………（145）
  6.3.1 综合布线常用传输介质 …………………………………………………（146）
  6.3.2 模块化信息插座及配线架 ………………………………………………（147）
  6.3.3 RJ-45 接头 ………………………………………………………………（150）
 6.4 工作区子系统设计 ………………………………………………………………（152）
  6.4.1 工作区子系统构成 ………………………………………………………（152）
  6.4.2 设计等级与信息插座数量估算 …………………………………………（153）
 6.5 水平子系统设计 …………………………………………………………………（154）
  6.5.1 水平子系统结构模型 ……………………………………………………（154）
  6.5.2 水平子系统线缆用量及配线架的估算 …………………………………（155）
  6.5.3 水平子系统布线方式 ……………………………………………………（156）
 6.6 垂直子系统的设计 ………………………………………………………………（159）
  6.6.1 垂直子系统结构模型 ……………………………………………………（159）
  6.6.2 垂直子系统线缆及配线架估算 …………………………………………（160）
  6.6.3 垂直子系统布线方式 ……………………………………………………（161）
 6.7 设备间子系统设计 ………………………………………………………………（162）
 6.8 管理子系统的设计 ………………………………………………………………（163）
 6.9 建筑群子系统设计 ………………………………………………………………（165）
 复习思考题 ……………………………………………………………………………（165）

第7章 地线与接地 ……………………………………………………………………（167）

 7.1 地与接地概念 ……………………………………………………………………（167）
  7.1.1 接地目的 …………………………………………………………………（167）
  7.1.2 通信工程接地装置组成 …………………………………………………（167）
  7.1.3 接地类型 …………………………………………………………………（168）
  7.1.4 接地方式 …………………………………………………………………（169）
  7.1.5 通信接地装置要求 ………………………………………………………（171）
 7.2 接地电阻概念 ……………………………………………………………………（172）
  7.2.1 接地电阻定义 ……………………………………………………………（172）
  7.2.2 接地电阻测试电路 ………………………………………………………（172）
  7.2.3 构成接地电阻要素 ………………………………………………………（173）
  7.2.4 接地电阻种类 ……………………………………………………………（174）
  7.2.5 通信工程接地电阻要求 …………………………………………………（174）
 7.3 接地电阻计算 ……………………………………………………………………（175）

    7.3.1 均匀介质水平埋设 (175)
    7.3.2 均匀介质垂直埋设 (177)
    7.3.3 形状及埋深对接地电阻的影响 (178)
    7.3.4 非均匀介质埋设 (179)
    7.3.5 并联复合接地及利用系数 (180)
7.4 特殊材料及接地电阻 (180)
    7.4.1 石墨接地棒（砖） (181)
    7.4.2 铜包钢接地棒 (181)
    7.4.3 电解离子接地装置 (182)
7.5 接地装置的设计与敷设 (183)
    7.5.1 准备工作 (183)
    7.5.2 接地体的埋设 (184)
    7.5.3 接地导线和母线的设计制作 (184)
    7.5.4 设计举例 (185)
7.6 降低地阻的方法 (186)
    7.6.1 物理法 (186)
    7.6.2 化学降阻剂及其施工方法 (188)
7.7 地阻测量 (189)
    7.7.1 测量方法及测试仪表 (189)
    7.7.2 地阻测量常见的问题 (192)
复习思考题 (192)

第8章 雷电与电磁武器防护 (194)

8.1 雷电的形成及雷电流特征参数 (194)
    8.1.1 雷电的形成 (194)
    8.1.2 雷电流特征参数 (195)
8.2 雷电危害方式 (197)
8.3 防雷技术措施及规范 (201)
    8.3.1 防雷技术措施 (201)
    8.3.2 建筑物防雷分区 (202)
    8.3.3 建筑物防雷类别 (203)
    8.3.4 建筑物电子信息系统雷电防护等级 (205)
8.4 直击雷的防护 (205)
    8.4.1 接闪器 (205)
    8.4.2 引下线 (207)
    8.4.3 接地体 (207)
8.5 感应雷电和电磁武器的防护 (207)
    8.5.1 概述 (207)
    8.5.2 屏蔽 (208)

　　　　8.5.3　等电位连接 (209)
　　　　8.5.4　合理布线系统 (210)
　　　　8.5.5　电涌保护器（SPD） (211)
　　复习思考题 (213)
第9章　通信电源与配电 (214)
　9.1　电力系统概述 (214)
　　　9.1.1　电力系统及供配电概念 (214)
　　　9.1.2　低压配电系统的接地制式 (215)
　9.2　供配电系统设计要求 (217)
　　　9.2.1　基础电源供电要求 (217)
　　　9.2.2　电源系统接入方案 (218)
　9.3　UPS电源的配置 (219)
　　　9.3.1　UPS电源分类 (219)
　　　9.3.2　UPS电源技术指标 (220)
　　　9.3.3　UPS供电系统的配置 (221)
　9.4　机房配电容量估算 (225)
　9.5　配电电缆的选择 (227)
　　　9.5.1　材料与型号的选择 (227)
　　　9.5.2　截面积的选择 (228)
　　　9.5.3　导线颜色选择 (232)
　9.6　低压断路器选择 (233)
　　　9.6.1　低压断路器类型 (233)
　　　9.6.2　低压断路器结构 (233)
　　　9.6.3　断路器的特性参数和选用 (235)
　9.7　通信机房分支供电的要求 (235)
　复习思考题 (236)

附录A　通信工程图形符号 (237)

参考文献 (242)

第1章 通信建设概述

1.1 通信工程建设概念

建设工程就是土木工程、建筑工程、线路（管道）工程和设备安装工程及装修工程的总称。

通信建设工程就是以通信线路（管道）及设备安装为主体的建设工程，通常有电缆线路工程、光缆线路工程、通信管道工程、传输设备安装工程、交换设备安装工程、数据设备安装工程、卫星设备安装工程、移动设备安装工程、微波设备安装工程、超短波设备工程、短波设备安装工程、通信钢塔桅工程、天（馈）线工程、供电设备工程、台站设备机房工程等，包括公用与专用通信网的新建、扩建、改建等工程建设。

军用通信工程建设，是指为保障全军作战、战备、训练、科研、管理和生活等需要，进行通信设施新建、扩建、改建和技术改造等相关建设工作，主要包含通信系统、指挥控制系统和频谱管控系统工程等。

一般通信工程建设包含勘测、设计、施工、监理、验收、使用、管理、维护等工程环节。设计是工程建设的基础，是可行性、先进性以及建设与维护经济和社会效益的综合体现，所以是最主要、最重要的环节。

工程设计是根据建设工程的要求，对建设工程所需的技术、经济、资源、环境等条件进行综合分析、论证，编制建设工程设计文件的活动。

当前，我国通信建设取得了举世瞩目的辉煌成就，建成了覆盖全国、连接世界、技术先进的全球最大的信息基础设施，光缆线路长度超过 10 000 km，互联网宽带接入端口超过 2 亿个，移动 4G 网络及北斗卫星定位系统已经投入运营。随着科学技术的进步与社会经济的发展，通信业务需求日益增长，通信网络的发展更加迅猛，其建设成果已经渗透到人们日常生活以及生产、经营和工作的各个方面。通信建设工程质量与国家经济发展、人民生活水平、国防军事以及各行各业息息相关。

本章首先从通信建设的基本概念入手，介绍通信工程建设的特点、通信建设项目分类、通信工程建设程序等，为后续章节的学习奠定基础。

1.2 通信建设项目分类

1. 建设项目定义

建设项目是指按一个总体设计进行建设，经济上实行统一核算，行政上有独立的组织形式，实行统一管理，由一个或若干个具有内在联系的工程所组成的总体。凡属于一个总体设计中的主体工程和相应的附属配套工程、综合利用工程、环境保护工程、供水供电工程等，均可作为一个建设项目。凡不属于一个总体设计，工艺流程上没有直接关系的几个独立工程，应分别作为不同的建设项目。

2. 建设项目构成

建设项目按照合理确定工程造价和建设管理工作的需要，可划分为单项工程、单位工程、分部工程、分项工程，如图1.1所示。通常，通信建设项目可根据建设单位需要自行划分。

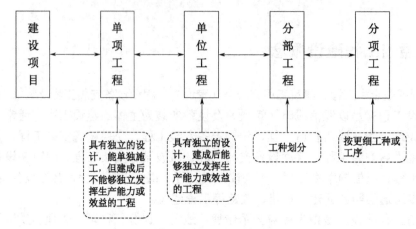

图1.1 建设项目构成

单项工程是项目建设的组成部分，是指具有独立设计，建成后能够独立发挥生产能力或效益的工程。工业建设项目的单项工程一般是指能够生产符合设计规范的主要产品的车间生产线；非工业建设项目的单项工程一般是指能够发挥设计规定的主要效益的各个独立工程，如教学楼、图书馆、线路工程等。

单位工程是单项工程的组成部分，是指具有独立设计，能单独施工，但建成后不能够独立发挥生产能力或效益的工程。例如，一个生产车间的土建工程、电器照明工程、给排水工程、机械设备安装工程、电器设备安装工程等，都是生产车间这个单项工程的组成部分，即单位工程。又如，住宅工程中的土建、给排水、电器照明等，都是单位工程。单位工程的特点是一个固定资产组织单位的工程。

分部工程是单位工程的组成部分，一般按工种划分，如土石方工程、脚手架工程、钢筋混凝土工程、木结构工程、金属结构工程、装饰工程等。也可按单位工程构成划分，如基础工程、墙体工程、梁柱工程、楼面工程、门窗工程、屋面工程等。

分项工程是分部工程的组成部分，一般按更细工种或工序划分，例如基础工程还可分为基槽开挖、基础垫层、基础砌筑、基础防潮层、基槽回填土、土方运输等分项工程。

分项工程是建设工程的基本构成要素。建设工程就是土木工程、建筑工程、线路管道工程和设备安装工程及装修工程的总称。

3. 建设项目分类

为了加强建设项目管理，正确反映建设的项目内容及规模，建设项目可按不同标准、原则或方法进行分类，具体如图1.2所示。其中，项目审批一般按建设规模划分，国家统计一般按投资用途或投资性质划分，财务报表一般按建设阶段划分。

（1）按投资用途分类

按照投资的用途不同，建设项目可以分为生产性建设、非生产性建设和国防军队建设三大类。

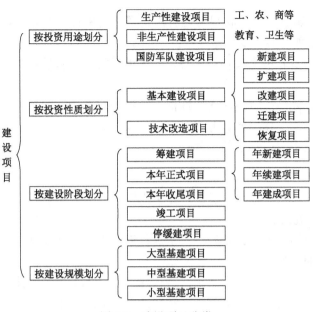

图 1.2 建设项目分类

① 生产性建设项目。生产性建设是指用于物质生产或为满足物质生产需要所进行的建设,包括工业建设、建筑业建设、农林水利气象建设、运输邮电建设、商业和物资供应建设以及地质资源勘探建设。

② 非生产性建设项目。非生产性建设一般是指用于满足人民物质生活和文化生活需要所进行的建设,包括住宅建设、文教卫生建设、科学实验研究建设、公用事业建设和其他建设。

③ 国防军队建设项目。为捍卫国家主权、领土完整和安全,防备外来侵略和颠覆所进行的军事工程建设,包括战场与装备、军队作战与训练以及与国防有关的铁路、公路、水路、能源、邮电通信、航空航天工程等的建设。

(2)按投资性质分类

按照投资的性质不同,建设项目可以划分为基本建设和技术改造两大类。

① 基本建设项目。基本建设是指利用国家预算内基建拨款投资、国内外基本建设贷款、自筹资金以及其他专项资金进行的,以扩大生产能力为主要目的的新建、扩建工程的经济活动。具体包括:

- ▶ 新建项目:从无到有,或原有基础很小而重新进行总体设计(新增固定资产价值超过原 3 倍以上)的建设项目。
- ▶ 扩建项目:为扩大原产品生产能力和效益,或为增加新产品生产能力和效益,而扩建的项目。
- ▶ 改建项目:为提高生产效率,改进产品质量,或为改进产品方向,对原有设备、工艺流程进行技术改造的项目。
- ▶ 恢复项目:因自然灾害、战争或人为的灾害等原因已全部或部分报废,而后又投资恢复建设的项目。
- ▶ 迁建项目:因各种原因搬迁到另外一个地方建设,不论其建设规模是否维持原来规模,都是迁建项目。

② 技术改造。技术改造是指利用自有资金、国内外贷款、专项基金和其他资金,通过采

用新技术、新工艺、新设备、新材料对现有固定资产所进行的更新、技术改造及相关的经济活动。通信技术改造项目的主要范围包括：

- ▶ 通信企业增装和扩大设备及服务，或采用新技术、新设备更新换代及相应的补缺配套工程；
- ▶ 原有电缆、光缆、有线和无线通信设备的技术改造、更新换代和扩容工程；
- ▶ 原有本地网的扩建增容、补缺配套以及采用新技术、新设备的更新和改造工程；
- ▶ 其他列入技术改造计划的工程。

（3）按建设阶段分类

按建设阶段不同，建设项目可划分为筹建项目、本年正式施工项目、本年收尾项目、竣工项目、停缓建项目五大类。

- ▶ 筹建项目是指尚未正式开工，只是进行勘察设计、征地拆迁、场地平整等为建设做准备工作的项目。
- ▶ 本年正式施工项目是指本年正式进行建筑安装施工活动的建设项目，包括本年新开工的项目、以前年度开工跨入本年继续施工的续建项目、本年建成投产的项目和以前年度全部停缓建在本年恢复施工的项目。
- ▶ 本年收尾项目是指以前年度已经全部建成投产，但尚有少量不影响正常生产或使用的辅助工程或非生产性工程在报告期继续施工的项目。
- ▶ 竣工项目是指整个建设项目按设计文件规定的主体工程和辅助、附属工程全部建成，并已正式验收移交生产或使用部门的项目。
- ▶ 停缓建项目是指经有关部门批准停止建设或近期内不再建设的项目。

（4）按建设规模分类

建设工程按建设规模可分为大型、中型和小型三类。

基本建设项目大中型划分标准，均根据国家计委、国家建委、财政部计基（78）234 号文和国家计委计基（79）725 号文的规定。目前大中型项目标准未变，但国家计委审批限额有所调整，根据国务院国发[1984]138 号文件批转《国家计委关于改进计划体制若干暂行规定》和国务院国发[1987] 23 号文件《国务院关于放宽固定资产投资审批权限和简化审批手续的通知》，按总投资金额划分的大中型项目，国家计委审批限额由 1000 万元以上提高到：能源、交通、原材料工业项目 5000 万元以上，其他项目 3000 万元以上。

建设项目的大、中、小型划分标准，会根据各个时期经济发展水平和实际工作中的需要而有所变化，执行时以国家主管部门的规定为准。

1.3 通信工程建设的特点

简单地说，通信工程建设就是通信系统工程设计、布网及设备施工，它包括天线的架设、通信线路架设或敷设、通信设备安装调试以及通信附属设施等的施工。通信工程建设中技术密集、涉及面广、情况复杂，一般具有如下特点：

① 全网全程，综合考虑。

通信工程从规划设计、计划立项到建设投产的全过程都要树立"网"的概念。

通信工程是复杂的系统工程，通信的各个组成部分必须配套建设。例如，无线组网，有线传输与交换，长途与市内电话，一级干线和二级干线等，都必须按一定的配比，同步协调建设才能形成综合通信能力。另外，信息传递最少需要两个以上单位共同参加才能完成，在技术标准和质量要求方面，必须服从国家、军队统一规定，处理好新建工程和原有通信设施的关系，以及原有通信电路与新开通电路的链接等。

现在有相当部分通信工程建设是对通信网的扩充与完善，也是对原有通信网的调整与改造。因此，必须处理好新建工程和原有通信设施的关系，例如，无线网与有线接口问题，原有模拟网与数字网的接口问题，特别是行业专用网同国家公众网的接口标准和协调配合，专用网进入公众网要符合入网要求，以及原有通信电路与新开通电路的链接等。

② 确保通畅，设备备份。

通信工程一处阻塞或故障，往往影响全线以至于全网，信息传递又要求准确、迅速，任何差错或延误都会造成一定的经济损失甚至政治影响。因此，在通信工程建设中应积极采取措施，使通信线路和通信设备能正常运行，一旦发生障碍，就要尽量缩短障碍处理时间。例如，对电源、核心设备和备件做必要的备份，当问题发生后，就能缩短处理时间，使通信线路和通信设备能尽快恢复正常运行。

③ 配套计划，同步或先行。

一个通信工程项目一般由若干个单项工程组成，计划要配套，配套建设要同步或先行。例如，与市政规划部门和相关单位充分协调，基础电源和市政管道先行。另外，对建成后的服务区域，甚至开通后的维护使用和将来的扩容发展都能顾及，以免建成后遇到麻烦。

④ 极力避免干扰与电磁波的影响。

目前电磁、电气、气候、地貌等环境越来越复杂，在信息的传递过程中要特别注意电场和磁场对通信系统的影响与干扰，特别是移动通信、卫星通信、短波与超短波通信等无线通信工程，既要防止对外形成干扰，也要克服外界的干扰（尤其是军事通信敌方人为干扰），还涉及频率的分配和管理，如不妥善处理都会影响到通信工程的质量。因此，在制定建设方案时，应采用不同的通信技术手段与建设措施。

⑤ 技术密集，设备先进。

通信技术更新换代快，通信工程建设技术密集，要求设计、施工、管理人员具有较高的专业技术素质。例如，线路工程由明线、电缆到光纤通信，传输设备由多路电传输设备发展到目前的上万路甚至更高光传输设备，微波传输技术由模拟微波到数字微波，交换设备由电路交换、分组交换到光交换等，此外移动通信、卫星通信技术等也迅速发展。因此，要求设计、施工、管理人员都要不断熟悉、掌握新技术，以适应形势的发展。

⑥ 测试仪器仪表复杂，价格昂贵。

在通信工程施工及竣工后的验收中需要使用很多专用测量仪表和设备，这些仪表和设备往往使用复杂，价格也较高，因此要求熟练掌握专用工具，否则将直接影响到工程的施工进度和质量。

1.4 通信工程建设程序

工程建设程序是指在建设工程从策划、决策、设计、施工，到竣工验收、投入生产或交付使用的整个建设过程中，各项工作必须遵循的先后顺序的法则，以及取得较好投资效益必须遵循的工程建设管理方法。

建设程序反映了工程建设各个阶段之间的内在联系，或者说是建设工程策划决策和建设实施过程客观规律的反映，是建设工程科学决策和顺利实施的重要保证。一个建设项目是一个复杂的社会系统工程，需要进行多方面的工作，有些需要前后衔接，有些需要互相交叉，因此要有充分的准备和严格的行为规范。

建设程序的基本内容是：提出项目建议书、可行性研究报告（可行性研究可替代项目建议书）、规划审批、选择建设地点、编制设计文件（初步设计、技术设计、施工图设计）、建设准备、全面施工、竣工验收、交付使用等。

由于专业性质不同，建设程序的内容没有一个标准的答案，但它的3个主要阶段是清晰的，即工程立项阶段、工程实施阶段、工程验收和交付阶段。在一些相关法律法规中规定的有关基本建设的具体要求，也应算作建设程序的内容。具体到通信行业基本建设项目和技术改造建设项目，尽管其投资管理、建设规模等有所不同，但建设过程中的主要程序基本相同。下面就以原邮电部基建司基综（1990）107号文印发的《邮电基本建设程序规定》中的建设程序（如图1.3所示）为例进行介绍。

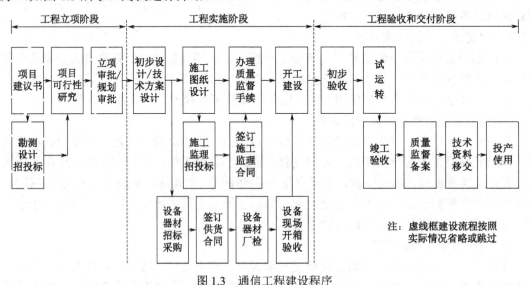

图1.3 通信工程建设程序

1.4.1 工程立项阶段

工程立项阶段的主要责任主体是建设单位和勘察设计单位。

1. 项目建议书

建设单位主要从宏观上衡量项目建设的必要性，评估其是否符合国家的长远方针和产业政策，同时，初步分析建设的可行性。通信建设单位应根据本地区国民经济和社会发展的要求、本单位滚动计划的安排以及当地通信业务市场的需要，经过调查、预测、分析，提出拟建项目的项目建议书。

项目建议书是建设单位长期规划中的一个必要文件，拟订项目项目建议书是建设程序中最初阶段的工作，是投资决策前对拟建项目的轮廓设想，主要从宏观上衡量和分析项目建设的必要性和可行性。它的作用是推荐一个拟进行建设的项目的初步说明。项目建议书的主要内容包括：

① 建设项目提出的必要性和依据；
② 拟建规模、建设方案及建设地点的初步设想；
③ 资源情况、建设条件、协作关系等的初步分析；
④ 投资估算和资金筹措及还贷方案；
⑤ 工程项目进度安排；
⑥ 经济效益和社会效益的评估。

提出项目建议书后，建设单位可根据建设项目的规模和性质报送相关的主管部门进行审批，批准后方可进行可行性研究工作。

2．可行性研究

项目建议书一经批准，便可着手进行可行性研究。可行性研究是运用多种科学成果和手段，对建设项目在技术、工程、经济、社会和外部协作条件等的必要性、可行性、合理性方面进行全面论证分析，做多方案比选，推荐最佳方案，为决策提供科学依据。可行性研究是通信工程建设程序中一个十分重要的环节。建设单位必须委托有相应资质的设计单位或咨询机构进行项目的可行性研究。可行性研究报告是对确定建设项目进行决策的科学依据，故要求必须有相当高的深度和准确性。一般情况下，在通信行业只对大中型建设项目、利用外资项目、技术引进项目、主要设备项目、重大技术项目进行可行性研究，其他项目可以与提出项目建议书合并进行（以可行性研究可替代项目建议书）。

通信建设项目可行性研究报告的主要内容包括：
① 项目提出的背景，投资的必要性和意义；
② 需求预测及拟建规模和发展规模，建成后增加的生产能力；
③ 项目实施方案论证：提出可供决策选择的多种方案，进行各种方案的技术和经济比较与论证，推荐首选方案；
④ 项目建设条件、实施进度和工期建议；
⑤ 建成后的维护运行条件、生产组织和人员培训等；
⑥ 项目资金筹措和预测投资回收年限，进行经济和社会效果的评价；
⑦ 项目存在的问题和解决的办法；
⑧ 改建、扩建项目还应包括原有固定资产的利用程度和现有生产潜力的发挥等情况。

3．立项审批

投资主管部门根据可行性研究报告和国家相关政策做出立项审批后，列入固定资产投资计划，该建设项目正式成立。

4．规划审批

涉及城区规划的建设项目需要此项程序。在城市规划区内的项目要向规划部门申请定点，核定其用地位置和界限，提供规划设计文件，核发建设用地规划许可证。

1.4.2　工程实施阶段

工程实施阶段的主要责任主体是建设单位、设计单位、施工单位和监理单位。

1. 勘察、设计

建设项目的可行性研究报告被批准后，建设单位应委托具有相应等级资质证书的勘察、设计单位编制设计文件。

勘察主要是获取拟建项目的水文地质和相关环境资料。设计是根据立项审批的设计任务书和勘察结果编制设计文件。

通信工程的勘察、设计是通信建设的重要环节。勘察、设计单位必须依据批准的可行性研究报告、工程建设强制性标准及设计规范等进行勘察和设计，并对工程设计的科学性、合理性、公正性负责。

通信工程设计必须贯彻国家的基本建设方针政策和电信技术政策，做到技术先进、经济合理、安全适用，同时工程设计应根据全程全网的特点处理好局部与整体、近期与远期、新技术与利旧挖潜、主体工程与配套工程、本工程与其他工程等的关系，提出与工程有关的环境保护、消防、抗震的措施，注意与交通运输、城市规划、市政建设等部门的配合。

通信工程设计一般按两个阶段进行，即初步设计和施工图设计。有些技术复杂的工程可增加技术设计阶段；对于规模较小、技术成熟或套用标准设计的工程，可进行一阶段设计。

① 初步设计的主要内容包括：确定建设方案，制定技术指标，对主要设备和材料进行选型比较和提出主要设备、材料的清单，编制本期工程投资概算。对扩建、改建的工程还需提出原有设施的利用。工程设计还应进行多方案比选和技术经济分析，以保证建设项目的设计质量与经济效益。

设计文件的审查必须严格把关。初步设计审查一般由立项批准的主管部门组织。设计文件的审查工作，一般采取会审形式，由设计文件的审批部门邀请与建设项目有关的单位或部门（包括规划、计划建设、运行维护、财务、安全保卫等单位或部门）参加会审。参加会审的人员应认真分析设计文件，向会审组织者提出审查意见。主管部门在审批设计文件时，应考虑会审意见，承担决策责任。

② 技术设计是根据初步设计和更详细的调研资料编制，它具体地确定初步设计中所采用的工程技术指标，校正设备的选择和数量以及建设规模和技术指标，并编制工程修正概算，补充和修正初步设计。

③ 当初步设计经主管部门批准后，才能进行施工图设计。施工图设计是根据批准的初步设计和技术设计（如果有的话）绘制出正确、完整和尽可能详尽的指导安装工程的图纸。它是设计工作的最后文件，是现场施工和工程造价编制的依据。施工图设计应全面贯彻初步设计的各项重大决策，其内容的详尽程度应能满足指导施工的需求，且施工图设计应编制施工图预算，施工图预算不得突破初步设计概算。

所有设计文件都要按照规定程序进行报批，批准后方可实施。经批准的工程设计必须保持其严肃性，任何人不得随意修改。

2. 施工准备

施工准备包括开工前的诸多工作，主要有：设备、材料的招标以及供货合同的签订；施工、监理单位的招标以及施工、监理合同的签订；设备厂验以及进口设备办理相关手续；综合赔补的协调等其他必要的施工条件准备。

在通信工程建设中，通信设备和器材的采购具有举足轻重的地位，是整个通信工程项目管理中不可缺少的重要环节。在建设项目列入年度计划后，可根据批准的技术规范书或初步设计文件进行主设备和配套设备的招标或采购。

设备和器材的采购要充分利用市场竞争机制，要本着公平、公正、公开的原则，增加透明度，防止暗箱操作。

建设单位应将建设项目的施工任务承包给具有相应通信工程施工资质的施工单位和监理单位承担，并按《合同法》的相关条款订立书面合同。建设单位不得将建设工程肢解发包，也不能任意压缩合理工期，这是保证通信建设工程实体质量的基本前提。

在建设单位与确定的施工单位或监理单位签订合同后，施工单位应根据建设项目进度及技术要求编制施工组织计划，并做好开工前的相应准备工作；监理单位则要编制相应的监理规划。

3．开工报告

通信建设工程（土建及管道工程项目除外）一般采用工程项目开工报告制度。施工单位做好开工前的相应准备工作（有监理的项目应经监理单位审核），并向建设单位提交开工报告，建设单位批准后方可开工。

4．办理质量监督手续

《建设工程质量管理条例》第十三条规定：建设单位在领取施工许可证或者开工报告前，应当按照国家有关规定办理工程质量监督手续。通信工程建设单位应在工程开工日 7 日以前到当地通信工程质量监督机构办理质量监督手续。办理质量监督手续是政府规定的必需程序。

5．开工建设

施工阶段是建设工程实体质量的形成阶段，勘察、设计工作成果均要在这一阶段得以实现。工程质量、进度、投资控制是施工阶段的重要工作目标，施工阶段的主要责任主体有建设单位、设计单位、施工单位和监理单位。施工单位的能力和行为对建设工程的施工质量起关键作用。

① 建设单位要根据建设计划要求，保证计划、设计、施工 3 个环节的互相衔接，做到资金、工程内容、施工图纸、准备材料、施工力量 5 个方面落实，保证施工过程的顺利进行。

② 建设单位应组织设计单位在开工前就设计文件向施工单位做详细的说明（设计交底），并应委派随工代表或监理负责施工期间的相关部门和工程中有关问题的协调工作。

③ 建设单位应实时掌握工程进度情况，并将工程进展情况及时向通信工程质量监督机构通报。

④ 建设单位应严格按工程进度拨款，以保证工程顺利进行。

⑤ 建设单位随工代表或其委托的监理工程师应督促检查施工单位严格执行工程建设强制性标准，确保建设工程安全。

⑥ 施工单位应根据工程管理的需要建立机构，确定具备相应资格的工程项目经理、技术负责人和安全生产负责人。项目经理是指受企业法人委派，对工程项目施工过程全面负责的项目管理者，是一种岗位职务；项目经理在工程项目施工中处于中心地位，对工程项目施工应全面负责。

⑦ 施工单位必须建立、健全施工质量的检验制度，建立安全生产事故应急救援预案，严格遵循科学合理的施工顺序。施工中努力做好动态控制工作，保证质量目标、进度目标、造

价目标、安全目标的实现。

⑧ 施工单位应严格按批准的设计图纸和施工技术标准施工,这是保证工程实现设计意图和保证工程质量的前提,也是明确划分设计、施工单位质量责任的前提,是对施工单位的最基本要求。

⑨ 施工单位应管理好施工现场,实行文明施工,确保安全生产和工程质量,并做好设备材料的进场检验工作。

⑩ 工程完成后,施工单位应报送完工通知并提请进行工程验收,整理工程竣工资料。

- ▶ 工程监理单位应当依照法律、法规以及有关国家和通信行业技术标准、规范、设计文件和建设工程承包合同,代表建设单位对施工质量实施监理。
- ▶ 监理单位应协助建设单位审核施工单位编写的开工报告,协助审查批准施工单位提出的施工组织设计、安全技术措施、施工技术方案和施工进度计划,并监督检查实施情况。
- ▶ 隐蔽工程在隐蔽前,施工单位应当通知建设单位随工代表或监理单位(监理工程师)进行验收签字,签证合格后才能进行下一道工序施工。
- ▶ 监理单位对工程项目要进行投资控制、进度控制和质量控制,做好合同管理、信息管理和安全管理以及组织协调工作,即通常所说的"三控、三管、一协调"。
- ▶ 监理单位应审查施工单位提供的材料和设备清单及其所列的规格和质量证明资料,检查工程使用的材料、构件和设备的质量。
- ▶ 监理单位应督促、检查承包单位严格执行工程承包合同和工程技术标准。
- ▶ 监理单位应检查施工技术措施和安全防护措施的落实情况。当发生质量和安全事故时,应及时向建设单位和有关主管部门报告。

1.4.3 工程验收和交付阶段

全面检查设计和施工质量,及时发现并解决问题,保证按设计要求的技术经济指标正常生产,并分析概预算执行情况、考核投资效果各项指标、移交固定资产等。竣工验收、交付生产是基本建设全过程中的最后一个程序。凡是新建、改建、扩建等固定资产建设项目,均应组织竣工验收。竣工验收是建设投资成果转入生产或使用的标志,也是全面考核基本建设工作、检验工程设计和施工质量的重要环节,参建单位应坚持"百年大计,质量第一"的原则,认真搞好竣工验收。

1. 初步验收

除较小的工程外,通信工程在竣工验收前,均需组织初步验收。

建设单位在接到施工单位的交工通知后,应确认工程符合初步验收条件并组织设计、施工、监理、维护、财务、供应商等部门参加,进行初步验收。初步验收应检查工程质量是否符合规范要求,抽测设备性能指标是否满足设计要求,审查竣工资料和工程档案,对所发现的问题应提出处理意见并组织相关责任单位落实解决,明确解决办法和处理时限。

初步验收后建设单位应及时编制财务初步决算,向上级主管部门报送初步验收报告。

2. 试运转

初验报告报呈上级主管部门审批通过后,由建设单位组织设备的试运转。参加试运转的有供货商以及设计、施工和使用部门,他们对设备性能、设计和施工质量以及系统指标等方面进行全面考核。试运转期间如发现质量问题,由相关责任单位免费返修。小型建设项目试运行期为 3 个月,其他建设项目试运行期为 6 个月。

3. 竣工验收

试运行结束后的半个月内,由建设单位组织相关部门按竣工验收办法对工程进行验收。通信建设工程一般由建设单位、设计单位、施工单位、监理单位和维护使用、档案等部门组成验收委员会或验收小组,负责审查竣工报告和初步决算以及工程档案,讨论并通过验收结论。通信工程质量监督机构应对竣工验收程序及过程实施监督。

4. 办理竣工验收备案手续

建设单位应在工程竣工验收合格后 15 日内到部或省、自治区、直辖市通信管理局或受其委托的通信工程质量监督机构办理竣工备案手续。未办理质量监督申报手续和竣工备案手续的通信工程,不得投入使用。

总之,不论公用还是专用通信网的建设,各个单位在通信工程建设、设计和施工时,应严格遵守和按照执行通信工程的国家规范和行业标准。

复习思考题

1. 何谓工程建设?通信建设工程包含哪些内容与工程环节?
2. 简述建设项目定义与建设项目构成。
3. 概述建设项目分类。
4. 概述通信工程建设的特点。
5. 画出通信工程建设程序图,并说明勘察、设计环节的主要内容。

第 2 章　基础环境勘测评估

2.1　概述

基础环境勘测是根据工程建设法律法规要求,查明、分析、评价建设场地的气候环境、地形地貌、地表土壤、电气、电磁及建筑等条件,编制建设工程勘察文件的活动。

评估是对勘查和测量结果的计算、分析及评价估量,决定建设方案的设计、工程经费预算及建设周期等,影响整个工程质量及工程的顺利实施。

通信基础环境勘测一般包括"查勘"和"测量"两个工序,查勘一般指实地调查了解,测量是现场具体测量。根据工程的繁、简、大、小又可分为"方案查勘"、"初步设计查勘"与"现场测量"三个阶段。在建设规模较大、技术上较复杂的工程时,一般应根据主管部门的要求,首先进行方案查勘。对于二阶段勘测设计的工程,则根据设计任务书的要求进行初步设计查勘后进行测量。例如:长途线路工程一般属于二阶段勘测设计;本地网的营区线路工程、市线工程一般属于一阶段勘测设计,即查勘和测量是同时进行的。另外,通信建设任务不同,勘测和评估的步骤有一定差异。

勘测是设计的基础,是设计的依据。设计是否能够指导施工,直接取决于勘测所确定的方案是否合理,以及勘测资料是否细致和全面。如果勘测有遗漏和差错,即使设计水平再高也没有办法弥补。在目前的大量通信工程建设中,多数设计问题均由勘测不细致而导致。另外,无勘测的通信工程设计,只能构建在虚构的基础环境上,施工时,轻者出现缺陷,重者漏洞百出,亡羊补牢也不一定能解决,并将延误工期或错失战机,或造成人力、财力等的极大浪费。所以,勘测人员均应高度重视,一定要把勘测工作做好。

勘测和评估人员,需要有气候环境、地形地貌、地表土壤、电气、电磁及建筑等广泛的基础知识。依据通信建设具体任务的不同,还应具备无线传播理论,天馈系统,短波、超短波、卫星、导航、移动基站等无线及设备技术性能知识,以及光(电)线缆、程控电话交换机、网络路由交换机、光端机等有线及专业设备技术性能知识。

2.2　电磁环境测评

2.2.1　电磁环境构成

静电是一种物理现象,静电场的改变会产生电流,电流会在周围产生磁场,变动的磁场则会产生新的电流。变化的电场和变化的磁场构成了一个相互依存、不可分离的统一的场,即电磁场。电磁波是电磁场的一种运动形态,变化的电磁场在空间传播就形成了电磁波。

电磁场表现出的波动性,使其与声波、振动波等波动现象类似,也有相应的频率、波长等物理量。电磁波存在于人类生存环境的每一个角落,且无时不在。我们看到的阳光、使用的红外线加热器,都是电磁波的特定形式,更不用说人们每天使用的手机、微波炉、电视机、电脑等常用电器了,它们都靠电磁波驱动或依赖电磁波进行工作。电磁辐射实际上就是电磁波。根据波长（频率）的不同，电磁波可分为静电、工频、低频射频、无线电（射频）、微波、红外线、可见光、紫外线等不同频率波段，每个大类还可按照频率细分。

现代社会，随着电磁辐射源的数量迅速增长，电磁环境变得越来越复杂，使得具有电磁敏感性的电子信息系统受到复杂电磁环境的影响越来越严重，而这种影响随着电子信息系统的广泛使用以及人们对电子信息系统依赖程度的日益提高而变得越来越具有危害性。这种危害性在军事领域表现得尤为突出。各种雷达、通信、导航、敌我识别、电子战装备等军用电磁辐射体的功率越来越大，数量成倍增加，频谱也越来越宽，再加上高功率微波武器等定向能武器、电磁脉冲炸弹以及超宽带、强电磁辐射干扰机的出现，使战场电磁环境越来越复杂。

国军标 GJB 6130—2007《战场电磁环境术语》中给出了战场"复杂电磁环境"的定义：在一定的空域、时域、频域和功率域上，多种电磁信号同时存在，对武器装备运用和作战行动产生一定影响的电磁环境。可以认为，复杂电磁环境是由人为和自然的、民用和军用的、对抗和非对抗的多种电磁信号综合形成的一个电磁环境，包含诸多因素，如无源传播因素、有源电磁辐射，有源电磁辐射又分为自然环境电磁辐射、民事电磁辐射与军事电磁辐射等。

无源传播因素与自然环境电磁辐射主要由大气噪声、宇宙噪声、气象条件、地理因素等组成。民事与军事电磁辐射主要由民事无线设备与民事非无线设备电磁辐射、军事无线设备与军事非无线设备电磁辐射等组成。下面简单介绍几种典型的电磁辐射。

1. 大气噪声

大气噪声主要是来自电离层和地面之间通过波导形式绕地球传播的较低纬度的闪电或电子爆，以及大气层中天然的电磁现象，如雨点、沙、尘以及下雪引起的静电放电。由雷电和放电现象所产生的大气噪声占据频谱宽度的最大分量在 $2\sim30$ kHz 之间，在夏季主要由本地和邻近地区的雷电产生，而在冬季是由于热带地区雷电造成的。总的来说，大气噪声功率值一般在 1 MHz 以后随频率增大而急剧降低，只在 $4\sim20$ MHz 的频域内略有回升，但其最大值也低于相应的 1 MHz 时大气噪声功率值。在超过 $3\sim30$ MHz 时大气噪声功率值随频率的变化基本上是一个常数，其大气噪声的影响也可忽略不计。

2. 地理因素

地理因素中，地震是一种由于地壳运动产生的自然现象，早在 20 世纪 70 年代，科学家就发现地震时存在电磁波辐射。

3. 金属矿山吸收

电磁波是在各种空间场所内（如地表或低空大气层、电离层内）传播的，在传播过程中，由于传输媒质电参数的变化，会造成信号的衰落，这种衰落被称为吸收型衰落或媒质对电磁波的吸收。媒质的不均匀性、地貌的影响、特殊地物的影响等都会使信号产生畸变或衰落。

4. 无线电设备干扰

无线电设备是指以辐射或接收电磁波的形式来完成任务的电子设备，如通信、雷达、导航、制导、广播等设备。无线电设备引发的人为电磁环境的变化，主要是使用相同或相近频谱的无线电设备之间的干扰,其产生干扰的因素包括:无线电设备的数量、设备辐射电磁波的频谱、调制方式、辐射方向、辐射功率、辐射距离以及辐射设备性能等。

引起的干扰类型包括:

① 同频干扰:接收某一预定发射机信号时,受到工作于同一频道的其他发射机信号的干扰。

② 邻频道干扰:接收某一预定发射机信号时,受到工作于邻频道的其他发射机信号的干扰。

③ 发射机带外噪声:发射机中存在着以载波频率为中心,分布在相当宽的范围内,比载频电平低 70~90 dB 的噪声,这种噪声被称为发射机的带外噪声。

④ 发射机寄生辐射:因发射机倍频器的滤波器特性不好而在发射机的输出级产生的杂散辐射。

⑤ 接收机的灵敏度抑制(阻塞干扰):当接收机接收低电平有用信号时,若邻近频率的强干扰信号进入接收机的前端,导致接收机灵敏度下降,甚至使接收机完全阻塞。

⑥ 互调干扰:当一个地区有多个无线电系统同时工作时,或在一个系统内采用多频道共用技术时,会因在非线性传输电路中互相调制而产生和有用信号完全相同或相近的组合频率,构成干扰。

5. 非无线电设备射频干扰

除无线电设备之外,还有一些影响电磁环境的人为设施,它们并不需要以发射和接收电磁波的形式来完成自己的功能,但在运行过程中却"无意"而又必然产生电磁波。

国际无线电干扰委员会(CISPR)共列举了 16 种工业、交通、能源、科学、医疗等领域内的射频设备,包括:机动车设备(电动机)、交流电气化运输系统、高压输电线、核设施、日常家用的电风扇、吸尘器、电动理发吹风机等辐射电磁波的非无线电设施。

例如,对普通机动车(如小汽车、卡车或摩托车)来说,50~80 m 的范围内较为显著,在 250 m 内都有可能发生干扰。拖拉机等特殊车辆及其发动机所产生的干扰将更为强烈,在未加干扰保护装置的拖拉机 300 m 的距离内的短波无线电设备,都会受到较为明显的干扰,干扰距离最远甚至可达 700 m。

6. 电磁武器

在现代战争中,电磁设备和信息化制导武器装备已经得到广泛使用。数量众多的电磁辐射源聚集在特定的作战区域,自然和人为的、对抗与非对抗的、敌方与我方的各种电磁信号充斥在作战空间,综合形成了一个动态变化、复杂密集的电磁环境,开辟了与海陆空天并存的第五维战场。第五维战场的电磁武器,爆炸时产生频率从数亿赫兹到数百亿赫兹的强电磁波脉冲,破坏敌方的通信系统、电力网、计算机和各种电子装备,从而使敌方瘫痪。这是因为大多数物件对微波是透明的,因而电磁炸弹对它们不会造成损害,而集成电路芯片、MOS 器件、双极器件中的"金属—半导体"结构,则会强烈吸收微波并将自身加热,高威力电磁炸弹会使电路熔化,即使威力较小的电磁炸弹也会使电气装备的工作瞬时中断,或几分钟、几天甚至几周后引起电路的永久性损坏。

鉴于复杂电磁环境对电子信息系统效能发挥的严重影响,进行电磁环境勘测与评估将是非常重要和十分必要的。

基于上述,我们给出电磁环境构成如图 2.1 所示。

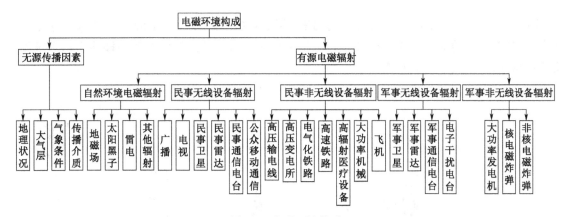

图 2.1　电磁环境构成

2.2.2　监测系统组成

电磁环境监测是指采用与构成电磁环境的信号特性相适应的监测设备和监测技术方法，对生成的复杂电磁环境的信号状态进行监视和测量的过程。通过电磁环境监测，能够全方位地把握电磁环境信号，为后期电磁环境评估提供原始的数据支撑，其技术组成有接收天线、低噪声放大器（LNA）、频谱分析仪（宽带监测接收机）、场强测试仪、静电测试仪、经纬仪、指南针以及相应的计算机软硬件等，如图 2.2 所示。

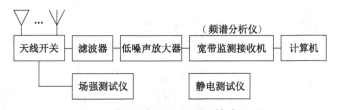

图 2.2　电磁环境监测系统技术组成

寻常意义上的监测是一种测试手段，这里的电磁环境监测就是基于一定的设备及技术手段对周围的各种电磁辐射进行测量，确定其无线电发射频率、发射带宽、时域和调制域的宽带信号、猝发和间歇信号等。为了提高测量的精度与准确性，测量天线应根据测量的工作频率范围选择增益大、性能高的天线，例如：L 波段推荐使用高增益喇叭天线。图 2.3 所示为电磁环境测量天线示例。

图 2.3　电磁环境测量天线示例

常用电磁环境监测系统有固定、移动与便携三种。

图 2.4 所示为国家无线电频谱管理研究所生产的一套宽频带、多功能便携式监测系统（NSMI-0118J-Ⅱ），该系统由五大部分组成：监测控制器，天馈线系统，笔记本电脑，频谱仪，GPS 授时器。

NSMI-0118J-Ⅱ型系统将微机与频谱仪进行有机的结合，能完成电磁环境测试，并具有数据保存、分析等功能，具有体积小、重量轻、结构紧凑、可靠性高，以及界面友好、操作简单等特点。该系统主要用于1 MHz～18 GHz频段内（涵盖中短波、超短波、微波的超宽频段范围）的电磁环境测量，实现微波站、卫星地球站、雷达站、扩频通信和移动通信系统等电磁环境测试和相关干扰信号查找。

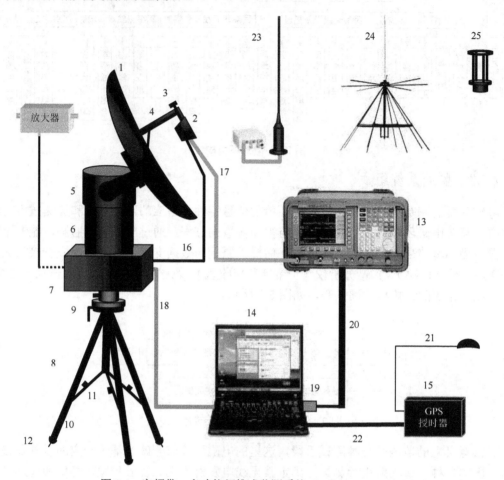

图2.4 宽频带、多功能便携式监测系统（NSMI-0118J-II）

1——天线抛物面 2——馈源 3——低噪声放大器 4——馈源支撑杆 5——天线锁紧螺栓（2个）
6——频谱监测控制器 7——控制器锁紧螺栓 8——三角架 9——三角架摇杆 10——三角架伸缩套筒锁紧螺栓
11——三角架支架锁紧螺栓 12——三角架固定针 13——频谱仪 14——笔记本电脑 15——GPS授时器
16——12V电源线 17——射频电缆 18——通信电缆 19——PCMCIA GPIB通信卡 20——488电缆
21——GPS天线 22——USB线 23——有源杆状天线 24——可收折式天线 25——天线连接装置

2.2.3 测评法规依据

目前，世界各发达国家和军队以及国际组织十分重视电磁环境勘测、评估和频谱管理工作，经过多年发展，形成了门类齐全、结构合理、内容全面的技术标准体系，可分为通用基础标准与专业标准两部分。下面主要介绍一些常用的国际、国内电磁环境勘查、测量和评估的相关方法、准则、要求及建议。

1. 国际电联电磁环境勘测评估建议

国际电联（ITU-R）负责维护和修订《无线电规则》，并按照《无线电规则》协调和管理各国对无线电频谱的规划和卫星轨道的使用，开展无线电应用研究并提出建议。其中：

SM.1753《无线电噪声的测量方法》、SM.1536《频率信道占用测量》、SM.1268-1《监测站 FM 广播发射的最大频偏的测量方法》、SM.1270《发射分类和标志相关的监测附加信息》、SM.1447《用于验证符合许可证要求的陆地移动网络的无线电覆盖监测》、SM.1681《监测地球站时采用噪声降低技术测量来自空间站的低电平发射》、SM.1754《超宽带传输的测量技术》、SM.1792《用于监测目的的 T-DAB 和 DVB-T 发射机带外辐射的测量》、SM.1793《利用频率带宽测量技术确定频率信道占用》、SM.854-2《监测站对 30MHz 以下信号的测向和定位》等，规定了无线电信号的测量方法，用于验证设备或台站的频谱技术参数和电磁环境的监测。

SM.1050《监测业务的任务》、SM.378《监测站的场强测量》、SM.575《固定监测站的干扰保护》、SM.1836《无线电监测接收机中频滤波器属性测量程序》、SM.1837《无线电监测接收机 3 阶互调的测量程序》、SM.1838《无线电监测接收机噪声系数的测量程序》、SM.1839《无线电监测接收机的扫描速率的测试程序》、SM.1840《利用模拟调制信号测试无线电监测接收机灵敏度的程序》等，规定了无线电监测方法、环境保护及其接收机性能指标的测量方法。

SM.667《国家频谱管理数据》、SM.1139《国际监测系统》、SM.1370《高级自动频谱管理系统开发设计指南》、SM.1413《用于通知和协调目的的无线电通信数据字典》、SM.1537《具有自动频谱管理功能的频谱监测系统的自动化及集成》、SM.1604《发展中国家升级频谱管理系统指南》、SM.1794《宽带瞬时带宽频谱监测系统》、SM.1809《监测站频段注册和测量的标准数据交换格式》等，规定了电磁频谱管理系统设计和研制中相关问题的解决方法。

2．中国电磁环境勘测评估法规和标准

我国电磁电磁环境勘测、评估和频谱管理制度体系，可以分为环保部政策法规、国家无线电频率管理等规定、文件通知和技术标准，其中通用基础标准及专业性标准主要有：

- ▶ GB 8702—2014《电磁环境控制限制》；
- ▶ GB 13421—1992《无线电发射机散杂发射功率电平的限值和测量方法》；
- ▶ GB/T 12572—2008《无线电发射设备参数通用要求和测量方法》；
- ▶ GB/T 15541—1995《发射频率的测量方法》；
- ▶ GJB 6525—2008《电磁环境监测设备通用规范》；
- ▶ GJB 6131—2008《电磁环境监测通用要求》；
- ▶ GJB 2080—1994《接收点场强的一般测量方法》；
- ▶ GJB 2079—1994《无线电系统间干扰的测量方法》；
- ▶ GJB 6528—2008《合同战术训练光电信号监测方法》；
- ▶ GJB 6527—2008《合同战术训练通信信号监测方法》；
- ▶ GJB 6526—2008《合同战术训练雷达信号监测方法》；
- ▶ GJB 6520—2008《战场电磁环境分类与分级方法》；
- ▶ GJB 6126—2007《水面舰艇训练电磁环境构建通用要求》；
- ▶ GJB 5313—2004《电磁辐射暴露限值和测量方法》；
- ▶ GJB 1143—1991《无线电频谱特性的测量》；
- ▶ GB 6364—1986《航空无线电导航台站电磁环境要求》；
- ▶ GB 13613—1992《对海中远程无线电导航台站电磁环境要求》；
- ▶ GB 13615—1992《地球站电磁环境保护要求》；
- ▶ GB 13616—1992《微波接力站电磁环境保护要求》；

- ► GB 13617—1992《短波无线电收信台（站）电磁环境要求》；
- ► GB 13618—1992《对空情报雷达站电磁环境防护要求》；
- ► GB/T 12858—1991《地面无线电导航设备环境要求和试验方法》；
- ► GJB 4944—2003《舰载卫星通信地球站电磁环境要求》；
- ► GJBZ 20093—92《VHF/UHF 航空无线电通信台站电磁环境要求》；
- ► GJBZ 20048—96《对空情报雷达电磁环境防护要求的测试方法》；
- ► GJB 2266—1995《卫星通信地球站勘察选址规程》；
- ► GJB 3244—1998《对流层散射通信系统站址选择要求》；
- ► GJB 2810—1997《数字微波通信台站勘察选址规程》；
- ► GJB 4645—1993《地面雷达阵地选择规范》；
- ► GJB 4944—2003《舰载卫星通信地球站电磁环境要求》；
- ► GJB 6708—2009《短波侦查阵地电磁环境测量方法》；
- ► GJB 3909—1999《指挥中心（所）电磁兼容性要求》。

在实际通信工程设计时，除必须依据上述的标准、建议进行电磁环境勘测评估外，还应考虑相关通信专业及外围设备电磁环境要求。例如，卫星地面站电磁环境测量，可考虑 YD5050—97《国内卫星通信地球站工程设计规范》、GB50174—2008《电子信息系统机房设计规范》、GBJ42—81《工业企业通信设计规范》、YDT1003—1999《卫星通信地球站电磁干扰测量方法》以及工业和信息化部《建立卫星通信网和设置使用地球站管理规定》等，这样可保证卫星地面站建设后工作，避免受到空中、地面各种电磁辐射和干扰。

2.2.4 主要测评内容

电磁环境的主要测评内容有：频率测量、带宽测量、频谱占用度测量、场强测量、辐射强度测量。

1. 频率测量

为掌握周围环境的电磁信号频率数值及主要频率成分，需进行频率测量。虽然频率测量可用频谱测量仪完成，但为减小误差，提高测量精度，可利用遥感测量接收机或其他测量技术。在考虑被测频率精度估计时，通常要把误差考虑在内，在描述测量系统的精度时，以整个系统的最大误差为准。

2. 带宽测量

模拟信号带宽概念比较简单，数字信号带宽有不同的定义，在带宽测量中常用到必要带宽、占用带宽、x dB 带宽等。

必要带宽（Necessary Bandwidth）：指对给定的发射类别（调制方式）而言，恰好足以保证在规定条件下以所要求的速率和质量传输信息的频带宽度。例如，双边带模拟信号的必要带宽等于两倍边带，而对于特定发射类型的无线电台站，可以根据建议书 ITU-R SM.328 计算必要带宽。必要带宽以外的发射称为带外域发射或杂散域发射。

占用带宽（Occupied Bandwidth）：也称总平均发射功率占用百分比带宽，指在其频率下限和上限之间所发射的平均功率等于总平均功率的百分数所对应的带宽。一般在实际测量中常用 99%功率占用带宽。

x dB 带宽：指信号的连续频谱功率密度或者离散频谱分量在其上限和下限频率之外比原先预设的 0 dB 电平低 x dB 所对应的带宽。我们常以信号功率谱密度的顶点下降 1/2 作为信号 3 dB 带宽。

例如，在美国联邦通信委员会（FCC）占用带宽测试及电磁兼容（EMC）认证中，通常进行 20 dB 和 99%占用带宽项目测试，在实际的测试和编写报告过程中，不能把 20 dB 和 99%占用带宽两个项目混淆。在美国标准 FCC Part15C 中规定 20 dB 占用带宽概念是最大功率值降低 20 dB 后的带宽占用宽度，在 FCC Part22 和 Part24 中规定 99%占用带宽是指整个信道的最大占用宽度。

3．频谱占用度测量

在进行频谱占用度测量时要了解具体的信号的类型、特点、参数等。其测量内容主要有：

① 测量各个频段的占用情况：用相关的仪器检测整个频段，结果显示出整个频段的占用情况。

② 测量频道占用情况：可以按照不同的信道间隔，测量预先设定的信道，这样可以保存许多发射参数。

4．场强测量

电磁场强度可以是电场分量或磁场分量的强度，常用电场分量来表示。电场又分为静电场和非静电场，其测量内容和方法有差异。

（1）静电场测量

静电作为一种近场危害源，静电放电过程可形成高电压、强电场、瞬时大电流，其电流波形的上升时间可小于 1 ns，并伴随有强电磁辐射，形成静电放电电磁脉冲（ESDEMP）。静电放电电磁脉冲不仅可以对电子设备造成严重干扰和损伤，而且还可能形成潜在性危害，使电子设备的工作可靠性降低，引发重大工程事故。人体与各种物体发生接触而又分离时，常常会带上几千伏甚至上万伏的静电，在防静电工作区（Electrostatic Protection Area，EPA）等场所，人体作为带电的静电导体，一旦形成火花放电，瞬间释放能量，形成高压、瞬态大电流并伴随强电磁辐射，能够对弹药、武器装备、电子元器件等静电敏感物质造成严重危害。因此，国内外学者普遍认为：人体静电是静电防护工程中主要危害源之一。对于不同的对象，静电作用的效果不同，形成的危害也不同。但无论对象如何变化，要防止静电造成危害，必须把相关的静电参数控制在安全范围之内，所以对静电相关参数进行测量是非常必要的。重要的参数有静电电位、静电电荷量、静电感度等。例如，对于计算机房电磁环境，要求其静电电位不应大于 1 kV。

静电电位测量通常采用专用测试仪，这是因为静电中有电位无电流（无导电回路）。利用欧姆定理分流分压原理设计制作的万用表，测量时其内首先要构成回路，这就将会放掉静电，所以用万用表无法直接测量静电电位。

（2）非静电场测量

非静电场测量通常采用标准天线法，一副形状简单的标准天线放置在电场强度分量为 E 的电磁场内，感应到天线上的电压 U_a 与场强 E 有如下关系：

$$U_a = hE \qquad (2.1)$$

式中：h 是天线有效高度（或有效长度），可按理论计算；U_a 为天线感应电压。如能测量出 U_a，则场强 E 就可按下式计算：

$$E = U_a / h \tag{2.2}$$

即场强 E 实际上就是测量的天线上所感应的电压值，单位为 V/m、μV/m 或 dB（0 dB = 1 μV/m）。

标准天线主要有环状天线、短垂直（杆状）天线与半波对称振子天线，这些天线的形状比较简单，其有效高度与内阻可按天线理论计算。

由于电场的矢量特性，不同方向、不同地点的电场强度大小不同，所以要多方向、多个地点多次测量，以不同位置、不同方向的最大数值为测量记录。

5. 辐射强度测量

辐射强度通常是针对人体来讲的：在外电场的作用下，人体内将产生感应电磁场。由于人体各种器官均为有耗介质，所以人体内的电磁场将会产生电流，同时吸收和耗散电磁波能量，国际上用生物体每单位质量所吸收的电磁辐射功率，即比吸收率（Specific Absorption Rate，SAR）表征：

$$\text{SAR} = \frac{d}{dt}\left(\frac{dW}{dm}\right) = \frac{d}{dt}\left(\frac{dW}{\rho dV}\right) = \frac{\sigma E^2}{\rho} \tag{2.3}$$

式中：SAR 为比吸收率（W/kg），W 为机体组织吸收的电磁波能量（J），m 为机体组织的质量（kg），E 为细胞组织中的电场强度有效值（V/m），σ 为人体组织的电导率（S/m），ρ 为人体组织密度（kg/m³）。

目前，比较通用的测量手段包括频谱分析仪、场强仪和微波漏能仪等，或以上述设备和计算机等为基础，组成自动 SAR 测量系统，测量特定场所内、特定辐射源产生的电磁辐射强度，并分析、评估其对人体健康的影响程度。

目前有两大主流测量、分析、评估标准，一个是国际非电离辐射防护委员会（The International Commission for Non-Ionizing Radiation Protection，ICNIRP）规定的 2.0 W/kg 标准，另一个是美国电气和电子工程师协会（IEEE）规定的 1.6 W/kg 标准。我国采用 ICNIRP 标准，另外，国家环保局 GB 8702—88《电磁辐射防护规定》、国家卫生部 GB 9175—88《环境电磁波卫生标准》、国家环境保护行业标准 HJ/T10.2—1996 以及国标 GB 21288—2007《移动电话电磁辐射局部暴露限值》、GBZ1—2002《工业企业设计卫生标准》等，均有更详细规范，因篇幅原因这里不再讨论。表 2.1 所示为 GB 9175-88 电场强度、功率密度容许限值。

表 2.1　GB 9175—88《环境电磁波卫生标准》电场强度、功率密度容许限值

项　目		容　许　限　值	
		Ⅰ级（安全区）	Ⅱ级（中间区）
电场强度	0.1～30 MHz	10 V/m	25 V/m
	30～300 MHz	5 V/m	12 V/m
功率密度	300～300000 MHz	10 μW/cm²	40 μW/cm²

2.2.5　勘测评估步骤

电磁环境勘测评估，应依据相关通信工程标准法规进行。不同类型的通信工程，其勘测评估步骤不尽相同，卫星地面站电磁环境勘测评估最具有代表性，因此可作为案例介绍。

为保证卫星地面站正常工作，避免受到空中、地面各种电磁辐射及干扰，应按照 GB 13615—92《地球站电磁环境保护要求》、YD 5050—97《国内卫星通信地球站工程设计规范》、GB 50174—2008《电子信息系统机房设计规范》、GBJ 42—81《工业企业通信设计规范》、YDT 1003—1999《卫星通信地球站电磁干扰测量方法》、工信部《建立卫星通信网和设置使用地球站管理规定》等国家标准和规定，对拟建站址周围进行电磁环境测评，测评步骤内容如下。

1. 站址周围电磁环境初步调查分析

拟建站址地处××市东南郊，周围有电视台、广播电台、移动基站，以及许多工业企业等，会产生大量的无线电信号或无用的电磁波，这些都可能对卫星测控站产生电磁干扰。初步调查分析，主要可分为以下几类：

① 站址周围微波接力通信系统辐射干扰。因微波通信与卫星通信工作在同一频段，容易发生同频或差频干扰，严重影响卫星通信。

② 站址周围雷达、广播、电视、移动基站干扰。雷达信号具有发射功率大、工作频带宽的特点，其信号落入卫星接收信号范围内，对卫星信号接收影响较大。另外，在预选站址周围，×××电视台、×××广播电台及众多的移动基站，也会不同程度地干扰卫星通信信号接收，或引起中频、交调、互调等干扰。

③ 站址周围电力等工业设备干扰。电力传输系统的电晕效应和间隙放电引起的无线电噪声、高压线传输的载波控制信号，也会对卫星站的电磁环境造成影响。另外高压输电线路作为金属物体，对无线电信号会产生反射和再辐射，会改变信号的空中场型，容易形成无源干扰。

④ 站址周围铁路、机场干扰。

一般前两类干扰对卫星通信的影响大。

2. 测量内容步骤

① 0°仰角全方位、全频段，干扰测量。

调整已经架设好的测量天线仰角为 0°，然后从方位角磁北 0°开始顺时针水平旋转天线，每隔一定方位角度停止转动 1 次，观察频谱仪的扫描线从左到右扫描一次后，按下打印键，记录一次干扰曲线图。方位间隔角度应等于测量天线的半功率张角。在记录纸带上应同时记录下极化方向、方位角、仰角、测量时间等。

继续调整天线的方位角，直到天线沿水平面旋转一周（360°），重复上述测量。

改变天线的极化方向，再次重复上述测试直至天线沿水平面旋转一周（360°）。

② 0°仰角全方位卫星工作频段，干扰测量。

完成垂直和水平极化测试，判定出最大干扰源方向，并在最大干扰源方向上进行重复测试。测试包括：改变仰角和方位，改变频谱仪的工作状态，如分辨率带宽、视频带宽、中心频率、频距，记录下每个干扰信号的频谱和强度。

③ 卫星仰角、方位范围内工作频段，干扰测量。

④ 最大干扰源方向，干扰测量。

在完成上述测试步骤后，若判断卫星站周围电磁环境基本可行，则应进一步做较长时间的观察测试，判断干扰的重复性。一般一个站址的电磁环境测试时间取一天（24 小时），原则上应在 9:00-12:00、14:00-18:00、20:00-24:00、0:00-6:00 四个时间段分别测量，每次测量均做记录。

在测试过程中如发现干扰,应尽可能准确地判断干扰源方向、干扰源地点,提出抑制或清除干扰的方法,必要时应停止测量;调查干扰性质以及干扰源长期存在的可能变化,以便寻找新的站址,进行新的测量。

另外,为防止周围地形及建筑物遮挡、屏蔽卫星信号,还应进行天际线及天际角测量。天际线是指当你站在某地,远望天空时,所看到的天与地相交的轮廓线,天际线与水平面的夹角为天际角。卫星地面站要求天际角大于10°,即10°以上不应有成片障碍物和导体。

3. 电磁环境评估

根据不同通信工程的使用频段、调制方式以及允许的背景噪声、频谱占用度和干扰信号强度等多项指标,进行电磁环境评估。电磁环境等级如表2.2所示。

一般,电磁环境等级为中度复杂时依装备抗扰性而产生不同的影响,电磁环境等级为重度复杂时对大部分装备会产生严重影响。

表2.2 电磁环境等级

电磁环境等级	一般			复杂						
				轻度		中度		重度		
电磁环境分级	Ⅰ	Ⅱ	Ⅲ	Ⅳ	Ⅴ	Ⅵ	Ⅶ	Ⅷ	Ⅸ	Ⅹ
频谱占用度 λ/%	$0 \leq \lambda < 10$	$10 \leq \lambda < 20$	$20 \leq \lambda < 30$	$30 \leq \lambda < 40$	$40 \leq \lambda < 50$	$50 \leq \lambda < 60$	$60 \leq \lambda < 70$	$70 \leq \lambda < 80$	$80 \leq \lambda < 90$	$90 \leq \lambda < 100$
噪声电平相对增量 Δ/dB	$0 \leq \Delta < 1$	$1 \leq \Delta < 2$	$2 \leq \Delta < 3$	$3 \leq \Delta < 4.5$	$4.5 \leq \Delta < 6$	$6 \leq \Delta < 7.5$	$7.5 \leq \Delta < 9$	$9 \leq \Delta < 11$	$11 \leq \Delta < 13$	$\Delta \geq 13$
干扰信号相对功率 Δ/dB	$0 \leq \Delta < 3$	$3 \leq \Delta < 6$	$6 \leq \Delta < 9$	$9 \leq \Delta < 12$	$12 \leq \Delta < 15$	$15 \leq \Delta < 18$	$18 \leq \Delta < 21$	$21 \leq \Delta < 24$	$24 \leq \Delta < 27$	$\Delta \geq 27$

2.3 气候环境勘查

影响通信工程的气候因素和天气现象一般有:风、雨、雪、冰雹、雷电、雾霾、结冰、沙尘暴等。在工程设计前应依据通信工程建设与运行对冷、热、干、湿、风等环境的具体要求进行勘查,勘查内容主要有:温度及湿度情况、冰雪日数及大小、风向及最大风力、雷电日数及大小等。

2.3.1 勘查内容

① 温度及湿度情况:通信设备是由电子元件、集成电路等器件构成的,其电气特性容易受温度、湿度等的影响,特别是精密设备,对温度、湿度要求更高。为保障设备可靠运行和方便人员工作,应勘查温度及湿度情况,评估是否达标,否则应采取措施,如加装空气调节器等。

② 冰雪日数及大小:当天线、导线及台站建筑上覆盖冰雪很厚时,可导致应力折断或压垮等严重事故,如冰雪压垮线缆事故,如图2.5所示。为保障天线、导线及设备可靠运行,

应勘查冰雪最大厚度,评估是否会压垮天线、导线或台站建筑,否则应采取必要措施,如安装自动除冰雪器。

③ 风向及最大风力:当风力很大时,天线或导线将会随风舞动(如图 2.6 所示),严重时可导致应力折断或吹倒等严重事故。表 2.3 所示为风级风速对照表。为保障天线或导线可靠运行,应勘查最大风力,评估是否会吹垮天线或导线,否则应采取加固措施。

图 2.5　冰雪压垮线缆事故

图 2.6　天线随狂风舞动

表 2.3　风级风速对照表

风级	名称	最大风速/(km/h)	地面物象	海面波浪	浪高/m
0	无风	1	静,烟直上	平静	0.0
1	软风	5	烟示风向	微波峰无飞沫	0.1
2	轻风	11	感觉有风	小波峰未破碎	0.2
3	微风	19	旌旗展开	小波峰顶破裂	0.6
4	和风	28	吹起尘土	小浪白沫波峰	1.0
5	劲风	38	小树摇摆	中浪白沫峰群	2.0
6	强风	49	电线有声	大浪白沫离峰	3.0
7	疾风	61	步行困难	破峰白沫成条	4.0
8	大风	74	折毁树枝	浪长高有浪花	5.5
9	烈风	88	小损房屋	浪峰倒卷	7.0
10	狂风	102	拔起树木	海浪翻滚咆哮	9.0
11	暴风	117	损毁重大	波峰全呈飞沫	11.5
12	台风	134	摧毁极大	海浪滔天	14.0
13	台风	149			—
14	强台风	166			—
15	强台风	183			—
16	超强台风	201			—
17	—	220			

④ 雷电日数及大小:地球上每秒钟有 100 次闪电发生,雷电灾害(如图 2.7 所示)已经成为最严重的自然灾害之一,它对社会财产和人民生命安全形成了巨大威胁。为保障通信天线、导线或设备可靠运行,免遭雷击,应勘查雷电日数及大小,确定合适的防雷等级及设计方案。

上述气候因素,可直接从国家或地区气象部门查询,并参考月、季、年、数年的气候统计状况进行工程设计。

通常，室外气候环境对通信线缆、天线及设备的影响很大；室内空气环境对通信设备影响相对较小，但也不能忽略。

2.3.2 法规及要求

气候环境勘查，应依据相关通信工程标准法规，例如：GB 50174－2008《电子信息系统机房设计规范》、GB 2887－2000《电子计算机机房场地通

图 2.7 雷电灾害

用规范》、GB 9361－88《计算站场地安全要求》、GB/T 12858－97《地面无线电导航设备环境要求和试验方法》、GJB 3248－98《野战超短波通信天线通用规范》、YD 5050－97《国内卫星通信地球站工程设计规范》、YD 5017－96《卫星通信地球站设备安装工程施工及验收技术规范》、GB 50009－2001《建筑结构载荷规范》、YD 5137－2005《本地通信线路工程设计规范》、GBJ 42－81《工业企业通信设计规范》等。这里以风、雪勘查为例，给出一些通信工程相关技术法规及要求。

① 移动通信钢塔桅和天馈线工程：

风压：按 50 年一遇采用，但不小于 0.35 kN/m²；

雪载荷：按 50 年一遇采用。（引自 GB 50009－2001）

② 本地架空电缆线路工程：架空电缆线路杆路杆间距离，应根据用户下线需要、地形情况、线路负荷、气象条件以及发展改建要求等因素确定，风速、冰凌厚度按 10 年一遇采用，如表 2.4 所示。对应普通杆距架空电缆吊线规格如表 2.5 所示，一般情况下市区杆距可为 35～40 m，郊区杆距可为 45～50 m。

表 2.4 架空电缆线路负荷区划分表

气象条件	轻负荷区	中荷区	重负荷区	超重负荷区
线缆冰凌厚度/mm	≤5	≤10	≤15	≤20
结冰时最大风速/(m/s)	10	10	10	10

表 2.5 普通杆距架空电缆吊线规格

负荷区别	杆距 L/m	电缆重量 W/(kg/m)	（吊线线径/mm）×股数
轻负荷区	≤45	≤2.11	2.2×7
	45～60	≤1.46	
	≤45	2.11～3.02	2.6×7
	45～60	1.46～2.18	
	≤45	3.02～4.15	3.0×7
	45～0	2.18～3.02	
重负荷区	≤35	≤1.46	2.2×7
	35～50	≤0.57	
	≤35	1.46～2.52	2.6×7
	35～50	0.57～1.22	
	≤35	2.52～3.98	3.0×7
	35～50	1.22～2.31	

③ 卫星通信工程：风速 12 级（130 km/H）持续 3 s 时，设备及天线不变向（形）。（引自 GB/T 17500－1988）

④ 野战超短波通信：风速 11 级（32 m/s），结冰厚度 10 mm 时，不损害并能正常工作。（引自 GJB 3248－98）

⑤ 通信工程施工：当环境温度低于-20℃时，不得对构件进行捶打、剪切和冲孔；当环境温度低于-16℃时，不得对构件进行冷矫正。（引自 YD 5017－96）

2.4 地貌形态勘测

地貌形态一般指地势、天然地物和人工地物高低起伏变化的形态和位置，按自然形态可分为平原、丘陵、山地、裂谷、高原、盆地等基本地貌形态。

地貌形态长、宽、高、深和边坡坡度等的大小，可用地貌的符号——等高线地形图表示。

2.4.1 等高线地形图

1. 等高线概念

等高线是地面高程相等的各相邻点所连成的闭合曲线，如图 2.8 所示，用于描绘地球表面地貌情况。用等高线表示地貌，不但能简单而正确地显示地貌的形状，而且还能根据它较精确地求出图上任意点的高程。因此，一般工程上用的地形图，都用等高线来表示地貌。

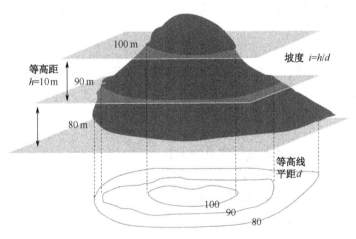

图 2.8 等高线示意图

图 2.8 等高线的主要特性如下：

① 平距 d 越小坡度越陡，平距 d 越大坡度越缓，如图 2.8 所示；
② 同一条等高线上各点的高程都相等，如图 2.9、图 2.10 所示；
③ 若等高线图内不闭合，则图外一定闭合，如图 2.11 所示；
④ 除悬崖或绝壁外，等高线不能相交或重合，如图 2.12 所示；
⑤ 等高线与山脊线、山谷线正交，如图 2.13 所示。

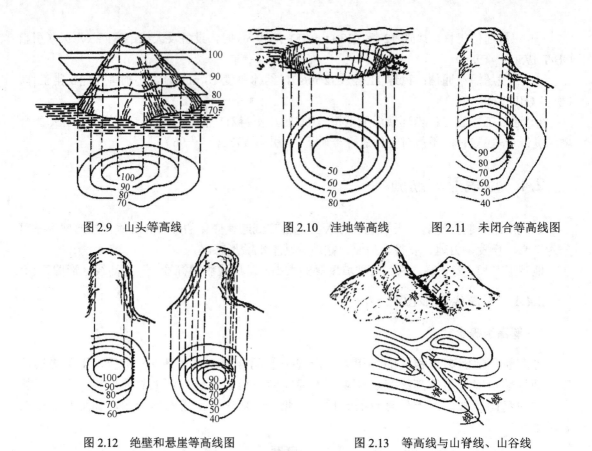

图 2.9　山头等高线　　　图 2.10　洼地等高线　　　图 2.11　未闭合等高线图

图 2.12　绝壁和悬崖等高线图　　　图 2.13　等高线与山脊线、山谷线

2. 等高线的分类

① 首曲线：在同一幅图上，按规定的等高距描绘的等高线称为首曲线，也称基本等高线。它是宽度为 0.15 mm 的细实线。

② 计曲线：为了读图方便，凡是高程能被 5 倍基本等高距整除的等高线加粗描绘，称为计曲线。

③ 间曲线和助曲线：当首曲线不能显示地貌的特征时，按二分之一基本等高距描绘的等高线称为间曲线，在图上用长虚线表示。有时为显示局部地貌的需要，按四分之一基本等高距描绘的等高线，称为助曲线，一般用短虚线表示。

3. 等高线地形图的勾绘

等高线地形图的绘制可利用南方 CASS 软件，首先是将全站仪野外测的高程点数据文件导入计算机，然后建立数字地面模型（DTM），最后采用轻量线在数字地面模型上生成等高线。若手工勾绘，应注意以下问题：

① 勾绘等高线时，要对照实地情况，依据测量结果先画计曲线，后画首曲线。

② 勾绘计曲线时，应根据碎部点（地形、地貌的特征点，如坡度变化点、河流与道路分界点、山脊线的顶点等）的高程，首先用铅笔轻轻勾绘出等高线，并注意山脊线或山谷线的走向。

③ 碎部点是地形、地貌的特征点，如地面坡度变化处，因此相邻点之间可视为均匀坡度，这样可在两相邻碎部点的连线上，按平距与高差成正比的关系，内插出两点间各条等高线通过的位置。

④ 地形图等高距的选择与测图比例尺有关，对不能用等高线表示的地貌，应按国家测绘局《地形图图式》规定的符号表示。

2.4.2 全站仪与地形测量

地形信息勘测仪表工具主要有全站型电子速测仪（简称全站仪）、差分 GPS、轮式测距仪、激光测距仪等。这里主要讨论全站仪。

1. 全站仪概念

全站仪是由电子经纬仪、光电测距仪、光电测角仪和数据处理系统等组成，能自动显示测量结果，直接与外围设备进行信息交换的多功能三维坐标测量仪器（系统）。由于该电子一体化仪器可较完善地实现测量、处理和交换等过程，故常称为全站型电子速测仪，简称全站仪。图 2.14 所示徕卡 Leica-TPS700 系列全站仪。

图 2.14 徕卡 Leica-TPS700 系列全站仪

2. 全站仪的结构和特点

全站仪的结构和原理框图分别如图 2.15 和图 2.16 所示。

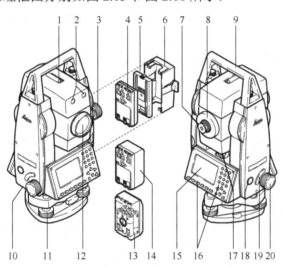

图 2.15 全站仪结构图

1——粗瞄器 2——内装导向光装置（选件） 3——垂直微动螺旋 4——GEB11 型号电池 5——GEB111 电池盒垫块 6——GEB111 电池盒 7——目镜 8——调焦环 9——仪器提把 10——RS232 串行接口 11——脚螺旋 12——望远镜物镜 13——GAD39 电池适配器（选件） 14——GEB121 电池（选件） 15——显示屏 16——键盘 17——圆水准器 18——电源开关键 19——热键 20——水平微动螺旋

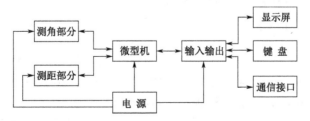

图 2.16 全站仪原理框图

全站仪的主要特点如下：

① 三同轴望远镜。目前的全站仪基本上采用望远镜光轴（视准轴）和测距光轴（红外光发射光轴和接收光轴）完全同轴的光学系统，其光路如图2.17所示。因此，望远镜照准目标棱镜一次，就能同时测定水平角、垂直角和斜距。

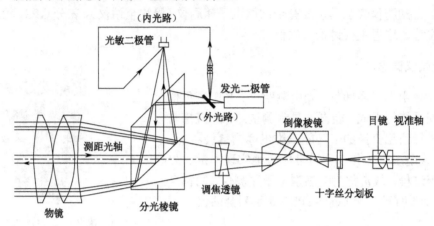

图 2.17　全站仪三同轴望远镜光路

② 竖轴倾斜的自动补偿。当仪器未精确调整平而使竖轴倾斜时，所引起的角度观察误差一般不能通过盘左、盘右观测取平均值完全抵消。为了消除竖轴倾斜误差对角度观测的影响，全站仪上一般设置有电子倾斜传感器，当它处于打开状态时，仪器能自动测量出竖轴倾斜的角度值，据此计算出对角度观测的影响值并显示出来，同时自动对角度观测值进行改正。

③ 数据记录与传输。全站仪观测数据的记录，因仪器的结构不同而有三种方式：一种是通过电缆，将仪器的RS232数据传输接口和外接的记录器连接起来，数据直接存储在外接的记录器中；另一种是仪器内部有一个大容量的内存，用于记录数据；还有的仪器是采用插入数据记录卡。

④ 固化程序实现测量自动化。全站仪内置只读存储器固化了常用的测量作业程序，可以在野外迅速完成特殊测量功能。例如，对边测量、悬高测量、偏心测量、面积测量等，按程序进行观测，在现场立即得出结果。全站仪也可通过传输接口，将野外采集的数据直接传输给计算机、绘图机，并配以数据处理软件，实现测量的自动化。

⑤ 目标自动识别。增强型和超强型全站仪都具有目标自动识别功能模块ATR。这一模块安装在望远镜内，并且和望远镜同轴。这类仪器可以实现角度与距离的自动测量，减少目视测量时所带来的疲劳。在测量中，只需人工照准，让棱镜在视场内，然后在开始距离测量时，在马达的驱动下，望远镜会自动对准棱镜的中心。垂直角与水平角的测量以棱镜中心为参考点，距离的量测也以棱镜的中心点为参考点。

3. 全站仪精度及其等级

全站仪的精度主要是指测角精度 m_β 和测距精度 m_D。例如：日本拓普康公司的 GTS-710 全站仪的标称精度，测角精度 $m_\beta=\pm2''$，测距精度 $m_D=\pm(2\text{ mm}+2D\times10^{-6})$；我国苏州一光生产的 OTS232 型，测角精度 $m_\beta=\pm2''$，测距精度 $m_D=\pm(3\text{ mm}+3D\times10^{-6})$；其中 D 为所测距离。

根据国家计量规程 JJG100—94 将全站仪精度划分为 4 个等级，如表 2.6 所示。

表 2.6 全站仪精度划分

精度等级	测角中误差 m_β	测距中误差 m_D
Ⅰ	$\|m_\beta\| \leq 1''$	$\|m_D\| \leq 2\ mm$
Ⅱ	$1'' < \|m_\beta\| \leq 2''$	$2\ mm < \|m_D\| \leq 5\ mm$
Ⅲ	$2'' < \|m_\beta\| \leq 6''$	$5\ mm < \|m_D\| \leq 10\ mm$
Ⅳ（等外级）	$6'' < \|m_\beta\| \leq 10''$	$10\ mm < \|m_D\|$

4. 仪器的架设

① 架设三角架。首先将三角架打开，调整三角架的腿到适当高度以利于操作；调节三角架上的平台座，使其基本水平，并保证它在测站点的竖直方向上；拧紧三个固定螺丝。如图 2.18 所示。

② 安装仪器。将仪器放在脚架架头上，一手握住仪器，另一手旋紧中心螺旋。

③ 调焦对准测站点。用光学对点器对测站点进行调焦，转动对点器的目镜至看清分划板上的十字丝，转动光学对点器的调焦环至看清地面。

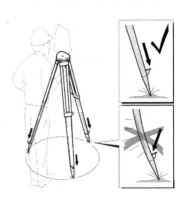

图 2.18 架设三角架

安装仪器、调焦对准测站点如图 2.19 所示。

图 2.19 安装仪器、调焦对准测站点

④ 使测站点位于十字丝中心。稍微松动中心连接螺丝，在架头上轻移仪器，直到分划板上的十字丝对准测站点标志。然后轻轻拧紧连接螺丝。

⑤ 利用圆水准器气泡粗平仪器。观察圆水准器气泡的偏离方向，缩短近气泡方向的三角架腿，或伸长远气泡方向的三角架腿。为了使气泡居中，必须反复调节三角架的腿长。

⑥ 利用照准部长水准器气泡精平仪器。松开水平制动旋钮转动照准部，使照准部长水准器轴平行于三个脚螺旋中的两个脚螺旋所在竖直平面；旋动这两个脚螺旋使照准部水准器气泡居中（气泡向顺时针旋转脚螺旋的方向移动）。

⑦ 转动 90°使气泡居中。将照准部旋转 90°使水准器轴垂直于上一步的两个脚螺旋平面；用另一脚螺旋使照准部长水准器气泡居中。

⑧ 检查气泡是否在任何方向都在同一位置。旋转 90°并检查气泡的位置，观察气泡是否偏离中心。如果气泡偏离中心，则重复⑥、⑦步，直到长水准气泡始终居中为止。

5．测量前的准备

① 开机。

② 垂直度盘和水平度盘指示的设置。

- 松开垂直度盘制动钮，将望远镜纵转一周，垂直度盘指示已经设置，随即听到一声鸣响，并显示出垂直角。
- 松开水平度盘制动钮，旋动照准部 360°，水平度盘指示已经设置，随即听到一声鸣响，并显示出水平角。

至此，水平度盘和垂直度盘指示设置完毕。

③ 调焦和照准目标。

- 对分划板进行调焦：通过望远镜目镜观察一个明亮而特殊的背景，转动目镜，直至十字丝成像最清晰为止。
- 照准目标：松开垂直和水平制动钮，用粗瞄准器瞄准目标，使其进入视野，再固紧两制动钮。
- 对目标进行调焦：旋转调焦螺旋，使目标清晰，调节垂直和水平微动螺旋，用十字丝准确地照准目标。

6．角度测量

角度测量分为水平角、竖直角测量。其中水平角测量方法如下：

① 在测站点 O 处架设仪器；

② 设置测量模式为测角；

③ 调水平制动钮和微动螺旋，以精确照准目标 A；

④ 按置零键，使水平度盘读数显示为 0°00′00″；

⑤ 顺时针旋转照准部，瞄准目标 B，此时读取的显示读数即为两点间的水平夹角，如图 2.20 所示。

当精度要求较高时，可逆时针测回或多次测量。

如果测竖直角，可在读取水平度盘的同时读取竖盘的显示读数。

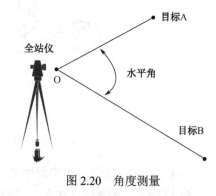

图 2.20 角度测量

7．距离测量

距离测量分为平距、高差和斜距（全站仪镜点至棱镜镜点间高差及斜距）测量。测量时，因温度、气压以及测量目标条件对测距有直接影响，所有这些参数在测距前应予以设置，具体测量方法如下：

① 架设全站仪，调好水平。

② 设置棱镜常数：测距前必须将棱镜常数输入仪器中，仪器会自动对所测距离进行改正。

③ 设置大气改正值或气温、气压值。15 ℃ 和 760 mmHg 是仪器设置的一个标准值，此时的大气改正为 0 ppm（1 ppm=1×10^{-6}）。实测时，可输入温度和气压值，全站仪会自动计算大气改正值（也可直接输入大气改正值），并对测距结果进行改正。

④ 量仪器高、棱镜高并输入全站仪。

⑤ 距离测量：照准目标棱镜中心，按测距键，距离测量开始。测距完成时显示斜距、平

距、高差，如图 2.21 所示。

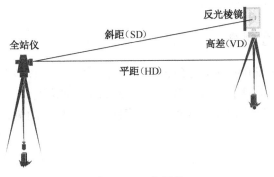

图 2.21 距离测量

全站仪的测距模式有精测模式、跟踪模式、粗测模式三种，其中精测模式是最常用的测距模式，最小显示单位为 1 mm。在距离测量时可按模式（MODE）键选择不同的测距模式。

应注意，有些型号的全站仪在距离测量时不能设定仪器高和棱镜高，显示的高差值是全站仪横轴中心与棱镜中心的高差。

8．悬高测量

在通信工程测量中，天线、馈线及避雷线等在建设与维护时，经常要进行悬高测量（如图 2.22 所示），具体测量方法如下：

① 架设全站仪，调好水平；
② 设置棱镜常数，设置大气改正值或气温、气压值；
③ 量仪器高、棱镜高并输入全站仪；
④ 在目标正下方安置棱镜；
⑤ 设置仪器为悬高模式，瞄准棱镜并观测；
⑥ 瞄准目标，仪器显示目标高度。

对于无悬高测量模式的全站仪，要利用距离测量、角度测量结果进行人工计算。

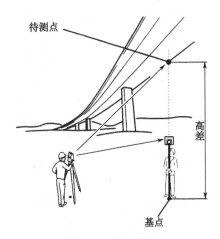

图 2.22 悬高测量

9．仪器使用的注意事项

① 安置测站时，首先把三脚架安放稳妥，再装上全站仪。
② 迁站时，电源要关闭，仪器要从三脚架上取下装箱。近距离迁站可不装箱，但务必握住仪器的提手稳步行进。
③ 未装滤光片不要将仪器直接对准阳光。
④ 在未加保护的情况下，决不可置仪器于高温环境中。
⑤ 在进行高精度的观测时，应采取遮阳措施。
⑥ 在清洁仪器透镜表面时，应先用箱内干净的毛刷扫去灰尘，再用干净的绒棉布蘸酒精，由透镜中心向外一圈圈地轻轻擦拭，仪器的镜头千万不要用手去摸。
⑦ 仪器装箱时，应先将电源关掉，确保仪器与箱内的安置标志相吻合，且仪器的目镜向上。

⑧ 和仪器配套使用的棱镜应保持干净，不用时应放在安全的地方，有箱子的应放在箱内，以免碰坏。

2.4.3 GPS 及工程测量

全球定位系统（Global Positioning System，GPS）是一种可以授时和测距的空间交会定点的导航系统，可向全球用户提供连续、实时、高精度的三维位置、三维速度和时间信息。GPS 具有操作简便、精确度高等优点，已经很大程度地取代了传统的测角测距工作方式，成为现代测绘领域的主要技术。

1. GPS 技术特点

① 测量精度高。

现代测绘技术对测量精度的要求越来越高，传统的人工测角测距方式已经很难适应现代工程建设的发展。GPS 运用先进的卫星定位系统能够为测量提供精度方面的改进。经过与测绘技术相融合，目前 GPS 测量技术在大范围定位中取得了良好的应用效果。例如：在 50 km 范围之内，相对定位精度达到了 10^{-6} 数量级；在 100~500 km 范围内，相对精度达到了 10^{-7} 数量级；在 1000 km 以上，精度达到 10^{-9} 数量级。

② 应用范围广。

GPS 定位系统的应用范围可以从两个方面来说：一是在应用行业上，目前最为人所熟知的应用 GPS 技术的是车载导航仪，GPS 导航系统已经成为了现代汽车的基本配置。此外，GPS 技术还被广泛应用于地球物理学、地质行业、矿产行业、建筑行业等等。二是在应用环境条件上，GPS 借助于卫星系统进行定位，很少受到天气、温度、地形等条件的限制。这一点在工程测绘中具有很大的优势，由于工程测绘基本上是野外工作，甚至是进入到某些极端自然条件的地区进行测量，采用 GPS 系统极大地克服了这方面的障碍。

③ 操作相对简便。

仪器的易操作性是影响其应用和发展不可忽视的因素，传统的测绘工具较为复杂，无论是运输、组装、运行等都具有费时费力的特点，极大地阻碍了测绘工程的顺利进行。相对而言，GPS 测量技术由于自动化程度不断提高，其操作更加简单快捷：测量人员只需掌握一定的组装、观测技术，完成仪器的连接、气象信息收集、天线高度测量等工作，并在仪器工作时进行观测，就可以完成基本的测量工作。

④ 观测站之间无须通视。

传统的测量技术必须进行通视状况的检验，使站点之间形成良好的通视效果，同时还必须使控制网保持较好的图形结构。为此，就需要建立觇标，并且测量地点也相对固定，增加了物质成本和时间成本。但运用 GPS 技术，只需保证不小于15°的空间视角并与卫星保持通视，就可以实现测量工作，增加了测量工作的灵活机动性，节省了建造觇标的经费开支。

2. GPS 的组成

GPS 定位系统由 GPS 空间部分、地面控制部分和用户 GPS 接收机三部分组成。

GPS 空间部分在 1993 年建成时由 24 颗卫星组成（21 颗工作卫星和 3 颗备用卫星）；目前有 30 颗工作卫星，分布在 6 个地球轨道面上，用 L 波段的两个无线载波（19cm 和 24cm 波）向广大用户连续不断地发送导航定位信号。每个载波用导航信息 $D(t)$ 和伪随机码（PRN）

测距信号进行双相调制。用于捕获信号和粗略定位的伪随机码叫 C/A 码（又叫 S 码），精密测距码（用于精密定位）叫 P 码。这样分布的目的是为了保证在地球的任何地方可同时见到 4～12 颗卫星，从而使地球表面任何地点、任何时刻均能实现三维定位、测速和测时。

GPS 地面控制部分包括 1 个主控站，位于 Colorado Springs（科罗拉多斯平士）；3 个注入站，分别位于 Ascencion（阿森松群岛）、Diego Garcia（迭哥伽西亚）、Kwajalein 卡瓦加兰；5 个监控站，分别位于以上主控站、注入站和 Hawaii（夏威夷）。

GPS 的空间部分和地面监控部分，是用户应用该系统进行定位的基础；用户只有利用用户设备，才能实现应用 GPS 定位的目的。

根据 GPS 用户的不同要求，所需的接收设备各异，但其主要任务都是接收卫星发射的信息。随着 GPS 定位技术的迅速发展和应用领域的扩大，许多国家都在研制、开发适用于不同要求的 GPS 接收机及相应的数据处理软件。用户设备主要由 GPS 接收机硬件和数据处理软件，以及微处理机和终端设备组成。GPS 接收机的硬件一般包括主机、天线和电源，其主要功能是接收 GPS 卫星发射的信号，以获得必要的导航和定位信息及观测量，并经简单数据处理而实现实时导航和定位；GPS 软件部分是指各种后处理软件包，其主要作用是对观测数据进行精加工，以便获得精密定位结果。

根据 GPS 用户的要求不同，GPS 接收机也有许多不同的类型，一般可分为导航型、测量型和授时型，大地测量或精密工程测量又分单频型和双频型。其中导航型和单频型 GPS 接收机分别如图 2.23 和图 2.24 所示。

图 2.23　导航型 GPS 接收机

图 2.24　单频型 GPS 接收机

3. GPS 测量方法

（1）静态测量（Static Surveying）

静态测量是将几台 GPS 接收机安置在基线端点上，保持固定不动，同步观测 4 颗以上卫星，可观测数个时段，每时段观测十几分钟至 1 小时左右，最后将观测数据输入计算机，经软件解算得各点坐标等。其精度可达到 5 mm+1 ppm×D，（D 为所测距离），主要用于大地测量、控制测量、变形测量、工程测量。

静态相对定位模式如图 2.25 所示。

（2）动态测量（Kinematic Surveying）

动态测量是先建立一个基准站，并在其上安置接收机连续观测可见卫星，另一台接收机在第 1 点静止观测数分钟后，在其他点依次观测数秒，最后将观测数据输入计算机，经软件解算得各点坐标等。其作业范围一般不能超过 15 km，精度可达到 10～20 mm+1 ppm×D（D 为所测距离），适用于精度要求不高的碎部测量。

动态相对定位模式如图 2.26 所示。

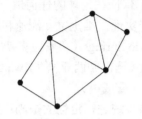

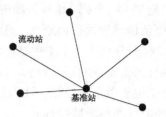

图 2.25　静态相对定位模式　　　　图 2.26　动态相对定位模式

2.5　地表土壤勘测

2.5.1　地表土壤类型

土壤是由固体、液体和气体组成的，是具有毛细管作用的物体。常见地表土壤有：黄壤土、红壤土、褐土（暗棕壤）、紫色土、灰漠土、中厚层黑土、砂姜黑土、潮土（泥沙潮土、高寒潮土、沉积潮土、潮褐土等）、黑垆土、黄绵土、石灰土、砂页岩泥土、草甸土（山地草甸土、硫酸盐草甸盐土等）、水稻土（乌泥田、灰泥田、黄泥沙田等）、白浆土、沼泽土等。有些土壤母质虽然相同，但受地形、地貌、水文、气候、生物等因素的影响，土壤的物理性质（土壤颗粒的大小、颗粒的分布、颗粒的密集性、土壤颜色、物质结构等）、化学性质（土壤酸度、有机质、水解性等）有很大差异，对导电性能有不同程度的影响。

2.5.2　土壤电阻率及其测量

1．为什么要勘测土壤电阻率

土壤物理学研究表明，土壤电阻率本身包含了反映土壤品质与物理性质的丰富信息。表征土壤导电性能的土壤电阻率，是研究土壤微观结构及物理力学性质、金属土壤腐蚀、电力系统接地、通信工程接地等的重要参数。通信工程建设在地面上，地表土壤的特性、构造及土壤电阻率等基础条件，对通信工程接地、防雷及正常工作影响很大，或增加建设成本。

另外，研究土壤电阻率的变化，对预测土壤污染特征、含水率、农作物产量等方面也具有重要的工程应用价值。

2．土壤电阻率定义

单位长度的单位面积土壤（如图 2.27 所示），其对立面之间的电阻，称为土壤的电阻率或电阻系数，记为符号 ρ，常用单位为 $\Omega \cdot m$（欧姆·米）或 $\Omega \cdot cm$。

3．土壤电阻率的测量

目前，土壤电阻率的测量大致可分为实验室测量和现场测量两大类。

实验室往往将土壤样品置于土壤箱中使用直接法测量。首先要制备土壤浸提液，然后利用电极法测量土壤浸提液的电阻率，再利用土壤浸提液的测量值表征土壤电阻率的变化。这种传统的

图 2.27　土壤电阻率概念

实验室方法作为标准测量方法具有较高的精度，也是评价土壤电阻率高低的基准。研究表明，土壤介电常数与土壤孔隙率、定向度和颗粒形状等有关，除直流伏安法测量外，50 Hz（中国电网频率）、60 Hz（美国电网频率）、1 000 Hz、50 MHz 等不同频率交流信号的伏安法测量，也是现在研究的热点问题。

另外，一般实验室测量过程烦琐，而且耗费较长时间，实时性差，不能满足现代农业、电力、通信等工程建设在短时间内完成大批量测量的要求。

野外现场通常采用 Wenner 等距四极法或 Schlumberger-Palmer 不等间距四极法等方法测量土壤电阻率，在测量时可以不取样，不扰动土体，可以保持原态原位连续测量。

（1）Wenner 等距四极法测量原理

由电学可知，当电流 I 通过电流极，注入单一介质时（如图 2.28 所示），在距电流极 r 的半球面上任意点产生的电位 U_r 为：

$$U_r = I \cdot \frac{\rho}{2\pi \cdot r} \tag{2.4}$$

式中，ρ 为土壤介质的电阻率。

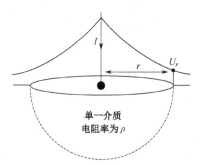

图 2.28　单一介质注入电流及球面电位

图 2.29 所示为 Wenner 等距四极法测量原理示意图。应用叠加原理，可求出当电流柱 C_1、C_2 同时有电流存在时电压电柱 P_1、P_2 之间的电位差。

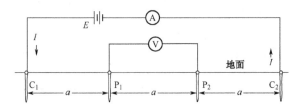

图 2.29　Wenner 等距四极法测量原理示意图

当电流 I 通过 C_1 注入大地时，P_1 与 P_2 电极间的电位差为：

$$U_{P_1P_2} = U_{P_1C_1} - U_{P_2P_1} = (I \cdot \frac{\rho}{2\pi \cdot a}) - (I \cdot \frac{\rho}{2\pi \cdot 2a}) = I \cdot \frac{\rho}{4\pi \cdot a} \tag{2.5}$$

当电流 I 通过 C_2 流出大地时，P_1 与 P_2 电极间的电位差为：

$$U'_{P_1P_2} = U_{P_1C_2} - U_{P_2C_2} = (-I \cdot \frac{\rho}{2\pi \cdot 2a}) - (-I \cdot \frac{\rho}{2\pi \cdot a}) = I \cdot \frac{\rho}{4\pi \cdot a} \tag{2.6}$$

则

$$U = U_{P_1P_2} + U'_{P_1P_2} = I \cdot \frac{\rho}{4\pi \cdot a} + I \cdot \frac{\rho}{4\pi \cdot a} = I \cdot \frac{\rho}{2\pi \cdot a} \tag{2.7}$$

$$\rho = 2\pi a \frac{U}{I} = 2\pi a R \tag{2.8}$$

（2）测量仪表

起初，土壤电阻率采用伏安法（即电流表、电压表）测试，非常原始。20 世纪 60 年代，苏联 E 型摇表法取代了伏安法，其电源是手摇发电机，见图 2.30，稳定性差，测量精度低。80 年代数字式土壤电阻率仪（见图 2.31）投入使用，其稳定性和测量精度比摇表式高，应用范围广。90 年代后，不同工频土壤电阻率测量仪出现，使测量准确度更上一个台阶。

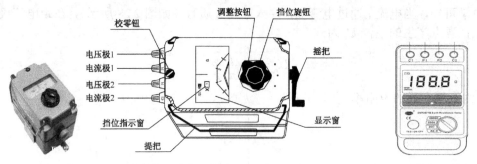

图 2.30　Z-8 土壤电阻率仪（摇表）　　　　图 2.31　数字式土壤电阻率仪

（3）Wenner 等距四极测量方法

Wenner 等距四极测量方法如图 2.32 所示，其中测量仪表采用数字式土壤电阻率仪。

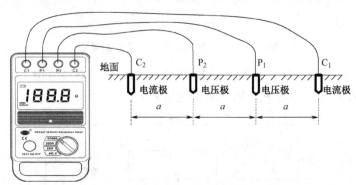

图 2.32　Wenner 等距四极测量方法示意图

在图 2.32 中，C_1、C_2 为供电回路的电流电极，P_1、P_2 为测量回路的电压电极。要求如下：

① C_1、C_2、P_1、P_2 位于一条直线上；
② 电极间距 $a \geq 20m$；
③ 电极打入土壤深度 $\leq$ 电极间距的 1/20；
④ 为提高测量可信度，应多方向布置电极，并取测量结果平均值；
⑤ 为减小外界气候环境对测量的影响，不应在雨天或雨后进行测量。

4. 典型土壤电阻率值

土壤是靠土壤中的溶液在电场作用下的电解过程和土壤固体颗粒之间的接触来导电的。

土壤的类型不同，其电解过程和接触电阻不同，故其导电性能不同，电阻率不同。不同土壤的电阻率典型测量值如表2.7所示。

表2.7 不同土壤的电阻率典型测量值（单位：Ω·m）

土壤类型	湿区典型值	干区典型值
陶黏土	5～20	10～100
沼泽地	10～30	50～300
黑土	30～100	50～300
黄土	100～200	180～400
沙黏土	30～300	200～1000
多石土壤	300～800	>2000
混凝土	100～250	500～1300
花岗岩	—	>250000

2.5.3 影响土壤电阻率因素

1．物理性质影响

土壤密度越大，土壤微粒之间的接触就越紧密，土壤间接触电阻越小，土壤电阻率越小；反之，土壤密度越小，土壤电阻率越大。例：在保持土壤的温、湿度不变的情况下，当压强从20 kg/cm^{2}增大至200 kg/cm^{2}时，土壤电阻率可减小35%。故在埋设接地装置时，回填土一定要压紧土壤，充分夯实。

2．温度影响

土壤温度特性以温度20 ℃为基准，当温度超过100 ℃时，因水分蒸发，使电阻急剧增大。当温度为0 ℃水变为冰时，土壤电阻率将突然上升。某地黏土电阻率与温度的关系如表2.8所示。故在埋设接地装置时，接地体应埋设在冻土层以下。

3．含水量影响

一般来说，土壤湿度越大，土壤电阻率就越小；但湿度大到25%以上时，变化就较小了。表2.9所示为沙黏土电阻率与含水量的关系。故适当增大对土壤浇水量，可促使电阻率下降。

表2.8 某地黏土电阻率与温度的关系（含水量约为15%）

温度/℃	电阻率值/（Ω·m）
20	72
10	99
0（水）	138
0（冰）	300
-5	790
-15	3300

表2.9 沙黏土电阻率与含水量关系

土壤含水重量/%	电阻率/（Ω·m）
0	10^7
2.5	1500
5	430
10	185
15	105
20	63
30	42

4．水质及化学成分影响

从电解角度分析，若土壤含有盐、碳、碱等化学成分或含水杂质多，其电阻率会显著下降，如表2.10和表2.11所示。因此，对土壤进行盐水、海水、泥水等的处理，降低其电阻率的效果就会更好。

表2.10　不同水质的电阻率典型值

水质类型	电阻率典型值/（Ω·m）
海水	1～5
湖水	15～30
泥水	15～20
泉水	40～50
河水	30～600
蒸馏水	1000000

表2.11　沙黏土中食盐量与土壤电阻率关系

土壤含盐量/%	土壤电阻率/（Ω·m）
0	107
0.1	18
1.0	4.6
5.0	1.9
10.0	1.3
20.0	1.0

5．电阻率季节修正系数

由于土壤电阻率受上述各种因素的影响而随月份、季节发生变化，为了保证在全年中土壤电阻率最大的月份，接地体的接地电阻仍能满足使用要求，需要采用季节修正系数 K，即

$$\rho = K\rho' \qquad (2.8)$$

式中：K 为季节修正系数，ρ 为设计计算接地体接地电阻时应采用的电阻率，ρ' 为全年中不同月份实际测量到的土壤电阻率。

注意，为了保证实际测量的准确性，不应在雨后数天内进行测量。表2.12所示为北京地区测量的季节修正系数参考值，其中8月份为上限（最大值），2月份为最小值。至于全国其他地区的季节修正系数资料可到气象、地质部门查询。

表2.12　北京地区季节修正系数参考值

月份	1	2	3	4	5	6	7	8	9	10	11	12
K	1.0	1.0	0.9	1.3	1.4	1.4	1.4	1.9	1.8	1.6	1.4	1.3

复习思考题

1．简述电磁环境的构成和分类。
2．简述电磁环境监测系统技术组成，说明电磁环境的主要测评内容。
3．简述必要带宽、占用带宽、x dB 带宽的概念。
4．简述卫星地面站电磁环境勘测评估步骤。
5．简述气候环境勘查的主要内容，架空线路杆间距离及吊线规格应根据哪些因素确定？
6．何为等高线？其主要特性有哪些？
7．何为全站仪？画图说明全站仪结构原理。
8．用全站仪进行角度测量、距离测量、悬高测量。
9．何为GPS？如何利用GPS进行静态测量与动态测量？
10．简述土壤电阻率的定义。
11．说明土壤电阻率测量的测量原理与方法。
12．简述影响土壤电阻率的因素及电阻率季节修正系数。

第 3 章 通信线路工程

3.1 概述

1. 通信线路分级

通信线路指通信过程中信息传输的通路或通道，一般有线通信线路特指有实体的传输介质，无线通信线路特指无实体的传输信道，这里主要讨论有线传输线路。现在依据我国通信技术体制，把通信线路网划分为长途（骨干）网线路、本地通信网线路以及用户接入网线路三级，如图 3.1 所示。

图 3.1 通信线路网参考模型

长途网线路是连接长途节点之间的通信线路，通常为省际间或者本地网与本地网之间的传输线路，也就是骨干网线路。

本地网线路是连接本地节点（也称为业务接点）与本地节点，本地节点与长途节点之间的通信线路。本地网线路在我国指同一国内长途区号内的所有通信线路，通常又分为局间中继线和用户线。局间中继线指本地网内的局与局之间、局与远端模块之间的信号传输线路；用户线指从交换局或远端模块总配线架至用户终端设备之间的信号传输线路。

用户接入网线路是连接本地节点与用户终端之间的通信线路，应属于本地网线路范畴；但随着用户业务及接入速率（宽带）的不断上升，因对接入性能和建设的空前重视而单独提出用户接入网线路。

现在长途网线路、本地网线路均为光缆线路，用户接入网线路则是光缆、全塑对称电缆、塑料皮线等共存。为提供用户接入网的宽带应用，目前采用无源光网络（PON）、以太网无源光网络（EPON）等光纤接入，"光进铜退"成为主流。

2. 线路工程分类

依据传输业务不同，线路工程分为电话线路工程、电视线路工程、图像线路工程、数据线路工程等。

依据传输带宽（速率）不同，线路工程分为窄带线路工程、宽带线路工程及低速线路工程、高速线路工程等。

依据传输介质不同，线路工程分为电缆线路工程和光缆线路工程。

依据敷设方式不同，线路分为架空光（电）缆、直埋光（电）缆、管道式光（电）缆和水底光（电）缆等。架空光（电）缆是架挂在电杆间或墙壁上的钢绞线上，直埋光（电）缆直接埋设在土壤中，管道式光（电）缆通过人孔放入管道中。通信光（电）缆跨越江河时，一般将钢丝铠装光（电）缆（称为水线）敷设在水底。过海的通信光（电）缆敷设在海底，称为海底光（电）缆。

3. 线路工程设计的主要任务

通信线路是连接节点的链路，线路工程的一些设计事项和技术问题经常会涉及城市管理和公共法规，必须与有关单位协商以后才能做出决定，因此其中涉及外单位的关系比较多。同时，由于通信线路在整个通信投资中比例高达 20%以上，要求其经济性比较强。可见，通信线路工程的建设既重要又复杂，而线路工程设计是通信线路工程基本建设的一个重要环节。做好通信线路设计工作对保证通信畅通，提高通信质量，加快施工速度具有重大意义。

具体来说，线路设计工作的具体任务包括：

① 选择合理的通信线路路由，并根据路由选择情况组织线缆网络。

② 根据设计任务书提出的原则，确定干线及分支线缆的容量、程式，以及各线缆节点的设置。

③ 根据设计任务书提出的原则，确定线路的建筑方式。

④ 对通信线路沿途经过的各种特殊区段加以分析，并提出相应的保护措施，如过河，过隧道，穿（跨）越铁路、公路及其他障碍物等。

⑤ 对通信线路经过之处可能遭到的强电、雷击、腐蚀、鼠害等的影响加以分析，并提出防护措施。

⑥ 对设计方案进行全面的政治、经济、技术方面的比较，进而综合设计、施工、维护等各方面的因素，提出设计方案，绘制有关图纸。

⑦ 根据通信工程概（预）算编制要求，结合工程的具体情况，编制工程概（预）算。

限于篇幅，本章将以某校区光缆接入工程为例进行介绍，其通信线路工程设计任务书如表 3.1 所示。

表 3.1 工程设计任务书

建设单位：×××电信公司

项目名称：×××校区光缆接入工程	
设计单位：×××设计所	
工程概况及主要内容：由电信分局在校内建立的管道人井引接光缆至教学北楼机房，可利用原有杆路及管道路由，也可新建管道及杆路，对本次工程的线路路由进行勘测，并合理设计本次光缆安装位置，按一阶段进行设计。	
投资控制范围：3.5 万元	完成时间：2013 年 8 月 1 日
其他：	
委托单位（章）	
项目负责人：	
主管领导：	
	年　　月　　日

4. 线路设计、施工、验收和监理的规范

常用通信线路工程设计、施工、验收和监理的规范如下：

- ▶ YD 5102—2010 通信线路工程设计规范；
- ▶ YD 5121—2010 通信线路工程验收规范；
- ▶ YD 5148—2007 架空光（电）缆通信杆路工程设计规范；
- ▶ GB 50373—2006 通信管道与通道工程设计规范；
- ▶ GB 50374—2006 通信管道工程施工及验收规范；
- ▶ YD 5025—2005 长途通信光缆塑料管道工程设计规范；
- ▶ YD 5043—2005 长途通信光缆塑料管道工程验收规范；
- ▶ YD 5072—2005 通信管道和光（电）缆通道工程施工监理规范。

3.2 线路工程材料

3.2.1 电缆线路材料

电缆线路工程材料有电缆、电缆交接箱、分线盒（箱）、接续器件（扣式接线子、压接模块）、镀锌钢绞线、吊线抱箍、拉线抱箍、挂钩、电杆、水泥拉线盘、拉线铁柄、衬环等。下面介绍一些主要的常用材料。

1．电缆

聚氯乙烯塑料绝缘全色谱电缆是现在本地网中广泛使用的电缆，其芯线介质为电解软铜，常用芯径有 0.4 mm、0.5 mm、0.6 mm 等，对应美国线规（AWG）为 26、24、22 号，如图 2.2 所示。所谓全塑电缆，是指芯线绝缘层、缆芯包带层和护套均采用高分子聚合物——塑料制成的电缆；因为芯线绝缘层的颜色是由规定的 10 种颜色（白、红、黑、黄、紫、蓝、橘（橙）、绿、棕、灰）组成的，所以称之为全色谱电缆。

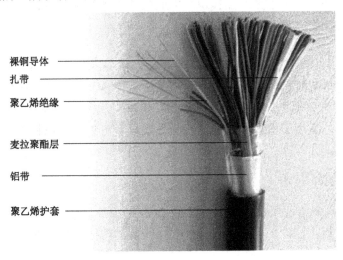

图 3.2 聚氯乙烯塑料绝缘全色谱电缆

2．接续器件

电缆芯线接线所用的接续器件，有单体接线子和模块接线排两类。常用的接线子为扣式接线子，模块一般采用 25 对接线子。电缆护层的接续器件，目前一般采用热缩套管法接续。

3. 电杆

电杆是通信杆路的实体。电杆按材质分为木质电杆（简称木杆）和钢筋混凝土电杆（简称水泥杆），常用钢筋混凝土电杆；按外形分为等径杆和锥形杆，常用锥形杆；按强度不同分为预应力杆和非预应力杆，常用预应力杆；按断面形状分为离心环形杆、工字形杆和双肢形杆等多种，常用离心环形杆。

4. 镀锌钢绞线

镀锌钢绞线一般用于制作电缆吊线和拉线，其性能参数如表3.2所示。

由于在施工和维护电缆时，维护人员常需在吊线上吊挂进行操作，因此电缆吊线必须保证有人悬空作业时的安全。根据经验，一般情况下档距在100 m以内用7×2.2的钢绞线，跨河或档距在100 m以上的用7×2.6的钢绞线。

表3.2 镀锌钢绞线性能参数

钢绞线程式规格		绞线截面积 /mm^2	绞线外径 /mm	每千米质量 /kg	绞线拉断力 /kg
股数/（线径/mm）	俗称				
7/3.0	GJ-50	49.5	9.0	400	5920
7/2.6	GJ-35	37.2	7.8	300	4450
7/2.2	GJ-25	22.6	6.6	210	3180
7/1.4		10.77	4.2	92.3	1080
7/1.0		5.5	3.0	47	556

5. 电缆交接箱

电缆交接箱是介于主干电缆和配线电缆之间的连接和分配设备，常用落地建设方式，有时也使用架空或壁挂的方式。

6. 分线设备

分线设备指连接配线电缆和用户线之间的选线和分线设备，通常有分线箱（30～50对）和分线盒（20对以下）两类。前者附有避雷器和熔丝管，适用于市郊较长距离的用户线；后者不装有保安装置，多用于市区或室内配线。分线设备可设置在电杆上，也可以安装在用户室内或室外的墙上。

3.2.2 光缆线路材料

光缆线路工程材料有光纤、光缆、光配线架（ODF）、光缆尾纤、适配器、镀锌钢绞线、吊线抱箍、拉线抱箍、挂钩、混凝土水泥杆、拉线盘、拉线铁柄、衬环等。下面介绍一些主要常用材料。

1. 光纤

光纤按传输模式一般可分单模和多模，其中单模光纤目前应用最广泛。单模光纤按照色散情况可分为常规式、色散移位式和色散平坦式等。国际电信联盟（ITU-T）根据光纤具有的不同纤径、性能、应用目标（如最佳工作波长、密集安装环境、灵活开通业务、长途干线大容量应用等),建议光纤分为 G.650~G.659 共 10 类,每类再分 A、B、C、D 等若干子类。表 3.3 所示为常用光纤 ITU-T 与 IEC 命名对应关系。

表3.3 常用光纤 ITU-T 与 IEC 命名对应关系

光 纤 名 称	芯径/μm	包径/μm	ITU-T	IEC
多模光纤	50、62.5、85、100	100、125	G.651	A1a、A1b、A1c、A1d、A2a
非色散位移单模光纤	模场直径 8.6~9.5	125	G.652:A、B、C、D	B1.1、B1.3
色散位移单模光纤	模场直径 8.6~9.5	125	G.653	B2
截止波长位移单模光纤	模场直径 8.6~9.5	125	G.654	B1.2
非零色散位移单模光纤	模场直径 8.6~9.5	125	G.655:A、B、C	B4
宽带非零色散位移单模光纤	模场直径 8.6~9.5	125	G.656	B5
微弯光纤	模场直径 8.6~9.5	125	G.657: a1、a2、b2、b3	C1、C2、C3、C4

(1) G.652 类光纤

G.652 类光纤称为非色散位移单模光纤,是目前应用最广泛的单模光纤。此类光纤的主要特点:在 1 310 nm 工作波长上,具有较低的衰减和零色散;在 1 550 nm 工作波长上,具有较低衰减但有较大的正色散。此类光纤可用于 2.5 Gb/s 及以下的光信号传输,也可用于密集波分复用的传输。但在 1 550 nm 处存在较大的色散,用于 10 Gb/s 的光信号传输时,需进行色散补偿。根据色散波长特性,此类光纤主要工作在 E 波段(1 360~1 460 nm)和 S 波段(1 460~1 530 nm),在 C 波段(1 530~1 565 nm)的色散较大(18 ps·km^{-1}/nm)。

① G.652A 光纤在 1 550 nm 窗口传输衰减小,但色散较大,适合 2.5 Gb/s 速率,较长中继距离(50 km 以上)传输。而实际上,该窗口还可安排数十个工作波长的密集波分复用。但其偏振模色散较大,限制了单波长时分复用的速率,很难超过 10 Gb/s,且其非线性效应也限制了密集波分复用的波数。

② G.652B 光纤除了把对衰减的规定延伸到 L 波段(1 625 nm)外,偏振模色散也比 G.652A 低,可支持速率为 10 Gb/s 系统传输距离达 3 000 km 以上和 40 Gb/s 系统传输距离达 80 km。

③ G.652C 称为低水峰光纤或城域网专用光纤,消除 1 385 nm 附近(OH$^-$)离子吸收的损耗峰(俗称水峰),使损耗谱平坦。G.652C 具有与 G.652A 相类似的属性和应用范围,但在 1 550 nm 波长处的衰减更低,并可使用在 1 360~1 530 nm 的扩展波段(E 和 S 波段),增加了可用波长范围,使波分复用信道数大为增加。

④ G.652D 与 G.652B 有相似的属性和应用范围,但其衰减要求与 G.652C 相同,并允许使用在 1 360~1 530 nm(E 和 S 波段)。

(2) G.653 光纤

为了充分利用光纤在 1 550 nm 波长处的低衰减并克服大的色散,在光纤剖面结构和制造工艺上采取技术措施后,G.653 光纤把 1 310 nm 处的零色散移至 1 550 nm 处,使低衰减和零色散在 1 550 nm 波长处同时出现并与光放大器的工作波长匹配。

这种光纤在 1 550 nm 波长处可不用色散补偿就直接开通 20 Gb/s 系统,非常适用于点对点的长距离、高速率的单通道系统;但恰好在 1 550 nm 处的零色散造成了四波混频等非线性效应,使波分复用无法正常进行。

(3) G.654 光纤

G.654 光纤称为 1 550 nm 性能最佳光纤,它与 G.653 类似,在光纤剖面结构和制造工艺上采取技术措施后，把截止波长移到靠近 1 550 nm 处。这种光纤价格较高，主要用于传输距离很长且不能插入有源器件、对衰减要求特别高的无中继海底光缆通信系统。该光纤造价高，且与 G.652 光纤兼容性较差，在陆上通信中使用的机会不多。

（4）G.655 光纤

G.655 光纤是一种复杂折射率剖面的色散位移光纤，不过在 1 550 nm 波长附近不再是零色散，而是维持一定量的低色散，以抑制四波混频等非线性效应，是目前新一代适用于光放大器和高速率（10 Gb/s 以上）、大容量密集波分复用传输系统的光纤，价格较高。G.655 类光纤根据偏振模色散和色散斜率可进一步分为 G.655A、G.655B 和 G.655C。

G.655A 光纤的参数与 G.655（1996 版规范）光纤是最接近的，它工作在 C 波段，支持速率为 10 Gb/s、信道间隔≥200 GHz 的密集波分复用系统。

G.655B 光纤的工作波段可在 C 波段向下延伸到 S 波段，低色散斜率还可以向上延伸到 L 波段。支持速率为 10 Gb/s、信道间隔＜100 GHz 的密集波分复用系统。

G.655C 光纤与 G.655B 光纤属性类似，但其偏振模色散比 G.655B 的要低，支持信道间隔为 100 GHz 及以下的 $N×10$ Gb/s 系统传输 3 000 km 以上或 $N×40$ Gb/s 系统传输 80 km 以上。

（5）G.656 光纤

G.656 与 G.655 都是非零色散位移光纤，但 G.655 光纤通常用于 C+L（1 530～1 625 nm）或 S+C（1 460～1 565 nm），而新提出的 G.656 光纤可用于 S+C+L（1 460～1 625 nm）。因此，G.656 光纤被称为宽带光传输用非零色散单模光纤。与 G.655C 光纤相比，G.656 光纤对几何参数、宏弯损耗、筛选应力以及偏振模色散的要求均相似，但在整个波段（1 460～1 625 nm）内色散值和有效面积更优，可进行多信道、窄间隔密集波分复用或疏波分复用应用，即工作波长范围更宽、性能更优越。

2．光缆

光纤和其他元器件组合起来构成一体，这种组合体就是光缆，如图 2.3 所示。光缆为其中的光纤提供可靠的机械保护，使之适应外部使用环境，并确保在敷设和使用过程中光缆中的光纤具有稳定、可靠的传输性能。

 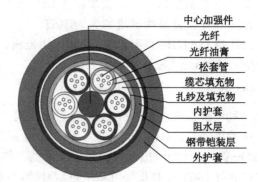

图 3.3　光缆及其结构示意图

光缆的型号由光纤类别、加强构件、派生（形状、特性）、护层、铠装层、外被层和光纤规格代号等部分组成，其各部分代号及意义如图 3.4 和表 3.4 所示。在图 3.4 中，对于光纤尺寸，单模光纤表示模场直径/包层直径，多模光纤表示芯径/包层直径；光纤数目用光缆中同类别光纤的实际有效数目的数字表示；损耗系数 bb 用数字依次表示为光缆中光纤损耗系数值（dB/km）的个位和十位数；模式带宽 cc 用数字依次表示光缆中光纤模式带宽数值（MHz·km）的千位和百位数，单模光纤无此项。

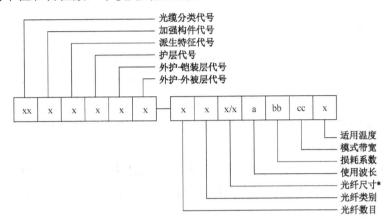

图 3.4 光缆型号规格

表 3.4 光缆、光纤规格代号及其意义

	代号	意义		代号	意义		代号	意义
①光缆分类	GY	通信用室（野）外光缆	④护层	Y	聚乙烯（PE）护层	⑦光纤类别	J	二氧化硅系多模渐变型光纤
	GR	通信用软光缆		V	聚氯乙烯（PVC）护层		T	二氧化硅系多模突变型光纤
	GJ	通信用室（局）内光缆		U	聚氨酯护层		Z	二氧化硅系多模准突变型光纤
	GS	通信设备内光缆		A	铝、聚乙烯粘接护层		D	二氧化硅系单模光纤
	GH	通信用海底光缆		L	铝护套		X	二氧化硅纤芯塑料包层光纤
	GT	通信用特殊光缆		G	钢护套		S	塑料光纤
	GW	通信用无金属光缆		Q	铅护套	⑧使用波长区域	1	850nm
②加强构件	F	非金属加强构件		S	钢、铝、聚乙烯综合护套		2	1310nm
	G	金属重型加强构件	⑤外护-铠装层	0	无		3	1550nm
	H	非金属重型加强构件		1	—	⑩适用温度	A	−40～+40℃
	无符号	金属加强构件		2	双钢带		B	−30～+50℃
③派生特征	B	扁平式结构		3	细圆钢丝		C	−20～+60℃
	Z	自承式结构		4	粗圆钢丝		D	−5～+60℃
	T	填充式结构		5	单钢带皱纹纵包			
	S	松套结构	⑥外护-外被层	0	无			
				1	纤维层			
				2	聚氯乙烯套			
				3	聚乙烯套			

举例 1：通信室外光缆[GY]，有金属重型加强构件[G]，自承[Z]，铝、聚乙烯粘接护层[A]和聚乙烯外护层[03]，12 根二氧化硅系列多模渐变型光纤[12J]，芯径/包层直径为 50/125μm，且在 1.31μm 波长上[2]，光纤的损耗常数不大于 1.0 dB/km[10]，模式带宽不小于 800MHz·km[08]，光缆适用温度范围为-20～+60 ℃[C]，则此光缆的型号应表示为：

GYGZA03－12J50/125（21008）C。

举例2：GYTA03－144B1 表示松套层绞式、金属加强构件、填充式、铝－聚乙烯粘结护套、聚乙烯外护套、通信用室外光缆，内含144根常规单模光纤（G.652）。

3. 光纤连接器与适配器

光纤连接器是为实现光纤（缆）之间活动连接的无源器件，便于灵活跳接使用。按接头结构形式可分为 FC、SC、ST、LC、D4、DIN、MU、MT 等，按光纤端面形状分为平面接触型 FC、球面接触型 PC（包括 SPC 或 UPC）和 APC。连接器的优劣以插入损耗、回波损耗、插拔次数等指标来衡量，一般要求插入损耗小于 0.5 dB 或 0.3 dB，回波损耗大于 40 dB 或 50 dB 或 60 dB，插拔次数大于 1000 次。

适配器（又称法兰盘）用于光纤活动连接器插头间的对接，如 FC 与 FC，ST 与 ST 以及 SC 与 SC、FC 与 SC 等。适配器安装在光缆终端设备内的面板上，方便使用和管理。

4. 光缆终端设备

光缆终端设备是用于对光缆或光纤进行终接、转接和调度管理的设备。一般可分为光纤配线架（ODF）、光缆交接箱、光缆终端盒等，一般由箱体（盒、架）及其接地装置、光缆固定安装装置、光纤熔接配线装置等单元组成，常用落地建设方式，有时也使用架空或壁挂的方式。

3.3 通信线路工程勘察

通信线路工程勘察是线路工程设计的重要阶段，它直接影响到设计的准确性、施工进度及工程质量。线路工程设计中的勘察包括查勘和测量两个工序。一般大型工程又可分为方案查勘（可行性研究报告）、初步设计查勘（初步设计）和现场测量（施工图）三个阶段。一阶段设计往往是查勘和测量同时进行。

3.3.1 勘察准备

1. 人员组织

勘察小组应由设计、建设、施工、维护等单位组成，人员多少视工程规模大小而定。

2. 熟悉研究相关文件

勘察前要了解工程概况和要求，明确工程任务和范围，如：工程性质，规模大小，建设理由，近、远期规划，等等。因此，要认真研究线路工程相关文件，如设计任务书、可行性研究报告、相应的技术规范、前期相关工程的文件资料和图纸等。

3. 收集资料

一项工程的资料收集工作将贯穿线路勘测设计的全过程，主要资料应在勘察前和勘察中收集齐全。为避免和其他部门发生冲突，或造成不必要的损失，应提前向相关单位和部门调查、了解、收集相关其他建设方面的资料,并争取他们的支持和配合。这些部门包括:计委、建委、电信、铁路、交通、电力、水利、农田、气象、石化、冶金工业、地质、广播电台、军事等部门。对改扩建工程,还应收集原有工程资料。

4. 制定勘察计划

根据设计任务书和所收集的资料,分析可能存在的问题,对工程概貌勾出一个粗略的方案,据此列出勘察工作计划,如表3.5所示。

表3.5 勘查工作计划

序号	时间	工作内容
1	2013年7月18日	组织相关人员,分析任务书,研究相关文件,收集资料
2	2013年7月19日	现场勘察,记录相关资料,通过整理分析资料,绘制勘察草图,并进行汇报

5. 勘察工具准备

可根据不同勘察任务准备不同的工具。一般通用工具有:望远镜、测距仪、地阻测试仪、罗盘仪、皮尺、绳尺(地链)、标杆、测距小推车、GPS定位仪、工具袋等,以及勘察时所需的表格、纸张、文具等。

3.3.2 现场勘察

1. 路由选择

根据设计规范要求和前期确定的初步方案,进行路由选择。路由是线路工程的基础。光(电)缆和管道的路由选择,长途线路和市话线路的路由选择其具体注意点和要求不尽相同,既要遵循城市发展规划要求,又要适应用户业务需要,保证使用安全。路由选择应遵循以下原则:

① 线路路由方案的选择,应以工程设计委托书和通信网络规划为基础,进行多方案比较。工程设计必须保证通信质量,使线路安全可靠、经济合理,且便于施工、维护。

② 选择线路路由时,应以现有的地形地物、建筑设施和既定的建设规划为主要依据,并充分考虑城市和工矿建设、铁路、公路、航运、水利、长输管道、土地利用等有关部门发展规划的影响。

③ 在符合大的路由走向的前提下,线路宜沿公路或街道选择,但应顺路取直,避开路边设施和计划扩改地段。

④ 通信线路路由选择应考虑建设地域内的文物保护、环境保护等事宜,减少对原有水系及地面形态的扰动和破坏,维护原有景观。

⑤ 通信线路路由选择应考虑强电影响,不宜选择在易遭受雷击、化学腐蚀和机械损伤的地段,不宜与电气化铁路、高压输电线路和其他电磁干扰源长距离平行或过分接近。

⑥ 扩建光(电)缆网络时,应结合网络系统的整体性,优先考虑在不同道路上扩增新路由,以增强网络安全。

对于本示例工程而言,光缆交接箱位于图书馆南侧管道线路的7#人孔,机房位于教学北楼二层,周围相关建筑较多,如图3.5所示。

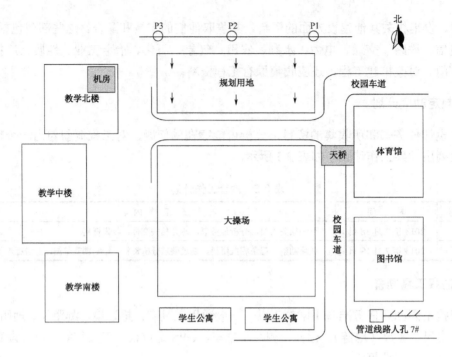

图 3.5　×××校区平面图

其路由可以有三个选择：

① 向西北直接横穿操场。此路由最短，但无法架设杆路；若新开挖管道，则成本太高。

② 由操场南侧引到教学南楼，再向北至机房。此路由途经建筑物较多，路由较长，同样存在成本高、施工困难的问题。

③ 沿图书馆、体育馆东侧向北，再穿过校园车道到北侧杆路引到机房。此路由既可以利用原有杆路，还可以利用部分建筑，成本较低。

综上所述，选择第三种路由方案。

2．对外联系

当光（电）缆线路工程需要穿越铁路、公路、重要河流、其他管线以及其他有关重要工程设施时，应与有关单位联系，重要部位需取得有关单位的书面同意。发生矛盾时应认真协商取得一致意见，问题重大的应签订正式书面协议。

对于本工程而言，由于需要利用原有杆路 P1、P2、P3，要与相关运营商进行协商。

3．测量

测量工作很重要，它直接影响到线路建筑的安全、质量、投资、施工维护等。同时，设计过程中很大一部分问题需在测量时解决。因此，测量工作实际上是与现场设计的结合过程。

（1）测量前准备

① 人员配备：根据测量规模和难度，配备相应人员，并明确人员分工，明确日程进度。一般线路测量人员包括大旗组、测距组、测绘组、测防组及对外调查联系组，具体配备及具体工作内容如表 3.6 所示。

表 3.6 测量人员配备及主要工作内容

组别	任务分工	工作要求	人员配备
大旗组	1. 负责确定光缆敷设的具体位置。 2. 大旗插定后，应在1:50000 比例地形图上标入。 3. 发现新修公路、高压输电线、水利及其他重要建筑设施时，在1:50000 地形图上补充绘入	1. 与初步设计路由偏离不大，不设计与其他建筑物的隔距要求，不影响协议文件规定，允许适当调整路由，使其更为合理和便于施工维护。 2. 发现路由不妥时，应返工重测，个别特殊地段可测量两个方案，做技术经济比较。 3. 注意穿越河流、铁路、输电线等的交越位置，注意与电力杆的隔距要求。 4. 与军事目标及重要建筑设施的隔距，符合初步设计要求。 5. 大旗位置选择在路由转弯点或高坡点，直线段较长时，中间增补 1~2 面大旗	技工 1 人，普工 2 人
测距组	1. 全面负责现场测距技术工作，确保测量准确性理。 2. 配合大旗组定线、定位、钉标桩，登记累计距离，登记工程量和对障碍物的处理方法。确定 S 弯预留量	1. 保证丈量长度的准确性的措施。① 测量绳至少需要每三天用钢尺核对长度一次。② 遇上、下坡，沟坎和需要 S 形上、下的地段，测绳要随地形与光缆的布放形态一致。③ 先行测量拉后链的技工，将每次测档距离写在标桩上，然后负责登记、钉标桩、测绘组的工作人员到达每一标桩点时，都要进行检查，对有怀疑的可进行复量。并在工作过程中相互核对。每天工作结束时，总核一遍，发现差错随时更正。 2. 登记和障碍处理的工作内容。① 编写标桩编号。以累计距离作为标桩编号，一般只写百以下三位数。② 登记过河、沟渠、沟坎的高度、深度、长度，穿越铁路、公路的保护民房，靠近坟墓、树木、房屋、电杆等的距离，各项防护加固措施和工程量。③ 确定 S 弯预留和预留量。 3. 钉标桩。① 登记各测档内的土质、距离。② 每千米终点、转弯点、水线起止点、直线段等每 100m 钉一个标桩	技术人员 1 人，技工 1 人，普工 2 人
测绘组	现状测绘图纸，经整理后作为施工图纸。负责所提供图纸的完整与准确	1. 图纸绘制内容与要求。① 直埋光缆线路施工图以路由为主，将路由长度和穿越的障碍物准确的绘入图中。路由 50m 以内地形地物要详绘，50m 以外重点绘。与车站、村镇等的距离，也在图上标出。② 光缆穿越河流、渠道、铁路、公路、沟坎等所采取的各项防护加固措施。③ 直埋、架空、桥上光缆施工图绘图比例一般选 1:2000；市区管道施工图绘图比例一般选平面 1:500 或 1:1000，断面 1:100；水底光缆施工图平面 1:1000 或 1:2000，断面 1:100。④ 每页中间标出指北方向。⑤ 进入城市规划区内光缆施工图，按 1:5000 或 1:10000 地形图正确放大后，按比例补充给入地形地物。 2. 与测距组共同完成的工作内容。① 丈量光缆线路与孤立大树、电杆、房屋、坟堆等的距离。② 测定山坡路由中坡度大于 20° 的地段。③ 三角定标：路由转弯点、穿越河流、公路和直线段每隔 1km 左右。④ 测绘光缆穿越铁路、公路干线、堤坝的平面断面图。⑤ 绘制光缆引入局（站）进线室、机房内的布缆路由及安装图。⑥ 绘制光缆引入无人再生中继站的布缆路由及安装图。⑦ 复测水底光缆线路平面、断面图。⑧ 测绘市区新建管道的平面、断面图，原有管道路由及主要人孔展开图。⑨ 绘制光缆附挂桥上安装图。⑩ 绘制架空光缆施工图，包括：配杆高，定拉线程式，定杆位和拉线地锚位置，登记杆上设备安装内容等	技术人员 1 人，技工 1 人，普工 1 人
测防组	配合测距组、测绘组提出防雷、防蚀的意见	1. 土壤 PH 值和含有机质按查勘的抽测值。 2. 土壤电阻率的测试：① 平原地区：每 1km 测值 ρ_2（2m 深土壤电阻率）一处，每 2km 测 ρ_{10}（10m 深土壤电阻率）值一处。② 山区或土壤电阻率有明显变化的地段：每 1 km 测值 ρ_2 和 ρ_{10} 各一处。③ 需要安装防雷接地的地点	技工 1 人，普工 1 人

续表

组别	任务分工	工作要求	人员配备
对外调查联系组	进入现场做详细的调查工作	1. 签订协议； 2. 请当地领导去现场； 3. 洽谈赔偿问题； 4. 了解并联系施工时住宿、工具机械和材料囤放及沿途可能提供劳力的情况等	技工 1 人

表 3.6 中人员配备可视情况适度增减。例如，本工程距离较短、地质情况较为简单、对外调查联系较易，只需 2～3 人即可完成测量任务，即配合测量、专人记录。

② 工具配备：线路工程中的测量工具很多，如望远镜、激光测距仪、罗盘仪、GPS 定位仪、水准仪、经纬仪等。根据工程实际情况，本工程用到的测量工具包括皮（钢）卷尺、测距小推车（轮式测距仪）、地阻测试仪等。其中，测距小推车如图 3.6 所示。

本工程地面平坦，用皮（钢）卷尺沿地面逐段丈量，最后求和即可。如果地面起伏不平，可将皮（钢）卷尺一端悬空并目测使其水平，以垂球、测钎或花杆对准地面点测出其水平距离。当地面坡度比较均匀时，也可沿斜坡丈量斜距，然后测出其倾斜角或两点间高差，将斜距化为水平距离。若需要进行精密测距，应采用经纬仪定线，按略短于整尺段长度标定点位、设桩，用水准仪测量各相邻桩间高差，或采用 GPS 测量。

图 3.6 测距小推车（轮式测距仪）

（2）测量

从被选路由的起始点（交接箱）开始测量，一边测量一边记录，主要记录测量距离、路由拐点、周围参照物以及其他需要特殊处理地段的位置，同时绘制勘察草图。

（3）测量总结

测量完毕后，整理相关资料，完成勘察草图。

若有问题不能解决，应与相关单位进行协商解决。

3.4 通信线路工程设计

3.4.1 线路路由选择

一般在城镇地段，线路的敷设应以采用管道方式为主；但由于地下或地面存在其他设施，施工特别困难、原有设施业主不允许穿越或赔补费用过高的地段，也可以可采用局部架空敷设方式。光缆线路路由选择应注意因素如下：

① 线路路由应选择在地质稳固、地势较为平坦的地段，尽量减少翻山越岭，并避开可能因自然或人为因素造成危害的地段。

② 光缆路由宜选择在地势变化不剧烈、土石方工程量较小的地方，避开滑坡、崩塌、泥石流、采空区以及地表塌陷、地面沉降、地裂缝、地震液化、沙埋、风蚀、盐渍土、温陷性黄土、崩岸等对线路安全有危害的地方。应避开湖泊、沼泽、排涝蓄洪地带，尽量少穿越水

塘、沟渠,在障碍较多的地段应合理绕行,不宜强求长距离直线。

③ 光缆路由穿越河流,当过河地点附近存在可供敷设的永久性坚固桥梁时,线路宜在桥上通过。采用水底光缆时,应选择在符合敷设水底光缆要求的地方,并应兼顾大的路由走向,不宜偏离过远。但对于河势复杂、水面宽阔或航运繁忙的大型河流,应着重保证水线的安全,此时可局部偏离大的路由走向。

④ 在保证安全的前提下,可利用定向钻孔或架空等方式敷设光缆线路过河。

⑤ 光缆线路遇到水库时,应在水库的上游通过,沿库绕行时敷设高程应在最高蓄水位以上。

⑥ 光缆线路不应在水坝上或坝基下敷设;若只能在该地段通过,则必须报请工程主管单位和水坝主管单位,批准后方可实施。

⑦ 光缆线路不宜穿过大型工厂和矿区等大的工业用地;必须在该地段通过时,应考虑对线路安全的影响,并采取有效的保护措施。例如,架空光(电)缆交越其他电气设施的最小垂直净距,应符合表3.7所示的规定。

表3.7 架空光(电)缆交越其他电气设施的最小垂直净距表

电气设备名称	最小垂直净距/m		备注
	架空电力线路有防雷保护装置	架空电力线路无防雷保护装置	
10KV以下电力线	2.0	4.0	最高线条到供电线条
35~110kV电力线(含110kV)	3.0	5.0	
110~220kV电力线(含220kV)	4.0	6.0	
220~330kV电力线(含330kV)	5.0		
330~500kV电力线(含500kV)	8.5		
供电接户线①	0.6		
霓虹灯及其铁架	1.6		
电气铁道及电车滑接线②	1.25		

注:① 供电线为被覆线时,光(电)缆也可以在供电线上方交越。② 光(电)缆必须在上方交越时,跨越档两侧电杆及吊线安装应做加强保护装置;通信线应架设在电力线路的下方位置,以及电车滑接线的上方位置。

⑧ 光缆线路在城镇地区,应尽量利用管道进行敷设。在野外敷设时,不宜穿越和靠近城镇和开发区,以及穿越村庄。当只能穿越或靠近时,应考虑当地建设规划的影响。架空光(电)缆在各种情况下架设的高度,应不低于表3.8所示的规定。

表3.8 架空光(电)缆架设高度表

名 称	与线路方向平行时		与线路方向交越时	
	垂直净距/m	备 注	垂直净距/m	备 注
市内街道	4.5	最低缆线到地面	5.5	最低缆线到地面
胡同(里弄)	4.0	最低缆线到地面	5.0	最低缆线到地面
铁路	3.0	最低缆线到轨面	7.5	最低缆线到轨面
公路	3.0	最低缆线到地面	5.5	最低缆线到地面
土路	3.0	最低缆线到地面	5.0	最低缆线到地面
房屋建筑			距脊0.6 距顶1.5	最低缆线距屋脊或平顶

续表

名　称	与线路方向平行时		与线路方向交越时	
	垂直净距/m	备　注	垂直净距/m	备　注
河流			1.0	最低缆线距最高水位时最高桅杆顶
市区树木			1.5	最低缆线到树枝顶
郊区树木			1.5	最低缆线到树枝顶
通信线路			0.6	一方最低缆线与另一方最高缆线
与同杆已有缆线间隔	0.4	缆线到缆线		

⑨ 光缆线路不宜通过森林、果园及其他经济林区或防护林带，应尽量避开地面建筑设施、电力线缆及无法共享的通信线缆。

本工程路由沿图书馆、体育馆东侧向北，再穿过校园车道到北侧杆路引到机房，路由地势平坦，并且没有河流、水坝等障碍物，也不穿越大型工程和矿区等工业用地。存在的问题：一方面因环境经费因素，不能全部采用管道，只能采用管道、杆路等多种形式敷设光缆；另一面，光缆线路穿过校园时，会受到天桥、树木的影响，应采取相应保护措施。具体线路路由设计方案如图 3.7 所示。

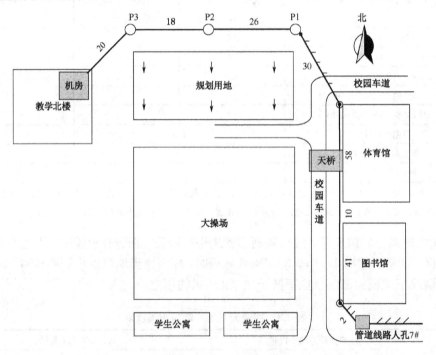

图 3.7　×××校区光缆接入工程光缆路由设计方案

3.4.2　线缆选型

1. 光纤选择

光纤的选择要十分慎重，不能仅仅根据光纤的结构、物理参数和性能来比较，更应该结合传输系统的应用开发情况，综合未来技术的发展，从传输系统、光纤性能、运行环境等不同角度综合考虑。

① 光纤类型必须符合我国国家及行业标准和 ITU-T 相关建议。

② 光纤类型和使用窗口（波长）的选择应当根据业务需求预测，综合考虑业务类型、网络基本结构和业务量的发展趋势，并具有支持未来传输系统的能力。

③ 光纤数量配置应充分考虑到网络冗余要求、未来预期系统制式、传输系统数量、网络可靠性、新业务发展、光缆结构及光纤资源共享等因素。

目前，长途网光缆宜采用非色散位移单模光纤（G.652D）或非零色散位移单模光纤（G.655），本地网光缆宜采用 G.652B 光纤，接入网光缆宜采用 G.652A 光纤；当需要抗微弯光纤光缆时，宜采用弯曲衰减不敏感单模光纤（G.657A）。

2. 光缆选择

① 光缆结构宜使用松套填充型或其他更为优良的方式。同一条光缆内应采用同一类型的光纤，不应混纤。

② 光缆线路应采用无金属线对的光缆。根据工程需要，在雷电危害或强电危害严重的地段可选用非金属构件的光缆，在蚁害严重地段可选用防蚁光缆。

③ 光缆护层结构应根据敷设地段环境、敷设方式和保护措施确定。光缆护层结构的选择应符合下列规定：

- 直埋光缆：PE（聚乙烯）内护层+防潮铠装层+PE 外护层，或防潮层+PE 内护层+铠装层+PE 外护层，宜选用 GYTA53、GYTA33、GYTS、GYTY53 等结构。
- 采用管道或硅芯管保护的光缆：防潮层+PE 外护层，宜选用 GYTA、GYTS、GYTY53、GYFTY 等结构。
- 架空光缆：防潮层+PE 外护层，直选用 GYTA、GYTS、GYTY53、GYFTY、ADSS、OPGW 等结构。
- 水底光缆：防潮层+PE 内护层+钢丝铠装层+PE 外护层，宜选用 GYTA33、GYTA333、GYTS333、GYTS43 等结构。
- 局内光缆：非延燃材料外护层。
- 防蚁光缆：直埋光缆结构+防蚁外护层。

④ 光缆的机械性能应符合表 3.9 所示的规定。光缆在承受短期允许拉伸力和压扁力时，光纤附加衰减应小于 0.1 dB，应变应小于 0.1%，拉伸力和压扁力解除后光纤应无明显残余附加衰减和应变，光缆也应无明显残余应变，护套应无目力可见开裂。光缆在承受长期允许拉伸力和压扁力时，光纤应无明显的附加衰减和应变。

表 3.9 光缆允许拉伸力和压扁力的机械性能表

光缆类型	允许拉伸力/N		允许压扁力/（N/100 mm）	
	短期	长期	短期	长期
管道和非自承架空	1500	600	1000	300
直埋	3000	1000	3000	1000
特殊直埋	10000	4000	5000	3000
水下（20000 N）	20000	10000	5000	3000
水下（40000 N）	40000	20000	8000	5000

⑤ 若距离较长需要光缆配盘时，为保障光纤、光缆的特性一致，降低线路衰耗和色散，必须选择同批号光缆进行配盘。

3. 本工程光缆

本工程属于接入网部分，传输距离比较近，主要满足相关教学和上网的需要，业务量较小，对带宽的要求不太高，但对成本的要求比较严，故采用 12 芯 G.652A 光纤，工作波长为 1 310 nm，也可以工作在 1 550 nm 窗口，还可以双波长工作。

本工程既有架空光缆又有管道光缆，但从总体情况来看，光缆所处环境尚可，周围没有危害来源，也没有白蚁，故选用 GYTA 型松套管层绞式光缆。

3.4.3 线路传输设计

在线路传输设计中，光传输再生段距离主要由光通道发点（S）至收点（R）之间的衰减受限和色散受限两个因素确定；但对于高速系统(PMD)、放大系统(OSNR)、波分复用(DWM)非线性特性，仅考虑衰减和色散是不够的，设计时应采用最坏值法计算。

衰减受限系统估算公式如下：

$$L = \frac{P_{sel} - P_{rel} - C - P_p - M_c}{A_f + A_s} \tag{3.1}$$

式中：L 为衰减受限再生段长度（km）；P_{sel} 为 S 点寿命终了时的最小发送光（dBm）；P_{rel} 为 R 点寿命终了时的最差灵敏度（dBm）；C 为 S-R 点之间连接器衰减之和（dB）；P_p 为光通道代价（dB）；A_f 为光缆中光纤衰耗常数（dB/km）；A_s 为光缆中光纤固定接头平均衰减（dB/km）；M_c 为光缆富余度（dB），3～5 dB。

以国内两个主要厂家设备为例，再生段长度计算表如表 3.10 所示。

表 3.10 再生段长度计算表（衰减受限）

设备型号	光口类型	参数取值						再生段长度/km
		P_{sel}/dBm	P_{rel}/dBm	C/dB	P_p/dB	M_c/dB	A_f/(dB/km)	A_s/(dB/km)	
华为 SBS155/622	S1.1	−11	−28	1	1	3	0.36	0.04	30.0
华为 SBS155/622	L1.1	−4	−34	1	1	3	0.36	0.04	62.5
华为 SBS155/622	S4.1	−13	−30	1	1	3	0.36	0.04	30.0
华为 SBS2500+	S16.1	−2	−20	1	1	3	0.36	0.04	32.5
华为 SBS2500+	L16.2	0	−28	1	2	3	0.22	0.04	84.6
烽火 GF622-06	S1.1	−12	−28	1	1	3	0.36	0.04	27.5
烽火 GF622-06	L1.1	−5	−34	1	1	3	0.36	0.04	60.0
烽火 GF2488-01B	S16.1	−5	−20	1	1	3	0.36	0.04	25.0
烽火 GF2488-01B	L16.2	−2	−28.5	1	2	3	0.22	0.04	78.8

色散受限系统再生段距离用下式估算：

$$L = 10^6 \varepsilon/(\delta_\lambda BD) = D_{max}/D \tag{3.2}$$

式中：ε 为当光源为多纵模激光器时取 0.115，单纵模激光器取 0.306；δ_λ 为光源的均方根谱宽（nm）；B 为线路信号比特率（Mb/s）；D 为光纤色散系数（ps·nm^{-1}/km）；D_{max} 为 S 和 R 点之间允许的最大色散值（ps/nm）。

实际设计时，应根据衰减受限式及色散受限式分别计算后，取其两者较小值即为最大再生段距离。

3.4.4 线路防护设计

1．光（电）缆线路防强电

① 电缆线路及有金属构件的光缆线路，当其与高压电力线路、交流电气化铁道接触网平行，或与发电厂或变电站的地线网、高压电力线路杆塔的接地装置等强电设施接近时，应主要考虑强电设施在故障状态和工作状态时由电磁感应、地电位升高等因素在光（电）缆金属线对和构件上产生的危险影响。

② 光（电）缆线路受强电线路危险的影响，其允许标准应符合相关规定。

③ 光（电）缆线路对强电影响的防护，可选用下列措施：

- 在选择光（电）缆路由时，应与现有强电线路保持一定的隔距，当与之接近时应计算在光（电）缆金属构件上产生的危险影响且不应超过本规范规定的容许值。
- 光（电）缆线路与强电线路交越时，宜垂直通过；在困难情况下，其交越角度应不小于45°。
- 当以上两种措施无法满足安全要求时，可增加光缆绝缘外护层的介质强度，采用非金属加强芯或无金属构件的光缆。
- 在与强电线路平行地段进行光（电）缆施工或检修时，应将光（电）缆内的金属构件进行临时接地。

本工程虽然没有受到强电干扰，但为了保证线路安全，中间杆可以进行接地。

2．光（电）缆线路防雷

① 年平均雷暴日数大于 20 的地区以及有雷击历史的地段，光（电）缆钱路应采取防雷保护措施。

② 光（电）缆线路应尽量绕开雷暴危害严重地段的孤立大树、杆塔、高耸建筑、行道树、树林等易引雷目标。无法避开时，应采用消弧线、避雷针等措施对光（电）缆线路进行保护。

③ 光（电）缆内的金属构件，在局（站）内或交接箱处线路终端时必须做防雷撞地。

本工程杆路附近有相关单位铁塔安装了避雷针，故本工程只在交接箱线路终端处做了防雷接地。

3．防蚀、防潮

光缆外套为 PE 塑料，具有良好的防蚀性能。光缆缆芯设有防潮层并填有油膏，因此除特殊情况外，不再考虑外加的防蚀和防潮措施。但为避免光缆塑料外套在施工过程中局部受损伤，以致形成透潮进水的隐患，施工中要特别注意保护光缆塑料外套的完整性。

施工过程中，对于光缆端头要注意密封保护，避免进水受潮。

4．其他防护

本工程的部分架空光缆距离树木较近，可以采用 PVC 管进行保护或对附近树木进行剪伐处理。

3.5 设计文档编制

3.5.1 工程设计概况

根据设计任务拟定完成时间进行设计文档编制；多人合作完成的设计项目，应做出相应文档编制任务与人员分工安排。设计时，如果方案发生变化或有其他特殊问题，要及时与设计负责人及建设单位工程主管协商，并做好记录，以备会审和工程实施过程中使用。下面就×××校区光缆接入工程一阶段设计进行说明。

1．工程概况

本工程为×××校区光缆接入工程，新建光缆路由长度为 2.05 km，其中新建架空光缆 1.73 km，新建管道光缆 0.32 km。

本工程计划总投资 3.5 万元，预算总投资×．×万元，平均造价××元/km。

通过本工程的建设，可满足相关教学任务的需要。

2．对环境的影响

本工程所采用的主要材料为光缆、钢铁、水泥制品和塑料制品等，均为无毒、无污染产品，对线路沿途环境没有影响，也不会对环境造成污染。

3．设计依据

① ×××电信公司的设计委托书；
② ×××电信公司提供的相关技术资料及对本工程所提的指导性建议；
③ 设计人员现场勘查记录及收集的技术资料；
④ 《通信线路工程设计规范》（YD 5102—2010）。

4．设计范围及分工

本工程为光缆线路接入工程，其设计范围为：
① 光缆线路路由选取；
② 光缆线路的设计、敷设及安装（包括杆路建筑、架空光缆、管道光缆）；
③ 光缆线路的防护设计；
④ 光缆接续部分纤芯的合理分配。

本项目的设计单位为×××设计所，负责光缆线路的设计工作。

3.5.2 工程环境及路由方案

① 工程沿途条件：本工程主要在校园内部，管道光缆部分施工和维护方便，架空部分受周围建筑、树木影响，要采取相关措施。

② 路由方案及敷设方式：本工程采取架空和管道方式敷设，杆路部分充分利用原有资源，全部光缆由建设单位指定规格、型号，施工单位负责购买。

③ 光缆线路穿越障碍情况：校园内穿越树木较多的地方，光缆应该用 PVC 管子保护，以防被树枝或鸟类对光缆造成损伤。

3.5.3 技术要求

根据本项目光缆线路采用的敷设方式，选用 GYTA 光缆，采用纤芯为 12 芯、符合 ITU-T 建议的 G.652 单模、长波长光纤，光缆缆芯为松套管层绞式结构，光纤松套管及缆芯内均填充油膏。

具体技术要求如下：

① 光纤成缆前的一次涂覆光纤必须全部经过拉力筛选试验，试验力为 8.2 N，加力时间不小于 1 s，光纤应变应小于 1%。

② 光纤应有识别光纤顺序的颜色标志，其着色应不迁染、不退色。

③ 光纤衰减温度特性（与 20 ℃的值比较）：−20～+60 ℃光纤衰减值不变，−30～70 ℃光纤衰减值不大于 0.1 dB/km；温度循环试验后，恢复到 20 ℃时，应无残余的附加衰减。

④ 光缆外护套上应有间隔 1 m 的长度标志及光缆型号、生产厂家及生产日期等项标志。

⑤ 光缆的其他有关指标应符合 ITU、IEC 和国内有关规范的规定。

3.5.4 安装及施工要求

本工程光缆线路的敷设与安装，应按《通信线路工程验收规范》（YD 5121—2010）的相关要求执行。

1．施工复测

光缆敷设前应按本设计的图纸进行线路路由复测，标出线位，丈量画线，测出准确长度。因外界条件变化，复测时可根据局部地段的实际情况在光缆路由长度变化不大的前提下，允许光缆路由做适当的调整。

2．施工方法

本工程采用人工方式敷设。

3．光缆端别

本工程以管道人井为上游，机房为下游，光缆纤芯分配如图 2.8 所示。

4．架空光缆的敷设安装

① 架空光缆电杆程式的选用：本工程电杆程式选用原有水泥电杆 7.0 m×15 cm，杆距小于 35 m，满足一般要求。

② 电杆埋深：原有水泥电杆 7.0 m×15 cm 按普通土标准埋深 1.3 m，满足一般要求。

③ 拉线：本工程距离较短、负荷较小，只在架空线路两端拐角处装设两条拉线，采用 7/2.6 钢绞线、ϕ16mm×1800 mm 地锚铁柄、600 mm×400 mm×150 mm 水泥拉线盘。

④ 吊线：本工程吊线全部采用 7/2.2 钢绞线，吊线架设与地面等距。

⑤ 架空吊线与其他设施之间的水平净距和与其他设施之间的垂直净距，符合通信工程建设相关标准的要求。

⑥ 架空光缆挂钩采用 ϕ25mm 挂钩，挂钩间距不超过 50 cm。布放光缆时其曲率半径应大于光缆外径的 20 倍。光缆敷设后应平直、无扭转、无机械损伤。

5. 管道光缆的敷设

本工程管道光缆按人工敷设方式敷设，管道光缆布放后用塑料粘胶带将光缆与子管端头密封，人孔内光缆用塑料波纹管保护，预留光缆安放在人孔上部角落处，并应有识别标志（如光缆标志牌等）。

6. 光缆预留

架空杆路中 P1 预留 5 m，管道光缆中 7#人孔预留 10 m，机房交接箱成端预留 5 m。

7. 光缆线路防护要求及措施

① 布放时光缆曲率半径应大于光缆外径的 20 倍，光缆敷设后应平直、无扭转、无机械损伤；
② 在靠电杆可能磨损处套包塑料管保护；
③ 引上光缆用镀锌钢管保护，内穿塑料子管；
④ 本工程部分架空光缆距离树木较近，应用 PVC 管进行保护；
⑤ 本工程在中间杆进行了防强电接地；
⑥ 本工程在交接箱线路终端处做了防雷接地；
⑦ 施工过程中，对于光缆端头要注意密封保护，避免进水受潮。

3.5.5 安全生产责任

为加强对通信建设工程安全生产的监督管理，明确安全生产责任，防止和减少生产安全事故，保障人民群众生命和财产安全，根据《中华人民共和国安全生产法》、《建设工程安全生产管理条例》等法律、法规，设计单位和施工单位应明确在工程项目中的安全责任。

1. 设计单位的安全生产责任

① 设计单位和有关人员对其设计安全性负责。
② 设计单位在编制工程概预算时，必须按照相关规定全额列出安全生产费用。
③ 设计单位应当按照法律、法规和工程建设强制性标准进行设计，防止因设计不合理而导致安全事故的发生。
④ 设计单位应当考虑施工安全操作和防护的需要，对设计施工安全的重点部位和环节在设计文件中注明，并对防范生产安全事故提出指导意见。

2. 施工单位的安全生产责任

① 施工单位应设立安全生产管理机构，建立健全安全生产责任制度和教育培训制度，制定安全生产规章制度和操作规程，建立生产安全事故紧急预案。
② 施工现场必须有专职安全生产管理人员。
③ 建立安全生产费用预算，专款专用。
④ 严格按照工程建设强制性标准和安全生产操作规范进行施工作业。

3. 现场施工安全生产要求

① 电杆上操作，应注意相关安全事项。
② 人孔内作业人员应站在管孔的侧旁，不得面对或背对正在清刷的管孔。严禁用眼看、用手伸进管孔内摸或用耳听判断穿孔器到来的距离。打开的人孔应设置警示装置，作业完毕

时应确认人孔盖盖好后再拆除。

③ 施工单位施工时要遵守交通规则，以尽量不影响交通为原则。同时，注意交通安全和施工安全，并采取必要的安全防护措施。

④ 光缆在敷设时要避免受冲击、划伤、扭折等人为损伤。在道路上布放时要设置明显标志，确保施工人员和光缆的安全。

⑤ 工程中所用铁件经加工后应采取防腐措施，拉线中把及地锚地面部分应涂沥青进行防腐处理。

⑥ 施工过程中，所有可能带电的金属支架、铁件及设备外壳均应接地。

⑦ 施工单位应根据施工阶段的施工防护要求，采取相应的施工安全防护措施。在施工中应设置明显安全标志，昼夜均能确保行人及过往车辆安全；施工现场应当设有必要的预防危害人体健康和安全急救的设施及抢救措施。

⑧ 除本设计有关规定外，光缆的敷设安装应符合部颁相关工程设计、施工及验收规范的要求。

3.5.6 图纸说明

本×××校区光缆接入工程设计图如图 3.8 所示，其中包含光缆路由图、施工图和缆芯分配图，由于距离较短、工程简单，工程设计图纸合并在一起，其他标准图纸（如线路图符、标准人孔图、架空杆路安装图等）参见相关规范。

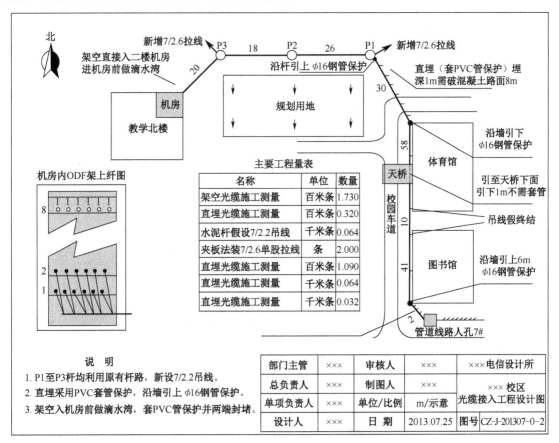

图 3.8　×××校区光缆接入工程设计图

复习思考题

1. 简述通信线路网的构成和分类。
2. 简述通信线路工程设计的主要任务。
3. 简述通信线路勘察的步骤及相关要求。
4. 简述通信线路工程设计方案包含的内容及其分析方法。
5. 吊线的程式有哪些？吊线的接续方法有哪几种？
6. 查阅资料后试述管道电缆和光缆的敷设方法和要求。
7. 光缆型号是如何命名的?各部分代号代表什么意义?
8. 设计和施工中如何选择光缆?
9. 数字光纤通信系统工作波长为 1.55 μm，光发送机尾纤输出功率为 1 mW，光接收机灵敏度为-36 dBm，传输采用 G.652 光纤，单盘光缆长度为 2 km，其损耗为 0.25 dB/km，每个光纤接头熔接损耗为 0.1 dB，在发送端和接收端各有一个活动连接器，其插入损耗为 0.5 dB，考虑系统的环境稳定性及器件老化等影响，预留出 5 dB 的富余度。试计算该系统在损耗限制下的最大无中继距离。

第4章 通信天线、馈线及杆塔

4.1 引言

电波是电磁波的简称,天线中随时间变化的电流是电磁波的波源。

电荷沿直导体匀速运动时,在导体周围会产生恒定的电场和磁场,两者并不相互作用。但当电荷沿直导体做简谐运动(加速或减速)时变化的电场激发磁场,而变化的磁场也要激发电场,两者相互作用、交替转换,决定了电磁波以有限的速度由近及远逐步传播,这种电磁现象在空间的波动过程就是电磁波。

4.1.1 电磁波传播特性与方式

1. 电磁波传播特性

① 电场、磁场与传播方向相互垂直,如图 4.1 所示。

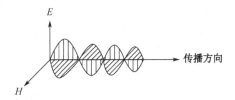

图 4.1 电场、磁场与传播方向的关系

② 电场、磁场相互依赖,相伴产生。
③ 真空中电波传播速度:

$$v = \frac{1}{\sqrt{\varepsilon_0 \varpi_0}} = 3 \times 10^8 \text{ m/s} \tag{4.1}$$

其中,$\varepsilon_0 = \frac{1}{36\pi} \times 10^{-9} \text{F/m}$,$\varpi_0 = 4\pi \times 10^{-7} \text{ H/m}$。

不同介质的介电常数与磁导率不同。电波通过不同介质时,因上述两个参数不同,其传播速度会有所变化。比如,电波在同轴电缆中的传播速度小于它在自由空间的传播速度。

④ 电磁波在传播过程中遇到障碍物会发生反射、折射、绕射和散射。
⑤ 电波传播方式有:地波传播、天波传播、直射传播、散射传播。
⑥ 电波在传输中会产生:传输损耗、衰落损耗、多经效应、传输失真。

电磁波是电场与磁场共同作用的结果,其性质决定于电场与磁场的性质。在天线研究中主要以研究电场为主。

2. 电波传播方式

根据频率、极化方式、不同媒质对电波传播的影响,可把电波传播分为:

① 地波传播（表面波）。

地波传播指电波沿地球表面传播，也称地表面波传播，如图 4.2 所示。地波长距离传播的主要频率为长、中波，地波短距离传播的主要频率为短波、超短波。

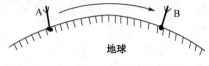

图 4.2 地波传播

② 天波传播（电离层传播）。

天波传播是利用电离层折射通信的电波传播方式，如图 4.3 所示。短波在电离层中的传播满足几何光学近似条件，可以用折射理论分析。若电波入射角 β 越小，则要求的临界最高被折射频率 f_{max} 越低；电离层浓度越低，电波越会穿透电离层。即通信距离越近，电波入射角越小，要求的最高可用频率越低。一般把采用一个折射区进行通信，可以近似认为是一次反射通信，或称为一跳通信。当通信距离远时，将有二、三个折射区，近似认为二次、三次反射通信，或称为两跳、三跳通信。

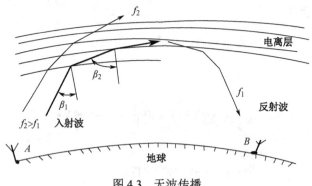

图 4.3 天波传播

发射区电离层的高度和浓度，随地区、季节、时间、太阳黑子活动等因素的变化而变化，并决定了短波通信的临界频率也必须随这些因素而改变；而电离层的浓度高时折射的频率也高，浓度低时折射的频率也低，具体如表 4.1 所示。

表 4.1 电离层各层主要数据

电离层名	D	E	F1	F2
夏季白天高度/km	60~90	85~150	150~200	>200
夏季夜间高度/km	消失	90~140	消失	>150
冬季白天高度/km	60~90	85~150	160~180（常消失）	>170
冬季夜间高度/km	消失	90~140	消失	>150
白天最大电子浓度/cm^{-3}	约 2×10^3	5×10^4~2×10^5	2×10^5~4.5×10^5	8×10^5~2×10^6
夜间最大电子浓度/cm^{-3}	消失	10^3~10^4	消失	10^5~3×10^5
电子浓度最大值处的高度	约 90	115	约 180	200~350
白天临界频率/MHz	<0.4	<3.6	<5.6	<12.7
夜间临界频率/MHz		<0.6		<5.5

白天电子密度高，晚上电子密度低，D 层夜晚消失，E 层相对稳定，F1 层夜晚与 F2 合并，

F2 层变化复杂。图 4.4 所示为一月份不同纬度 F2 层高度的近似值。

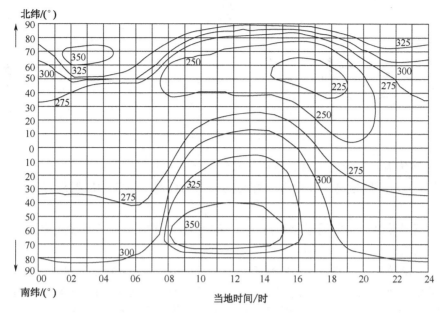

图 4.4　一月份 F2 层高度 H 的近似值

综上所述，可以得出 F2 层折射时最高可用频率与通信距离和时间关系，如图 4.5 所示。

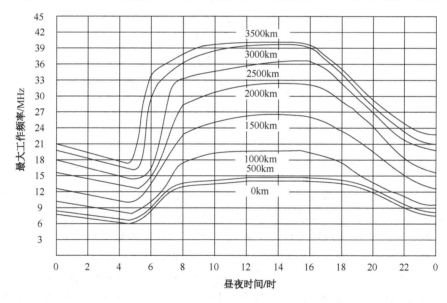

图 4.5　最高可用频率与通信距离和时间关系

③ 视距波传播（直接波传播）。

视距波传播是收、发天线限于相互看得见的"视距内"的电波传播方式，如图 4.6 所示。其中（a）为地面视距内两点间的直接波传播，（b）为地面与卫星、太空直接波传播，（c）为地面与空中直接波传播。视距波传播的主要频率为超短波、微波，天线主要是面天线。

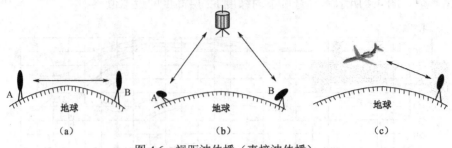

图 4.6 视距波传播（直接波传播）

④ 散射波传播（对流层散射、电离层散射）。

散射波传播是利用电离层和对流层媒质的不均匀性对电磁波的散射进行通信的方式，如图 4.7 所示。

- ▶ 电离层散射：主要用于频率在 30~100 MHz 的频段，通信距离一般大于 1 000 km，传播机理与电离层传播一致。
- ▶ 对流层散射：主要用在 100 MHz~10 GHz 的频段，传播距离为 300~800 km，适用于无法建立微波中继站的地区，如：海岛之间，跨越湖泊、沙漠、雪山的地区。

一般散射通信均采用大功率发射机、高灵敏度接收机和高增益天线。

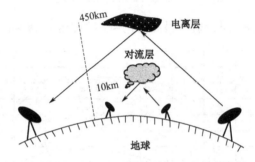

图 4.7 散射波传播（对流层散射、电离层散射）

4.1.2 天线的作用和类型

发射机功率、发信天线增益、工作频率、电离层衰减（天波时）、地表衰耗（地波时）、空间衰耗、本地噪声、收信天线增益、接收机灵敏度等是通信链路构成的要素。

天线在通信链路中起能量转换作用（能量转换器），其中发射天线是将高频电能转换成为电磁波的装置，接收天线则是将电磁波转换成高频电能的装置，因而天线在无线电通信中占有极其重要的地位。天线质量如何，对保证通信质量的好坏起着重要的作用。

基于天线在无线通信系统中的重要作用，我们有必要从整体上把握天线的分类。天线的类型很多，分类方法也很多，下面我们以常见的几种方法进行分类。

按工作性质，可分为：发射接、收天线和收发共用天线。

按工作波段，主要分为：长波天线、中波天线、短波天线、超短波及微波天线等。

按工作原理，主要分为：极化天线、磁性天线、单极天线、对称振子天线、偶极天线、透镜天线、对数周期天线、低噪声天线、相控阵天线和智能天线。

按结构形式，主要分为：面天线、线天线、微带天线等。面天线有喇叭天线、透镜天线、旋转抛物锥面天线、抛物柱面天线、切割抛物锥面天线、卡塞格伦天线等几种。线天线有半波振子和折合振子天线、八木天线、卡塞格伦天线、螺旋天线、鞭状（直立）线天线、锥形天线、扇型天线、分支笼形天线、对数周期天线等几十种。微带天线是近 30 年发展起来的一类新型天线，它是在绝缘介质基片上一面附上金属薄层作为接地板，另一面用金属微带线构成微带天线。微带线一面裸露在空气里面，另一面附在绝缘电介质上，所以它形成的电场一部分分布在空中，向周围形成辐射或受到周围的辐射干扰。微带天线具有体积小、重量轻、成本低、频带宽等优点，但 Q 值低、功率容量小，目前主要应用于移动通信、卫星通信、合成孔径雷达、导弹遥控、生物医学等领域。

按作用，主要分为：扫描天线、搜索天线、定向天线、调谐天线、聚焦天线、测距天线、信标天线、航标天线等。

按用途，主要分为：广播天线、雷达天线、导航天线、电视天线、电台天线、微波通信天线、卫星通信天线和移动通信天线。

按频带特性，主要分为：宽频带天线、窄频带天线。当天线具有 10%以上的相对带宽时，一般称为宽带天线。

按极化特性（电场方向），主要分为：圆（和椭圆）极化天线、线极化天线。线极化有水平线极化和垂直线极化两种，并且水平线极化的天线一般无法接收垂直线极化波。

按天线电流种类，主要分为：行波天线和驻波天线。行波天线是指在天线终端接有一个与天线特性阻抗相匹配的吸收电阻，线上没有反射波的天线。驻波天线是指天线终端未接匹配电阻，线上有反射波，并形成驻波状态的天线。

按天线波束控制方式，主要分为水平全向天线（无方向性）、弱方向性天线、强方向性天线和智能天线等：

- ▶ 无方向性天线：角天线、角笼形天线、分支角笼形天线、扇形宽带天线、倒 V 双偶极子天线、直立天线、伞锥天线、倒 V 架设三线天线等。
- ▶ 弱方向性天线：双极天线、笼形天线、分支笼形天线、水平宽带天线、水平架设三线宽带天线等。
- ▶ 强方向性天线：菱形天线、鱼骨形天线、水平对数周期天线、同相水平天线、斜三角宽带天线以及各种抛物面天线等。
- ▶ 智能天线：天线的波束可以自动控制，如自适应天线、多波束天线、相控阵天线等。

按天线应用方式分，主要分为：便携式天线、车载式天线、固定台站式天线等。

4.1.3 天线电性能指标

1. 方向性系数 D

天线的方向性是指天线辐射（或接收）的电场强度的振幅与空间方向的关系。一般在相同的距离处，不同的方向上天线辐射（或接收）强弱不同，因此天线具有方向性。通常用方向性系数 D 表示天线的方向性指标。

天线方向性系数 D 的定义是：在同一距离及相同辐射功率的情况下，某天线在最大辐射方向上的辐射功率通量密度 S_{max}（或最大场强的平方 $|E_{max}|^2$）和无方向性天线（点源）的辐射功率通量密度 S_i（或场强的平方 $|E_i|^2$）之比：

$$D = \frac{S_{max}}{S_i}\bigg|_{P_s = P_{si}} = \frac{|E_{max}|^2}{|E_i|^2}\bigg|_{P_s = P_{si}} \quad (4.2)$$

式中，P_s、P_{si}分别为实际天线和无方向性天线的辐射功率。

为了能直观地看出天线方向性，常用天线的方向图表示天线的方向性。以天线的几何中心为中心，与中心等距离点的天线辐射场强的大小在空间的相对分布图形，即为天线的方向图。

天线的方向图形是立体的，但在工程上为了简便，常用两个特定平面内的方向图来表明一副天线的方向性，即与地面平行的水平面内的方向图形（简称水平面方向图）和与地面垂直并包含天线最大辐射方向的垂直面内的方向图形（简称垂直面方向图），如图4.8所示。

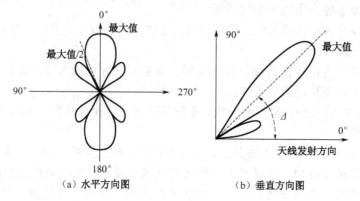

（a）水平方向图　　　　　　　（b）垂直方向图

图4.8　天线辐射方向图

2. 天线效率

天线效率表明天线在进行能量转换时的有效程度，是天线的重要指标之一。发信天线效率由下式决定：

$$\eta_A = \frac{P_r}{P_m} \times 100\% \tag{4.3}$$

式中：P_r为天线辐射功率，P_m为天线输入功率。

发信天线效率通常用归于输入点电流的输入电阻R_{in}、辐射电阻R_r和损耗电阻R_L表示：

$$\eta_A = \frac{R_r}{R_{in}} = \frac{1}{1 + R_L/R_r} \times 100\% \tag{4.4}$$

由此可以看出，辐射电阻R_r越大，损耗电阻R_L越小，天线效率越高。

输送功率的馈电系统效率为：

$$\eta_\phi = \frac{P_{in}}{P_\phi} \times 100\% \tag{4.5}$$

式中：P_ϕ为馈电设备输入端功率，P_{in}为天线输入功率（馈线系统输出功率）。η_ϕ决定于馈线上的行波系数、衰减常数和馈线长度，而行波系数则与天线及馈线间的匹配情况有关。

因此天、馈线系统的总效率为：

$$\eta = \frac{P_r}{P_\phi} = \eta_\phi \eta_A = \left(1 - |\rho|^2\right) \cdot \eta_A \tag{4.6}$$

式中：ρ为反射系数，即

$$\rho = \frac{反射振幅}{入射振幅} = \sqrt{\frac{反射功率}{入射功率}} \tag{4.7}$$

由于损耗的存在，η 总是小于 1。短波天线的最佳效率可达到 70%～95%。

3．波瓣宽度

方向图通常都有两个或多个瓣，其中辐射强度最大的瓣称为主瓣，其余的瓣称为副瓣或旁瓣。

在主瓣最大辐射方向两侧，辐射强度降低 3 dB（功率密度降到最大值的一半）的两点间的夹角定义为波瓣宽度（又称波束宽度、主瓣宽度或半功率角）。图 4.9 所示为天线波瓣宽度示意图。

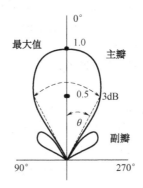

图 4.9　天线波瓣宽度示意图

例：菱形天线 3 dB 波瓣宽度：6°～7°；对数天线 3 dB 波瓣宽度：25°～45°；鱼骨天线 3dB 波瓣宽度：13°～45°；笼形天线 3 dB 波瓣宽度：35°～45°。

4．前后辐射比

天线的前后辐射比是指天线的前向功率密度与后向功率密度的比值。前后辐射比越大，天线的后向辐射（或接收）功率越小，对后向的干扰越小。图 4.10 所示为某一种天线辐射（或接收）功率图。

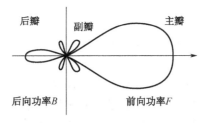

图 4.10　某一种天线辐射（或接收）功率图

前后辐射比的计算公式如下：

$$F/B = 10\lg \frac{\text{前向功率密度}}{\text{后向功率密度}} \tag{4.8}$$

当对天线的前后辐射比 F/B 有要求时，其典型值 18～30 dB，特殊情况下则要求达 35～40 dB。

5．增益

为把天线方向性系数和天线效率联系起来，引入增益的概念。在某点产生相等电场强度的条件下,理想点源(无方向性天线)的输出功率 P_{mo} 与天线的输入功率 P_m 的比值,称为该天线在该点方向上的增益:

$$G = \frac{P_{mo}}{P_m} \tag{4.9}$$

天线增益与方向系数、效率的关系为:

$$G = D \cdot \eta \tag{4.10}$$

由此可见,天线增益是综合衡量天线能量转换效率和方向特性的参数,它是方向系数与天线效率的乘积。使用高增益天线可以在维持输入功率不变的条件下,增大有效辐射功率。由于发射机的输出功率是有限的,因此在通信链路的设计中,对提高天线增益常抱很大期望。频率越高的天线,越容易得到很高的增益。

一般不特别注明,某天线的方向系数或增益,均是指该天线在最大辐射方向上的方向系数或增益。

增益的指标又分为绝对增益和相对增益。以自由空间无耗、无方向的点源天线作为参照标准,称为绝对增益,以 dBi 表示,面形天线和移动通信常用;以自由空间无耗对称半波振子作为参照标准,称为相对增益,以 dBd 或 dB 表示,一般线形天线常用。

天线增益的物理含义:若在一定的距离上的某点处产生一定大小的信号,如果用理想的无方向性点源作为发射天线,需要 100 W 的输入功率,而用增益为 $G = 13$ dB(即 $G = 20$)的某定向天线作为发射天线时,输入功率只需 100 W/20=5 W,则此定向天线相对理想点源的增益为 13 dBi。由于自由空间半波对称振子的方向系数为 1.64,相当于 2.14 dB,故以半波振子作为参照标准时,对比绝对增益,天线增益指标要减小 2.14 dB。

6. 输入阻抗

把输入到天线的功率 P_A 看成被一个等效阻抗 R_A 所"吸收"的功率,而此阻抗中所通过的电流就等于输入点电流 I_A,则这个等效阻抗称为天线的输入阻抗:

$$R_A = \frac{P_A}{I_A^2} \tag{4.11}$$

$$Z_A = R_A + jX_A = \frac{P_A}{|I_A|^2} = \frac{P_A + jQ_A}{|I_A|^2} \tag{4.12}$$

式中:$|I_A|$ 为输入电流振幅有效值,P_A 为输入功率有效部分,为 Q_A 输入功率无功部分。

天线的辐射功率是一个复数功率,它包括有功辐射功率和无功辐射功率两部分。有功辐射功率加上天线导线上的热损耗、绝缘损耗、地电流损耗及天线周围物体的损耗等,假定这些功率和损耗都被一个电阻所吸收,且通过这个电阻的电流就是馈电点的电流,则这个电阻就是输入电阻 R_A。假设天线是无耗的,那么天线的辐射电阻(用输入端电流归算)数值上就等于输入电阻。然而这两个概念不要混淆起来,输入电阻是天线在输入端呈现的电阻,而辐射电阻是假设的,它可以用天线上波腹点电流或输入点电流来归算。

辐射功率的无功分量是不辐射出去的功率,是储存在天线近区(感应区)中的能量,也就是输入阻抗中的虚部。

7. 行波系数

行波系数 K 是用来表述天线、馈线系统匹配状态的,其数值等于馈线上的电流(或电压)

最小值与电流（或电压）最大值之比：

$$K = \frac{U_{\min}}{U_{\max}} = \frac{I_{\min}}{I_{\max}} = \frac{1-|P|}{1+|P|} \tag{4.13}$$

它的倒数为驻波比（SWR）：

$$\text{SWR} = \frac{1}{K} \tag{4.14}$$

终端负载阻抗和特性阻抗越接近，反射系数 ρ 越小，驻波比 SWR 越接近于 1，匹配也就越好。表 4.2 所示为电压驻波比、反射功率和入射功率的对照表。

表 4.2 电压驻波比、反射功率和入射功率的对照表

电压驻波比	1.0	1.1	1.2	1.5	2.0	3.0
反射功率/%	0	0.2	0.8	4.0	11.1	25.0
入射功率/%	100	99.8	99.2	96	88.9	75.0

8．天线仰角

天线仰角指天线在垂直面上发射电磁波的最大方向（波瓣轴线）与地平面之间的夹角。

天线的垂直面方向图由天线结构特性、架高和工作波长决定，不同形式的天线，其仰角与架高和工作波长的关系不一定相同。

无线通信时天线的辐射仰角必须适应电波传播的需要。例如：短波通信时，根据电离层的高度和通信距离的远近确定实际架设天线的仰角（天线的架高）和工作波长。

9．天线工作频带宽度

天线的很多参数，如方向特性、输入阻抗、增益指标等，都与频率有关。这些参数都是按一定的频率设计的。而一副实用的天线并非固定在一个频率上工作，而是需要在一个频率范围内工作。在这一频率范围内，天线的相应特性参数不超过规定的变化范围，这个频率范围就叫天线的工作频带宽度。

一般来说，天线的工作频带宽度指天线在发射（接收）方向的增益降低到设计波长上最大增益的 25%时，最高频率至最低频率的范围为该天线的工作频带宽度。这个频带宽度的大小主要由天线程式特点决定。

例如，一些长度较小的天线（天线长度小于半个波长），对工作频带宽度最经常的限制因素是阻抗特性，因这类天线辐射的功率小，而储存的无功功率却相当大，天线阻抗随频率变化较激烈，工作频带宽度要受限制。

一副天线架设好以后，当使用的波长改变时，它的主要特性指标都将发生变化。为了保证正常通信，必须给天线划定一个工作频带范围，这个频带范围应在天线工作频带宽度内。

根据其工作频带宽度的不同，常将天线划分为窄带天线、宽带天线和超宽带天线。

窄带天线的带宽常用相对宽带表示，一般为百分之几：

$$\text{频带宽度} = \frac{f_{\max} - f_{\min}}{f_0} \times 100\% \tag{4.15}$$

式中：$f_{\max}$ 为最高工作频率，$f_{\min}$ 为最高工作频率，f_0 为中心工作频率。

一般相对带宽为百分之几十时，称宽带天线，如螺旋天线。

超宽带天线的带宽常用绝对宽带表示，一般可达几倍频程。绝对带宽是指（$f_{\max} - f_{\min}$）的大

小，倍频程是指 f_{max}/f_{min} 的比值大小。例如，对数周期天线的绝对宽带可达 3 倍频程以上。

10. 容许输入功率

天线的发射功率不能无限制地增加，当天线导线表面的电场强度达到一定的程度时，将引起天线临近的空气游离而放电，不仅使天线损耗增大，甚至会引起天线本身烧毁。因此，实用的天线设计都应确认此项参数。

最大场强出现在天线末端，在 $L/\lambda=0.5$ 时，也出现在输入端。天线振子输入端场强的有效值为：

$$E_A = \frac{120 V_A}{n \cdot d \cdot R_A} \qquad (4.16)$$

式中：n 为天线振子线根数，d 为导线直径（cm），V_A 为输入端有效电压（有效值），R_A 为天线特性阻抗（Ω）。

天线最大容许功率为：

$$E_A = \frac{E_d^2 \cdot n^2 \cdot d^2 \cdot R_A^2}{28800 \cdot V_A^2} \qquad (4.17)$$

式中：E_d 为最大容许的场强值（可取 6 000～8 000 V/cm）。

11. 极化方式

极化是描述电磁场矢量空间指向的一个辐射特性。当未专门说明时，通常以电场矢量的空间指向作为电磁波的极化方向，并且是指在该天线最大辐射方向上的电场矢量。

天线极化方式通常有：水平极化、垂直极化、圆极化和椭圆极化。

平行地面放置的对称振子天线，电场矢量方向与地面平行，在最大辐射方向辐射水平极化电磁波，则该天线是水平极化天线，应该用水平极化天线接收，如图 4.11 所示。

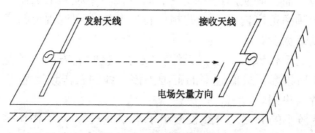

图 4.11 水平极化天线

垂直地面放置的对称振子天线，电场矢量方向与地面垂直的垂直极化，在最大辐射方向辐射垂直极化电磁波，则该天线是垂直极化天线，应该用垂直极化天线接收，如图 4.12 所示。

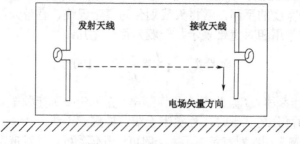

图 4.12 垂直极化天线

当电场矢量方向在空间的取向不固定，在无线电频率的 1 个周期内不断旋转，当旋转 1 周时，它的端点在垂直于传播方向的平面内描绘的轨迹成一个圆的称为圆极化，轨迹成一个椭圆的称为椭圆极化波。

圆极化波和椭圆极化波都有旋向特性，沿电磁波传播方向看去，电场矢量随时间向右（顺时针）方向旋转的为右旋极化波（如图 4.13 所示），向左（逆时针）方向旋转的为左旋极化波。

圆极化波和椭圆极化波，都是由两个相互垂直的线极化波合成的。圆极化波是由幅度相等、空间垂直、相差 90°的垂直和水平极化波合成的。如果垂直和水平极化波不是等强度的，或者不是 90°关系，则合成波是椭圆极化波。

图 4.13　右旋圆极化波

当接收天线的极化与来波的极化不匹配时，其接收功率的损失称为极化损失。

无极化损失的条件：

① 收发天线为线极化，且同为水平或垂直极化时，极化损失为零；

② 收发天线均为圆极化，且旋向相同，极化损失为零。

极化损失最大的条件：

① 收发天线一副为水平极化、一副为垂直极化时，极化损失最大；

② 收发天线均为圆极化，且旋向相反，极化损失最大。

在通信和雷达中，通常使用线极化天线；当通信的一方剧烈运动或高速运动时，为了提高通信的可靠性，发射和接收都应采用圆极化天线；如果雷达是为了干扰和侦察对方目标，也要用圆极化天线。另外，在人造卫星、宇宙飞船和弹道导弹等空间遥测技术中，由于信号通过电离层后会产生法拉第旋转效应，因此其发射和接收也采用圆极化天线。

电波经反射后的极化变化：

① 垂直极化波，经光滑面反射后，性质不变；

② 水平极化波，经光滑面反射后，有 180°相位变化；

③ 圆极化波，经光滑面反射后，极化反旋。

12．互易原理

根据线性无源四端网络中的互易原理，收、发天线可以等效成线性四端网络。天线的互易可以理解为：如果有两个相隔一定距离，并以任意相对位置排列的任意形式的天线，其中一个是发信天线，另一个是接收天线，那么只要两天线间没有其他场源，空间的媒质是线性且各向同性的，则从发射天线输入端开始到接收天线输出端为止的通道，可以看成是一个线性无源四端网络，也就可以应用互易原理，如图 4.14 所示。

故有如下结论：

① 任一副天线在发射和接收时方向系数 D 相同；

② 任一副天线在发射和接收时有效长度相同；

③ 任一副天线在发射和接收时输入阻抗相同。

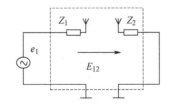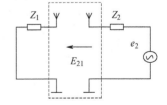

图 4.14　收、发天线等效的线性无源四端网络示意图

因此，一副天线用在发射和接收时，除额定功率等发信天线专用指标外，其他主要技术指标基本上是一样的，即天线

是互易的。

4.2 常用短波天线

当天线的长度与使用频率相当或等于 1/2 波长时，天线的效率最高。短波通信工作频率为 2~30 MHz，波长为 10~100 m，因此短波天线一般占地面积大。为提高天线的效率，短波天线有多种程式结构。因篇幅限制，下面仅介绍几种代表性的短波天线的特点及方向图。

4.2.1 双极天线

双极天线常称为水平对称振子天线，其结构如图 4.15 所示。它是两端无负载、在两振子臂中间馈电的驻波天线。水平悬挂的振子线通常由直径为 3~4 mm 的铜线、铜包钢线或塑包多股铜绞线构成。该天线结构简单，架设方便，但增益较低，方向性较差。

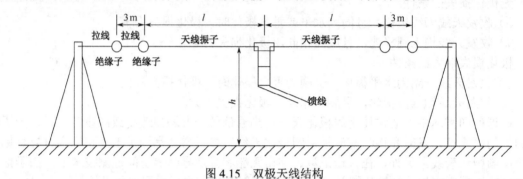

图 4.15 双极天线结构

双极天线的水平面方向图与振子长度 l 和工作波长 λ 的比值 l/λ 有关，如图 4.16 所示。

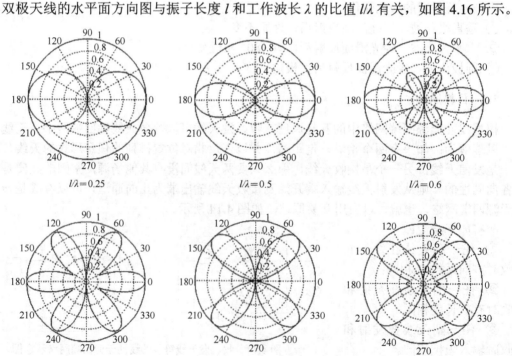

图 4.16 双极天线的水平面方向图

从图中可以发现：

① 当 $l/\lambda \leq 0.625$ 时，最大辐射方向在与振子轴垂直的方向上，成 8 字形，随着 l/λ 的增加，方向图逐渐变尖锐；

② 当 $l/\lambda > 0.625$ 时，随着 l/λ 的增加，与振子轴垂直的方向上的波瓣幅度逐渐减小，当 $l/\lambda = 1$ 时，在轴的垂直方向上无辐射。

因此，为保证最大辐射方向在振子轴的垂直方向上，振子的长度 l 应该小于频段内最短波长（最高频率）λ_{min} 的 0.625 倍。

垂直面方向图不但与天线架设高度 h 和工作波长 λ 的比 h/λ 有关，而且与天线架设场地的地质条件（潮湿地或干燥地）也有关系。在干燥地质条件下，h/λ 不同比值的垂直面方向图如图 4.17 所示。

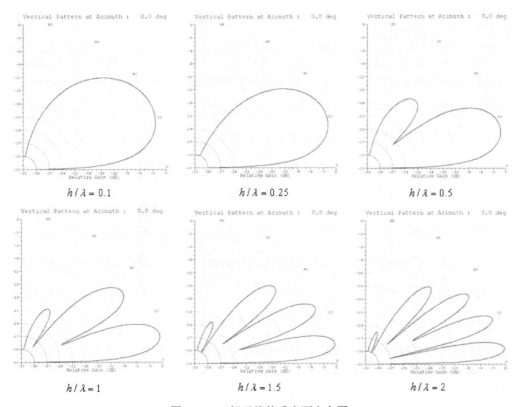

图 4.17　双极天线的垂直面方向图

4.2.2　笼形天线

笼形双极天线（以下简称笼形天线）将几根导线排成圆柱形（固定在笼圈上），组成振子两臂，既可达到增加振子有效直径、展宽工作波段的目的，又减轻天线的重量。其结构如图 4.18 所示。排成圆柱形的导线数目 n 通常是 6 根或 8 根，每根导线的直径为 3～4 mm，因为其拉力比双极天线大得多，所以通常采用铜包钢线。

由于笼形振子的几何半径很大，振子两臂在输入端有很大的端电容，使天线与馈线间的匹配变差，常用笼形天线的特性阻抗为 250～400 Ω。为了减小在馈电点附近的端电容，以保证天线与馈线间的良好匹配，振子半径应从距馈电点 3～4 m 处逐渐缩小，至馈电处集合在一起。为了减小天线的末端效应，便于牵引架设，振子两端也应逐渐缩小。

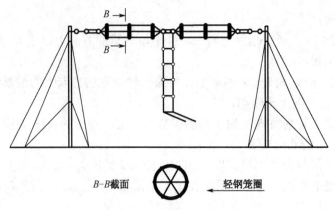

图 4.18 笼形天线结构

4.2.3 三线宽带天线

三线宽带天线如图 4.19 所示,它具有结构简单、架设方便、不用天调、不接地线、频率范围宽等优点。三线宽带天线的两极由三条平行振子组成,其工作频段为 2~30 MHz,不用天调。

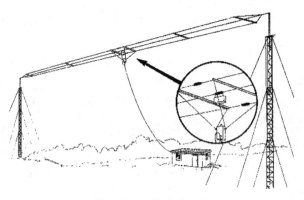

图 4.19 三线宽带天线

与普通双极宽带天线相比,三线宽带天线具有以下显著优势:

① 三线天线有 3~5 dBi 的相对增益,而且在全频段基本上保持 2∶1 以下的优异驻波比;而普通宽带天线在很多频率上的驻波比超过 2.5∶1。因此,三线天线的辐射效率明显高于普通宽带双极天线。

② 普通双极天线重心偏斜,随风摆动,状态不稳定,影响通信效果,且容易损坏。而三线天线的形态和结构非常合理,架设后三条振子始终保持水平,性能稳定,且抗风能力强,不易损坏。

③ 普通宽带天线只能水平架设,而三线天线具有水平和倒 V 两种架设方式,具有多种用途。

④ 三线天线在近距离(覆盖盲区)的通信效果远比普通双极天线和笼形天线为佳,中远距离通信效果也相当好。

三线天线的水平方向图和垂直方向图,与射线仰角和工作频率密切相关。4 MHz、8 MHz、12 MHz、16 MHz 不同仰角的水平方向图如图 4.20 所示,不同频率水平架设三线天线的垂直方向图如图 4.21 所示。

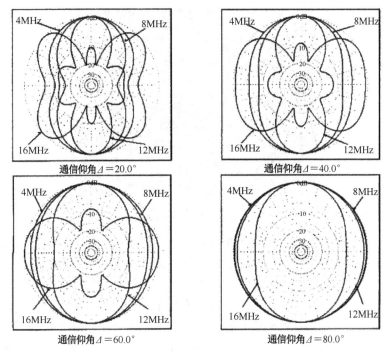

图 4.20　水平架设三线天线的水平方向图

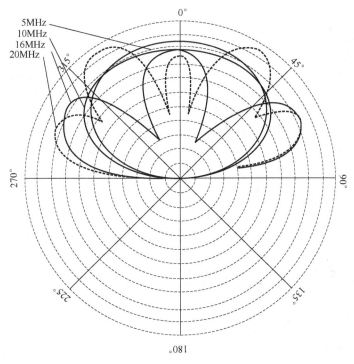

图 4.21　水平架设三线天线的垂直方向图

4.2.4　对数周期天线

对数周期天线的种类很多,其中短波通信中使用较多的是对数周期偶极子天线,如图 4.22 所示。

图 4.22 对数周期天线

对数周期天线的振子长度和振子间距离都按比例顺序排列,各偶极子并接在一均匀传输线上,但相邻振子交叉馈电。为了和馈线相区别,通常称此传输线为集合线。集合线的一端与馈线连接,另一端开路或接一短路支节,调节其长度,以减小终端的反射。

由于对数周期天线的电特性在一个周期内变化不大,且又呈周期性重复,因而使天线具有输入阻抗和辐射图形几乎与频率无关的特点,能在很宽的波段范围内工作。

MG-760 型对数周期宽带天线的水平方向图和垂直方向图,均与射线仰角和工作频率密切相关,具体如图 4.23 所示。

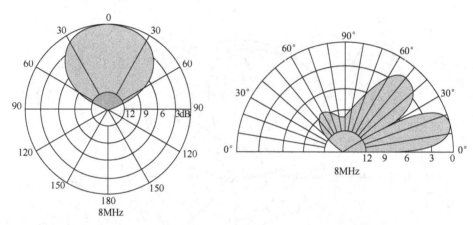

图 4.23 MG-760 型对数周期天线的水平与垂直方向图(8 MHz)

4.3 短波天线场地及选型安装

4.3.1 短波天线场地

1. 天线场地要求

① 地面导电性要求。天线场地应尽量选择潮湿土地或具有中等导电性的场地。

② 地面平坦范围要求。天线场地应尽量选择在平坦、开阔的地面。由图 4.24 可知,在天线辐射方向前要求的平坦地面范围为:

$$d = \frac{h_A}{\tan \Delta} \tag{4.18}$$

$$d_{\mathrm{N}} = \frac{h_{\mathrm{A}}}{\tan\Delta}\left[3 - \frac{2\sqrt{2}}{\cos\Delta}\right] \tag{4.19}$$

$$d_{\mathrm{F}} = \frac{h_{\mathrm{A}}}{\tan\Delta}\left[3 + \frac{2\sqrt{2}}{\cos\Delta}\right] \tag{4.20}$$

$$W = 5.66\sqrt{h_{\mathrm{A}}} \tag{4.21}$$

式中：h_{A} 为天线高度（m）；Δ 为最佳辐射仰角（°）。

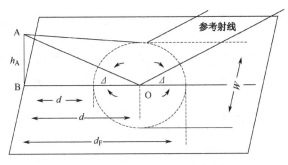

图 4.24 第一菲涅耳区几何图

③ 地面不平坦度要求。在图 4.24 所示的菲涅尔区内，可允许的场地不平坦高度（含障碍物高度）H 为：

$$H \leqslant h_{\mathrm{A}}/4 \tag{4.22}$$

2. 天线场地与干扰源距离要求

① 发射天线场地与干扰源距离要求。

以短波固定台站为例，根据短波固定台站配置电台的功率和使用天线的状况，发射天线场地外缘至接收台天线场地外缘直线距离应不小于 4 km，至城市规划基本市区边界的直线距离应不小于 2 km。发射天线至架空输电线路的最小距离应满足表 4.3 所示的规定。

表 4.3 发射天线至架空输电线路的最小距离

天线特征	最小距离	
	至 ≤1 kV 的输电线	至 1 kV 以上的输电线
定向天线（在主瓣半场强点张角内）	按电力部门规定的安全防护距离范围确定，且大于相邻最高天线杆高的 1.5 倍	500m
定向天线（在其他方向）		50 m（但 ≥1.5 h_{A}）
弱定向和非定向天线		200 m

② 接收天线场地与干扰源距离要求。接收天线场地外缘至外界其他电器干扰源的最小距离见表 4.4，接收天线至架空输电线路的最小距离见表 4.5。

表 4.4 接收天线场地外缘至外界电器干扰源的最小距离

外界干扰源	最小距离/km
行车繁忙的公路	1.0
电器铁道	2.0
工业干扰源	3.0

表 4.5 接收天线至架空输电线路的最小距离

线 路 名 称	最小距离/m
在任何方向上，<35 kV 的架空输电线	1 000
在任何方向上，35～110 kV 的架空输电线	1 000～2 000
在任何方向上，>110 kV 的架空输电线	>2 000

3．发射天线场地布置

依天线数量的多少和通信方向的要求，发射天线场地布置通常有两种方法，即同心圆布置和前后排布置。

同心圆布置：当天线数量多、通信方向指向各方时，通常以发射机房为中心，沿着一定的圆周单层布置天线或两层（局部两层）布置天线，如图 4.25 所示。

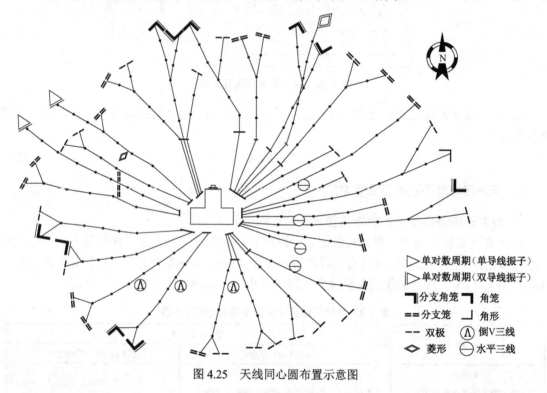

图 4.25 天线同心圆布置示意图

前后排布置：当天线数量不太多，且通信方向集中于某一小范围时，可采用单层布置天线，或前后两排布置天线。

在分层或前后排布置天线时，应将结构比较简单、占地较小或通信距离较近的天线布置在靠近机房的位置，将结构较复杂、占地较大或通信距离较远的天线布置在离机房较远的区域。

对于采用同心圆两层（或局部两层）布置天线和前后排布置天线的情况，为减少同场地架设引起的相互屏蔽影响，要求靠近机房的天线在任一个工作波长的水平方向图主瓣以 $E/E_{max}=0.5$ 为边界的扇形范围内，外层（或前排）天线与工作天线之间的距离应符合表 4.6 所示的规定。

表4.6　发射天线与屏蔽天线最近端点之间的最小距离

发射天线名称	屏蔽天线名称	λ_1（发射天线波长）λ_2（屏蔽天线波长）	最近端点之间的最小距离
对数周期天线	笼形、分支笼形、角笼形及其他不定向天线	任意值	$5\lambda_{2max}$（一般不大于200m）
	菱形天线、对数周期天线	任意值	$10\lambda_{2max}$（一般不大于300m）
菱形天线	笼形、分支笼形、角笼形及其他不定向天线	任意值	$3\lambda_{2max}$（一般不大于200m）
	对数周期天线	任意值	$10\lambda_{2max}$（一般不大于400）
	菱形天线	任意值	$10\lambda_{2max}$（一般不大于300m）
笼形、分支笼形、角笼形及其他不定向天线	笼形、分支笼形、角笼形及其他不定向天线	任意值	$2\lambda_{2max}$（一般不大于100m）
	菱形天线、对数周期天线	任意值	$8\lambda_{2max}$（一般不大于200m）

4．收信天线场地布置

鉴于短波收信台大多数情况下设在各级指挥所院内，天线场地狭小，甚至只能在楼顶架设，因此多采用短波天线共用器及新型短波宽带天线，既能有效减少天线数量，又便于架设。为减少天线间的屏蔽影响，按层布置的收信天线内外层间距应符合表4.7所示的规定。

表4.7　接收天线与屏蔽天线最近端点之间的最小距离

接收天线名称	屏蔽天线名称	λ_1（接收天线波长）和 λ_2（屏蔽天线波长）	最近端点之间的最小距离
笼形、分支笼形、角笼形及其他不定向天线	笼形、分支笼形、角笼形及其他不定向天线	$\lambda_{2max} = \lambda_{1max}$	$1.5\lambda_{1max}$
		$\lambda_{2max} = 0.5\lambda_{1max}$	$1.0\lambda_{1max}$
		$\lambda_{2max} = 2.0\lambda_{1max}$	$2.0\lambda_{1max}$
	电阻耦合鱼骨形、菱形、水平对数周期天线	任意值	$2.0\lambda_{1max}$
电阻耦合鱼骨形、水平对数周期天线	笼形、分支笼形、角笼形及其他不定向天线	任意值	$2.5\lambda_{1max}$
	电阻耦合鱼骨形、菱形、水平对称周期天线	任意值	$3.0\lambda_{1max}$
菱形天线	笼形、分支笼形、角笼形及其他不定向天线	任意值	$3.0\lambda_{1max}$ 一般不大于200 m
	电阻耦合鱼骨形、水平对称周期天线	任意值	$3.0\lambda_{1max}$ 一般不大于300 m
	菱形天线	任意值	$4.0\lambda_{1max}$ 一般不大于300 m

4.3.2　天线程式的选择

① 根据对天线增益的要求选择天线程式。为保证通信质量，应使接收点预期高频信噪比不低于通信业务要求的高频信噪比，在发射机功率确定的情况下，通过对天线增益的要求选择发射天线程式。

② 结合天线场地状况选择天线类型。当天线场地比较小或处于山地和丘陵地段时，远距

离通信线路可选用同程式的小型天线（如小菱形、小鱼骨、旋转对数周期天线等）；中、近距离通信线路可选用新型宽带天线，并采用倒 V 架设方式。

③ 按照组网成员分布状况选择天线类型。短波通信网络的组织应充分考虑天线辐射电波所覆盖的范围，采用区域组网方式。近程网采用全向天线，中程网采用弱方向性天线，远程网采用强方向性天线。

4.3.3 通信距离和接收点信噪比

在设计无线通信链路时，应根据系统设备指标，如发射机功率、发信天线增益、工作频率、电离层衰减（天波时）、地表衰耗（地波时）、空间衰耗、本地噪声、收信天线增益、接收机灵敏度、接收端所需的最低信噪比要求等，计算天线方位角、仰角与架设高度等架设参数。

① 接收点预期信号功率的计算。当把发射功率 P_t 以 dBm 为单位、发射天线增益 G_t 和接收天线增益 G_r 以 dBi 为单位（即以全向辐射器为基准的增益）、线路传输损耗 L_b 以 dB 为单位时，接收点可预期获得的信号功率 P_e 为：

$$P_e = P_t + G_t + G_r - L_b \quad (\text{dBm}) \tag{4.23}$$

② 接收点有效噪声功率的计算。设接收点的有效噪声功率 P_n 以 dBm/Hz 为单位，则

$$P_n = F_a + G_r - 174 \quad \text{dBm/Hz} \tag{4.24}$$

式中，F_a 为接收点的有效噪声系数。

③ 接收点预期高频信噪比的计算：

$$S/N = P_e - P_n = P_t + G_t - L_b - F_a + 174 \quad \text{dBm/Hz} \tag{4.25}$$

④ 通信大圆距离的计算。发射台和收信台间的地理距离称为大圆距离，地球上 A、B 两点之间进行短波通信（如图 4.26 所示），则大圆距离 D 的计算公式为：

$$D = 111.17d \tag{4.26}$$

$$\cos d = \sin x_1 \sin x_2 + \cos x_1 \cos x_2 \cos(y_1 - y_2) \tag{4.27}$$

式中：x_1 为发射端地理纬度（°），x_2 为接收端地理纬度（°），y_1 为发射端地理经度（°），y_2 为接收端地理经度（°），D 为收发两端之间的大圆距离（km），d 为收发两端之间大圆弧对应的地球中心夹角（°）。

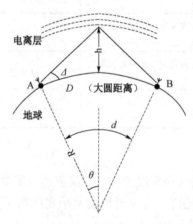

图 4.26 地球上 A、B 两点之间的短波通信

4.3.4 天线方位角、仰角与架高

1. 天线方位角的计算

通信两端点之间的方位角 b_1、b_2 的计算公式为：

$$\cos b_1 = (\sin x_2 - \sin x_1 \cos d)/\cos x_1 \sin d \tag{4.28}$$

$$\cos b_2 = (\sin x_1 - \sin x_2 \cos d)/\cos x_2 \sin d \tag{4.29}$$

式中：b_1 为发射端至接收端的方位角（°），b_2 为接收端至发射端的方位角（°），如图 4.27 所示。

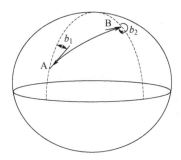

图 4.27 短波通信方位角

天线仰角 Δ 的计算公式为：

$$\tan \Delta = \frac{\beta - (1+\beta)(1-\cos\theta)}{(1+\beta)\sin\theta} \tag{4.30}$$

式中：$\beta = h/R =$ 电离层高度/地球半径，$\theta = \frac{d}{2} = \frac{D \times 360}{2\pi R \times 2}$，$D$ 为收发两端之间的大圆距离（km），d 为收发两端点之间大圆弧对应的地球中心夹角（°）。

地球半径 R 取 6 370 km，F2 层高度取 320 km，由式（4.30）得 F2 层采用一个折射区通信（一次反射）时的最佳仰角；E 层高度取 110 km，由式（4.30）得 E 层采用一个折射区通信（一次反射）时的最佳仰角。计算结果见表 4.8。

表 4.8 通信距离与最佳辐射仰角

通信距离/km	E 层一次反射最佳辐射仰角	F2 层一次反射最佳辐射仰角
100	65.6°	81.1°
200	47.7°	72.6°
300	36.3°	64.9°
400	28.8°	58.0°
500	23.7°	52.0°
600	20.1°	46.8°
700	17.4°	42.4°
800	15.4°	38.7°
900	13.7°	35.4°
1000	10.0°	29.7°
1 100	8.7°	27.1°
1 200	7.6°	24.8°

续表

通信距离/km	E 层一次反射最佳辐射仰角	F2 层一次反射最佳辐射仰角
1 300	6.6°	22.7°
1 400	5.7°	20.9°
1 500		19.2°
1 600		17.7°
1 700		16.3°
1 800		15.1°
1 900		13.9°
2 000		12.8°

2. 天线架高的计算

天线架设高度 H_a 的确定依据：天线垂直方向图主瓣一定要对准通信仰角 Δ。天线垂直方向图与天线的程式和工作波长有关，并且不同天线的关系不一样，这里我们给出水平对称振子天线的架高 H_a 和工作波长 λ_a 的关系式：

$$H_a = \frac{\lambda_a}{4\sin\Delta} \tag{4.31}$$

$$\lambda_a = \frac{c}{(f_{\max}+f_{\min})/2} = \frac{2\lambda_{\max}\lambda_{\min}}{\lambda_{\max}+\lambda_{\min}} \tag{4.32}$$

式中：Δ 为通信仰角；$f_{\max}$ 和 $f_{\min}$ 为天线垂直方向图主瓣对准通信仰角时的最大工作频率和最小工作频率，并且 $f_{\max}$ 和 $f_{\min}$ 应小于电离层反射的最高临界频率，$f_{\min}$ 应满足线路信噪比或信号增益要求，也可用此天线垂直方向图主瓣的 3 dB 带宽频率代替。

4.4 移动通信基站天线

4.4.1 基站天线分类

在移动通信系统中，基站天线的目标是使基站能与覆盖区域内的移动台建立通信联系。根据不同系统的覆盖需求，基站天线可分为全向天线、定向天线和智能天线等。

1. 全向天线

全向天线一般用于移动用户密度较低的区域，如市郊、农村等地区。它的水平方向图应是 360°，垂直面半功率波束宽度根据天线增益的不同可以是 13°或 65°。

全向天线，即在水平方向图上表现为 360°都均匀辐射，也就是平常所说的无方向性，而在垂直方向图上表现为有一定宽度的波束，一般情况下波瓣宽度越小，增益越大。全向天线在移动通信系统中一般应用于郊县大区制的站型，覆盖范围大。全向天线及其垂直方向图如图 4.28 所示。

2. 定向天线

定天线用于扇形小区，也常称为扇区天线。

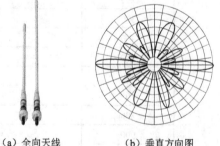

（a）全向天线　　（b）垂直方向图

图 4.28　全向天线及其垂直方向图

定向天线水平面半功率波束宽度一般有 32°、65°、90°、105° 和 120°，垂直面半功率宽度根据天线增益的不同有 34°、16° 和 8°。

定向扇形天线的辐射功率在较大程度上集中在其主瓣方向，即主瓣方向功率相对于全向天线更大，可以覆盖更远的距离。另外，定向天线的方向性更有利于控制天线的覆盖范围，减少对周围小区的影响。

定向天线在移动通信系统中一般应用于城区小区制的站型，覆盖范围小，用户密度大，频率利用率高。

下面简要介绍几种常见的定向天线：角反射器天线、板式天线和八木天线。

（1）角反射器天线

将半波偶极子置入一个由两块平板形成的角反射器中，便形成角反射器天线，如图 4.29（a）所示。这种天线的增益、波瓣宽度和辐射方向图等参数，与角反射器的夹角和半波偶极子的位置有关，如图 4.29（b）和（c）所示，可以通过调整辐射器的夹角来调整扇区的覆盖范围。

角反射器天线的辐射单元和反射器一般由高强度铝合金等抗腐蚀的材料制成。角反射器天线的前后比很大，适合于直放站等对隔离度要求比较高的场合。

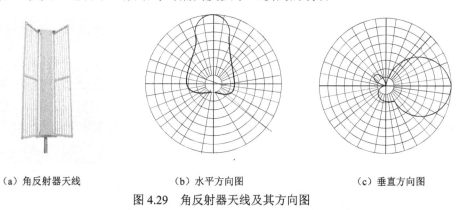

（a）角反射器天线　　　　（b）水平方向图　　　　（c）垂直方向图

图 4.29　角反射器天线及其方向图

（2）板式天线

板式天线可以看作一种特殊的角反射器天线，通过将角反射器展开为 180° 的平板，将偶极子天线置于天线中部来实现。板式天线的增益、波瓣宽度和辐射方向图等参数无法通过调整来更改。板式天线及其方向图如图 4.30 所示。

板式天线一般加耐腐蚀的天线罩，做成密闭的形式。

板式天线相对来说比较美观，安装比较方便，目前广泛应用于各种蜂窝网络的定向小区。

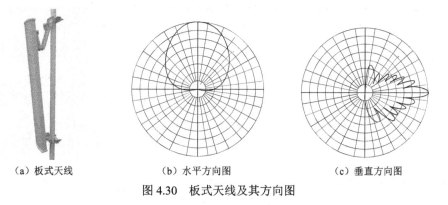

（a）板式天线　　　　（b）水平方向图　　　　（c）垂直方向图

图 4.30　板式天线及其方向图

（3）八木天线

八木天线也称为 Yagi 定向天线，由一个主振子、一个反射器和若干反向器组成，如图 4.31（a）所示。八木天线的增益与单元（引向器）数成正比，单元数越多，天线增益越高，波瓣越窄。八木天线的引向器和反射器单元都焊接在主杆上，可以避免由于运输、安装或维护的影响出现未对准的问题。八木天线的方向性很强，可用在对反射方向要求很严的区域（如电梯中），也可以做直放站中的施主天线，其方向图如图 4.31（b）（c）所示。

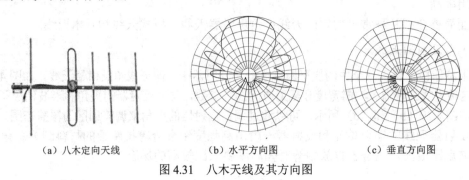

（a）八木定向天线　　　（b）水平方向图　　　（c）垂直方向图

图 4.31　八木天线及其方向图

（4）双极化天线

双极化天线是一种新型天线，它组合了+45°和-45°极化方向相互正交的两副天线且同时工作在收发双工模式下，因此其最突出的优点是节省单个定向基站的天线数量。一般 GSM 数字移动通信网的定向基站（三扇区）要使用 9 根天线，每个扇形使用 3 根天线（空间分集，一发两收），如果使用双极化天线，每个扇形只需要 1 根天线。同时由于在双极化天线中，±45°的极化正交性可以保证 45°和-45°两副天线之间的隔离度满足互调对天线间隔离度的要求（≥30 dB），因此双极化天线之间的空间间隔仅需 20～30 cm。另外，双极化天线具有电调天线的优点，在移动通信网中使用双极化天线同电调天线一样，可以降低呼损，减小干扰，提高全网的服务质量。如果使用双极化天线，由于双极化天线对架设安装要求不高，不需要征地建塔，只需架一根直径 20 cm 的铁柱，将双极化天线按相应覆盖方向固定在铁柱上即可，从而节省基建投资，同时使基站布局更加合理，基站站址的选定更加容易。

3. 智能天线

智能天线是将具有相同极化特性、相同增益的天线阵元，按一定方式排列构成的天线阵列。智能天线在军事领域已经获得了比较广泛的应用，并逐渐应用到民用领域。随着移动通信技术的发展，智能天线在移动通信领域也得到了越来越广泛的应用。

智能天线根据其工作原理，可分为波束转换天线和自适应阵列天线两种。

（1）波束转换天线

波束转换天线的波束有限且固定，其方向图预先已经定义好，如图 4.32 所示。波束转换天线根据接收的功率，从几个预定义的波束中选择一个向移动台发送信号，同时周期性地检测天线阵列中各单元，以确定提供最佳性能。与传统天线相比，波束转换天线通过提高特定方向上的灵敏度（如图 4.33 所示），可以提高通信质量和系统容量，同时具有更好的方向性和一些增益。

但是，由于波束方向固定，波束转换天线不能随用户位置的变化而调整，对性能的改善有限。当用户位于波束边缘,而干扰位于波束中间时,干扰的增益大于有用信号,此时通信质量不好。

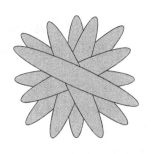

图 4.32 波束转换天线的方向图

图 4.33 自适应天线和传统天线方向图的比较

（2）自适应阵列天线

自适应阵列天线利用基带数字信号处理技术,产生空间定向波束,使天线最大增益点对准用户到达方向,旁瓣对准干扰信号到达方向,从而给有用信号带来最大增益,有效减小多径效应带来的影响,同时达到对干扰信号抑制甚至删除的目的。

自适应天线通过 DOA 算法（波达方向）确定干扰方向,通过调整波束方向来尽量减少干扰,可以看作一个空域和时域的滤波器,改变了传统天线仅在时域上的滤波。

4.4.2 基站天线的选择

1. 天线选择的参数要求

① 天线增益要高,即天线水平面的辐射能力要强,必须设法压缩天线垂直面的辐射特性,减小垂直面的波瓣宽度。基站天线增益常以半波振子的增益为标准。

② 方向性图要满足设计要求,能使基站覆盖整个服务区。工程中常使天线辐射体中心距铁塔（3/4）λ 以上长度,这时可使全向天线图的圆性变好,或使定向性天线获得理想的方向性。

③ 频带宽。基站天线均应要求能在宽频带范围内工作,能实现收发共用。例如,全向基站天线频带宽度为 870～970 MHz,该天线可实现收发共用。这样,四根天线的分配由过去的两收两发变为四收四发,大大提高了移动手机的接通率和话音质量,增大了服务区。

④ 机械特性好。基站天线往往安装于铁塔顶或塔侧某处,因此,天线结构应具有较好的机械强度,能够抵抗风、冰凌、雨雪等的影响。为了提高防雷能力,天线系统必须有较好的防雷接地系统。

2. 城区基站天线选择

城区基站密度较高,站距一般为 500～1 000 m,为合理覆盖基站周围 500 m 左右的范围,选择基站天线时应考虑以下几方面:

① 为减少干扰,应选用水平半功率角接近于 60° 的天线。这样的天线所构成的辐射方向图接近于理想的三叶草形蜂窝结构,与网络适配性较好,有助于控制越区切换。

② 城区基站一般不要求大范围覆盖,而更注重覆盖的深度。由于中等增益天线的有效垂直波束比高增益天线宽,覆盖半径内有效的深度覆盖范围较大,可以改善室内覆盖效果,所

以选用中等增益天线较好。

③ 由于城区基站天线安装空间往往有限。采用±45°极化方式的天线较为可行，并且由于±45°为正交极化，有效保证了分集接收的良好效果。

④ 在不采用分层网的情况下，同一基站密度区域内，各基站天线有效挂高应该大致相等；基站越密，天线有效挂高应该越低。城区新建站天线高度为 30 m 左右，非城区新站天线高度为 50 m 左右。

⑤ 密集城区基站的站距往往只有 400～600 m，在使用水平半功率角为 65°的 15 dBi 双极化天线，且在天线有效挂高为 35 m 的情况下，天线下倾角可能设置在 14.0°～11.5°之间。此时，如果单纯采用机械下倾的方式，倾角过大将引起水平波束变宽，干扰增大，同时上副瓣也会引入较大干扰；而采用电子式倾角天线，则可以较好地解决波形畸变的问题，产生的干扰相对较小。所以，密集城区基站选用电调下倾的水平半功率角为 65°左右的中等增益双极化天线较为合适。

3．室内基站天线

对于大型的购物中心、办公楼、医院、娱乐中心，通常室内结构复杂、有一定话务需求，直接通过室外覆盖损耗较大，易造成室内信号弱、覆盖不均匀、容量不足的问题，建议采用信号源加室内分布系统方式分布，天线可选用室内吸顶天线（如图 4.34 所示）、壁挂天线等小增益天线。

此外，考虑到分集及不同系统天线共址问题，同一小区分集接收天线间距应大于 3 m，全向天线水平间距应大于 4 m，定向天线水平隔离间距应大于 2.5 m，不同平台天线垂直隔离间距应大于 1 m。

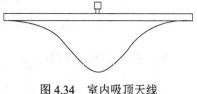

图 4.34　室内吸顶天线

4.4.3　基站天线的架设与安装

1．天线的架设方式

目前，移动通信基站天线采用的室外天线架设方式主要有下列几种：

① 支撑杆方式。支撑杆（见图 4.35）也叫桅杆，有 4 m、6 m、8 m、10 m 等不同长度，使用 6 m 支撑杆的较多。其主要特点是天线架设占用地方小，位置选择灵活，安装简单容易，维修调试方便。约一半以上的基站采用支撑杆方式。

图 4.35　通信支撑杆

② 屋顶塔方式。屋顶塔为安装于建筑物上面的铁塔，高度在 10～25 m 之间，有一层至三层的平台，如图 4.36 所示。其特点是结构稳固，适于安装各种不同类型的天线。在建筑物高度不够时，多采用这种架设方式。

③ 增高架方式。增高架与屋顶塔类似，但结构较为简单，一般由三根或四根直立铁杆加上连接件构成，没有平台，相当于几根较长的支撑杆安放在一起并互相连接的结构。增高架的高度一般在 8～15 m 之间，是一种介于屋顶塔与支撑杆之间的天线架设方式。

④ 落地通信杆方式。落地通信杆由三至五节高强度铁管连接而成，直接安装于地面钢筋混凝土基础上，如图 4.37 所示，其高度在 20～50 m 之间。其特点是占地面积小，且可具有较高的高度，在郊区或农村用得较多；但投资成本大，且天线的调试维修较为困难，需要进行高空作业。

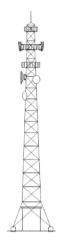

图 4.36　屋顶塔

⑤ 落地铁塔方式。落地铁塔是安装于地面或机房（为一层或二层）上面的铁塔，如图 4.38 所示，其高度在 20～50 m 之间，既可提供较高的天线高度，也可安装各种不同类型的天线，适合于在郊区和农村使用。

图 4.37　落地通信杆　　　　图 4.38　通信落地铁塔

⑥ 其他方式。根据实际情况也可采取特殊架设方式，如天线直接安装于建筑物外墙或悬挂于窗户旁等。

2. 天线架设原则

① 天线尽可能架设到高处，使电波传播距离增加。

② 架设天线要避开周围障碍物，力求做到在通信方向上无阻挡。使输电线铁塔等小障碍物离开天线一定的距离，最好不要位于通信方向上；对于高地的陡峭斜坡、金属、石头和钢筋混凝土建筑等大障碍物，则要求离开天线的距离越远越好。

③ 在多雷电地区，要装置避雷针。装置的避雷针在条件允许时应尽量离天线远一些，以免影响天线方向性，并高于天线，且保护角应小于 45°（即避雷针顶点与天线顶点的连线同避雷针的夹角小于 45°）。避雷针一定要连接大地（接地电阻越小越好），通信设备电源的地线也应接地。

4.4.4 基站天线的优化

1. 天线高度的调整

天线高度直接与基站的覆盖范围有关。基站无线信号所能达到的最远距离（即基站的覆盖范围）是由天线高度决定的。GSM网络在建设初期，站点较少，为了保证覆盖，基站天线一般架设得都较高。随着近几年移动通信的迅速发展，基站站点大量增多，在市区已经达到大约500 m左右一个站。在这种情况下，我们必须减小基站的覆盖范围，降低天线的高度，否则会严重影响我们的网络质量。

2. 天线俯仰角的调整

天线俯仰角的调整是网络优化中的一个非常重要的工作。选择合适的俯仰角，可以使天线至本小区边界的射线与天线至受干扰小区边界的射线之间处于天线垂直方向图中增益衰减变化最大的部分，从而使受干扰小区的同频和邻频干扰减至最小。另外，选择合适的覆盖范围，使基站实际覆盖范围与预期的设计范围相同，同时加强本覆盖区的信号强度。

在目前的移动通信网络中，由于基站站点的增多，使得我们在设计市区基站时，一般要求其覆盖范围为500 m左右，而根据移动通信天线的特性，如果不使天线有一定的俯仰角（或俯仰角偏小），则基站的覆盖范围是会远远大于500 m的，如此会造成基站实际覆盖范围比预期范围偏大，从而导致小区与小区之间交叉覆盖，相邻切换关系混乱，系统内频率干扰严重。如果天线的俯仰角偏大，则会造成基站实际覆盖范围比预期范围偏小，导致小区之间的信号盲区或弱区，同时易导致天线方向图形状的变化（如从鸭梨形变为纺锤形），从而造成严重的系统内干扰。因此，合理设置俯仰角是整个移动通信网络质量的基本保证。

3. 天线方位角的调整

天线方位角的调整对移动通信的网络质量也非常重要。一方面，准确的方位角能保证基站的实际覆盖与所预期的相同，保证整个网络的运行质量；另一方面，依据话务量或网络存在的具体情况对方位角进行适当的调整，可以更好地优化现有的移动通信网络。

根据理想的蜂窝移动通信模型，一个小区的交界处，信号相对互补。与此相对应，在GSM系统中，定向站一般被分为三个小区，即：

- ▶ A小区：方位角为0°，天线指向正北；
- ▶ B小区：方位角为120°，天线指向东南；
- ▶ C小区：方位角为240°，天线指向西南。

在GSM建设及规划中，我们一般严格按照上述的规定对天线的方位角进行安装及调整，这也是天线安装的重要标准之一。如果方位角设置与此存在偏差，则易导致基站的实际覆盖与所设计的不相符，导致基站的覆盖范围不合理，从而导致一些意想不到的同频和邻频干扰。

但在实际的GSM网络中，一方面，由于地形的原因，如大楼、高山、水面等，往往引起信号的折射或反射，从而导致实际覆盖与理想模型存在较大的出入，造成一些区域信号较强，一些区域信号较弱，这时我们可根据网络的实际情况，对相应天线的方位角进行适当的调整，以保证信号较弱区域的信号强度，达到网络优化的目的；另一方面，由于实际存在的人口密度不同，导致各天线所对应小区的话务量不均衡，这时我们可通过调整天线的方位角，达到均衡话务量的目的。当然，在一般情况下我们并不赞成对天线的方位角进行调整，因为这样可能会造成一定程度的系统内干扰。但在某些特殊情况下，如当地紧急会议或大型公众活动等，导致某些小区话务量特别集中，这时我们可临时对天线的方位角进行调整，以达到均衡话务量，优化网络的目的。另外，针对郊区某些信号盲区或弱区，我们也可通过调整天线的方位角达到优化网络的目的，这时我们应辅以场强测试车对周围信号进行测试，以保证网络的运行质量。

4.5 卫星面天线

4.5.1 卫星面天线概述

面天线一般应用于雷达、卫星通信、微波通信、导航等，几种常用的面天线如图 4.39 所示。其中，喇叭天线为弱方向性天线，一般作为反射面天线的馈源；抛物面天线为强方向性天线，一般由"馈源+反射面"组成，其常用馈源有喇叭天线、对称振子、八木天线等，常见的反射面有旋转抛物锥面、抛物柱面、切割抛物锥面等。本节主要讨论常用的卫星通信面天线。

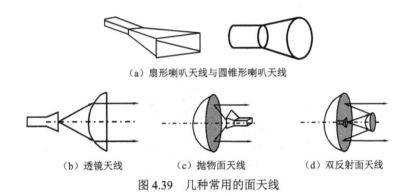

(a) 扇形喇叭天线与圆锥形喇叭天线

(b) 透镜天线　　(c) 抛物面天线　　(d) 双反射面天线

图 4.39　几种常用的面天线

1. 卫星面天线分类

① 以天线面的制造成型方式来分。
- 整体成型天线——整个天线的抛物面直接冲压或旋压而成，天线面没有机械连接结构，加工精度高，接收效率高。缺点是价格较高，运输不易，主要用于 1.5 m 以下的小口径天线。
- 拼板天线——天线的抛物面由若干部分拼合而成，在施工现场依靠机械连接形成完整的抛物面，加工精度比整体成型天线要低，主要用于 1.5 m 以上的大口径天线。

② 以馈源与天线聚焦位置分。
- 正焦天线——馈源安装于天线面的正前方焦点上，主要用于小口径高频段天线和卫星接收天线。
- 偏焦天线——馈源位于天线的前方非中心位置，主要用卫星接收天线。
- 卡塞格伦天线——馈源位于天线面的后方，天线面的前方安装反向体，主要用于口径在 3 m 以上馈源复杂的大型天线。

这三种卫星天线如图 4.40 所示，它们也是常用的卫星天线。

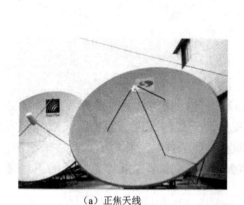
(a)正焦天线

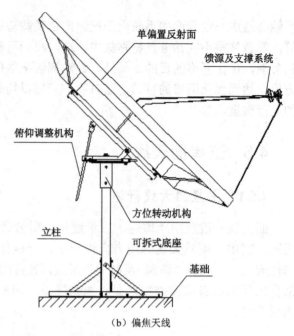
(b)偏焦天线

(c)卡塞格伦天线

图4.40 三种常用的卫星天线

③ 以天线面的制造材料分。
- 铝制天线——天线面使用金属铝材制造,适用天线的口径范围宽,抗老化,耐腐蚀,成本高,重量轻。铝材是目前制造天线的主要材料。
- 玻璃钢天线——天线面使用高分子材料加金属镀层,成本低,精度高,主要用于小口径的高频段接收天线。
- 金属网状天线——天线面为一金属丝网,抗风能力强,但精度低,寿命短,主要用于特殊的场合。

④ 按天线的驱动方式分。
- 电动天线——天线的方位角、仰角调整通过电动机构来实现,主要用于大型、需经常变更接收卫星或进行卫星跟踪的场合。
- 手动天线——天线的方位角、仰角调整通过手工调整天线的机械结构来实现,主要用于3m下的小型接收天线。
- 极轴天线——天线的方位角、仰角在一定范围内的调整通过一套极轴机构来实现对静止卫星的跟踪,精度较高,主要用于经常变更接收卫星的1.8~3 m的天线。

2. 卫星接收天线的方位角、仰角和极化角

方位角、仰角和极化角是卫星天线安装的主要参数，接收天线调整定位是否准确到位，直接影响到了卫星信号的接收质量。

① 方位角（A）：从接收点到卫星的视线，在地面上的投影线，与从接收点的正北方向开始顺时针方向转至这条投影线的角度，称为卫星接收天线的方位角，如图4.41所示。实际使用时，还应考虑当地的磁偏角数值。

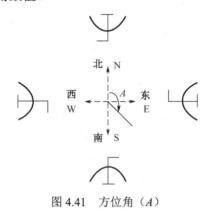

图 4.41　方位角（A）

② 仰角（E）：如图 4.42 所示，从接收点仰望卫星的视线与水平线所构成的夹角就是仰角。仰角的调整最好是用量角器加上一个重垂线（垂针）做成的仰角调整专用工具进行。

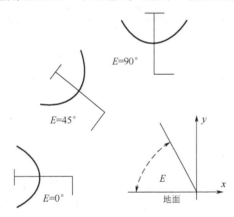

图 4.42　仰角（E）

需要注意的是：方位角和仰角的调整顺序是先调整好仰角，再调整方位角。

③ 馈源极化角（P）：若以卫星接收点的地平面为基准，天线馈源（或极化器）矩形波导口窄边平行于地平面，则电场矢量平行于地平面，定义为水平极化；反之，馈源矩形波导口窄边垂直于地平面，定义为垂直极化。通俗地说，极化角就是高频头水平方式安装还是垂直方式安装的角度，如图4.43所示。

目前我国卫星发送的信号，大多是水平线极化和垂直线极化，若接收极化角调整不准确，就会产生极化不匹配，造成接收信号载噪比大大降低，严重时有明显干扰，甚至无法接收信号。另外，由于地球表面为球面形状，不同接收地点接收同一颗卫星的信号时，极化方向会略有改变。

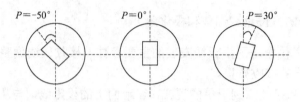

图 4.43 馈源极化角（P）

方位角、仰角和极化角的计算公式如下：

$$E = \arctan \frac{\cos(\phi_2 - \phi_1) \times \cos\beta - 0.15}{\sqrt{1 - [\cos(\phi_2 - \phi_1) \times \cos\beta]^2}} \tag{4.33}$$

$$A = \arctan \frac{\tan(\phi_2 - \phi_1)}{\sin\beta} \tag{4.34}$$

$$P = \arctan \frac{\sin(\phi_2 - \phi_1)}{\tan\beta} \tag{4.35}$$

式中：ϕ_1 为接收站地面经度（°），ϕ_2 为卫星的轨位经度（°），β 为接收站地面纬度（°）。

下面以北京市（东经 116°、北纬 40°）接收鑫诺 3 号卫星（轨位经度 40°）为例计算馈源极化角（P）、方位角（A）及俯仰角（E），计算过程如下：

$$P = \arctan^{-1} \frac{\sin(\phi_2 - \phi_1)}{\tan\beta} = \arctan \frac{\sin(125° - 116°)}{\tan 40°} \approx \arctan 0.1864 \approx 10.6°$$

$$A = \arctan \frac{\tan(\phi_2 - \phi_1)}{\sin\beta} = \arctan \frac{\tan(125° - 116°)}{\sin 40°} \approx \arctan 0.2464 \approx 13.8°$$

$$E = \arctan \frac{\cos(\phi_2 - \phi_1) \times \cos\beta - 0.15}{\sqrt{1 - [\cos(\phi_2 - \phi_1) \times \cos\beta]^2}} = \arctan \frac{\cos(125° - 116°) \times \cos 40° - 0.15}{\sqrt{1 - [\cos(125° - 116°) \times \cos 40°]^2}}$$

$$\approx \arctan \frac{0.6066}{\sqrt{0.4276}} = tg^{-1} 0.9277 = 42.9°$$

4.5.2 卫星抛物面天线的架设与调试

卫星天线的安装包括基础安装、天线安装、天线极化匹配调整、天线调试等。安装前，首先应根据接收天线的仰角和方位角到现场进行观测，要求在接收方向上有较开阔、空旷的视野。对于需要接收多颗卫星或打算今后接收将来发射的卫星，则还需留出足够的调整高度。

安装天线的场地应选择坚实的场所，尤其是口径大的天线，所要承受的风压大，应充分考虑安装地点应便于架设铁塔、钢架、水泥基座等天线支撑物，并保证长期稳定可靠。

1. 基础安装

当选择了一个卫星天线产品时，随产品附带有一份该产品的基础说明书，其中详细标注了天线预埋件及预埋地脚螺栓的尺寸和各种要求。在说明书中还有一张表格，其中列出了在不同风速下，天线各支撑点的最大拉力、压力及横向力。只需向建筑结构工程师提供这份基础说明书，他就可以设计一个符合天线要求的地基了。卫星天线既可以安装在地面上，也可以安装在建筑物的顶部,尤其是城市中的建筑物,多安装在屋顶。所以,卫星天线的基础分为两种:地面基础和屋面基础。

地面基础一般是由混凝土构成,在上面应预留固定天线所需的地脚螺栓。地基应能抵抗风荷所产生的倾覆力矩,要能够承受基础的压力,并具有一定的抗冻性。

至于屋面基础,在已经建成的建筑屋顶上,设置天线基础是比较复杂的。不能直接将天线固定在建筑屋顶上,一般按照天线各支撑点的几何尺寸设计一套钢筋混凝土梁或钢梁基墩,梁应支承载建筑物的栓子上或钢筋混凝土剪力墙或砖墙上。天线架设在梁上,梁通过基墩,将力传到柱子和墙上,使它承受天线传过来的拉力或压力。

天线基础方位的确定:由于卫星天线并不限于仅接收某一颗卫星的信号,要经常协调或改变,再加上卫星天线的方向转动范围是有限的,而且天线接收同步卫星范围为±90°之内。因此,为使卫星天线尽可能接收多颗卫星信号,一般将天线座架主轴线指向正南,即在基础施工中,要确定正北。

另外,不论是地面安装或屋顶安装,卫星天线一定要有防雷保护措施。

2. 天线安装

卫星天线基础建好后,就可以进行卫星天线安装了。常规的安装步骤如下:
① 固定卫星天线底座,将天线的底座安装在水泥基座上,要拧紧螺帽;
② 拼装反射面,不要使反射面变形,也不能划伤反射面;
③ 将底座和天线固定,将反射面和支架连接,并一起安装在底座立柱上,且要求上下左右调节自如、可靠;
④ 安装馈源支撑杆,将高频头、馈源安装到支撑杆上,并将它装到天线的中央或设计所要求的位置,根据作业面的大小和离地面的高度,可选择吊车吊装或搭脚手架等方法。

3. 天线方向和极化角的调整

首先由当地磁偏角年变值和参考年值(查表获得),计算当地当时的磁偏角(磁偏角=参考年值+年变值×年差);然后用罗盘(或指南针)确定地磁南极方向;最后用计算的磁偏角,修正地磁南极,得到正南方向(正南=地磁南极+磁偏角)。另外,因为天线座架的实际指向一般都对着正南方向,可直接以天线座架的指向为参考,进行天线调整。

天线方向的调试,具体地说就是根据事先算出的仰角和方位角调整天线的反向,使之对准所要接收的卫星,并接收到信号,这就是粗调。然后进行细调,使所收的信号最佳。粗调是基础,如何判断天线的仰角和方位角已调到事先所算出的角度上呢?下面介绍一个简易而有效的方法。

(1) 方位角的调整

天线安装好以后,将高频头有标牌的一面水平朝上,然后利用指南针找到正南方向,并在天线的立柱上做好正南的标记。同时,应了解要找的卫星方位角是正南的偏东或偏西多少度。然后找一个皮尺测量立柱的周长为多少厘米,再用360°除以它,得到每厘米为多少度。然后用方位角去除以每厘米对应的度数,也就是得到需要转动多少厘米,即可将天线转动到附近位置。

（2）仰角的调整

将计算出的仰角减去 20°的值（因为采用的不同天线误差在 19°～22°之间）。然后将指南针放置，细调仰角使指针为计算出的差值（误差在正负 1°之间），这一点是天线调试成败的关键。

下面介绍一种简单实用的方法——用量角器测仰角。

用一个尺寸稍大一点的量角器，稍做加工，即可制成一个方便实用的简易仰角测试器，不需做任何计算，仰角可直接随时读出。在量角器的圆心处小心地钻一个小孔，将一根细线固定在此，在细线的另一端系一小重物，仰角测试器就做好了。使用时将其直边垂直地靠在圆盘平面上，并使量角器刻有 0°的一端朝下。此时一边转动天线的仰角一边可以读出仰角值来。

（3）极化角的调整

在调整天线指向前，高频头馈源波导口极化角 P 预置方向应大致正确，待收到信号后再进行细调，一般只需根据经度差（经度差＝卫星所在经度－接收点经度）的正负，即可大致判断极化角正负，经度差为正时极化角也为正，经度差为负时极化角也为负；经度差绝对值越大极化角也越大。

极化角也可以利用发射信号或接收信号方式来调整。发射信号需要有监测站天线的协助，而接收信号方式则可以由自己完成。下面介绍接收信号方式。

首先，根据卫星地面站的地理位置和卫星的经度计算出当地的极化角，再根据所需工作的极化，把馈源网络调整到此角度附近。

然后利用接收机或频谱仪接收正交极化的卫星信标，若卫星信标是水平极化的，则工作接收的极化分式也是水平水平极化。可以用天线垂直接收端口接收卫星信标，微调天线极化角，直到收到的信号达到最小，就认为极化已经调好。

一般情况下，天线的极化角在天线入网时由卫星公司协助对准。如果不更换卫星就不再需要调整。

整个天线安装调试入网后，天线头作为一个整体，所有的可调处全部锁紧或焊死，用户一律不许乱动。

4．高频头的安装与调整

高频头的安装较为简单，将高频头的输入波导口与馈源或极化器输出波导口对齐，中间加密封橡胶垫圈，并用螺钉固紧。高频头的输出端与中频电缆线端头拧紧，并敷上防水粘胶或橡皮防水套；加钢制防水保护管套，效果更理想。

特别提示：要准确、有效地接收到卫星信号，最重要的工作就是卫星天线的对星与对焦。实际中，人们往往只注重卫星天线的对星而忽视了对焦。事实上，天线的对焦与对星同等重要，甚至更为重要：当馈源口与焦点位置稍有偏离时，馈入信号将会大大减小。因此，必须重视卫星天线的对焦工作，要准确地将馈源口调整到抛物面天线的焦点位置。

5．防雷保护

在城镇地区，小型天线在地面安装且处在附近建筑物的避雷保护范围之内时，可不设避雷针。

若天线安装在空旷地区的地面或山头上，应设置避雷系统（如避雷针）防雷，保护人身和设备安全。防雷系统接地电阻一般要求不大于 10 Ω，接地线应独立走线，不允许接地线与其他地线共用。

若天线安装在建筑物楼顶上，一般用避雷针防雷，天线应置于避雷针尖 45°夹角保护伞内，并将天线的避雷线与建筑物的防雷网连接起来。

6. 天线的使用与维修

天线是室外设备，长年受到风吹、日晒、雨淋等自然条件的影响。设备的寿命长短与正确的使用和维修关系很大，及时、高质量的维护和维修是延长设备使用寿命的重要环节，因此必须给予足够的重视。在使用手册中有详细的使用方法和维护步骤，这里不做过多的赘述。只有两点需要特别指出：

第一，及时应对恶劣天气和极端情况。为避免发生问题，在雨季来临之前及时对接头电缆做防水处理；做好防雷测试并对线路与接头进行检查，排除事故隐患；提前检查馈源防尘、防雨罩；通过测量卫星天线的接地电阻来确定天线的防雷电性能，达到国家标准规定的天线防雷系统的接地电阻不得大于 4 Ω 的要求。当出现冻雨（即雨加雪）天气时，由于地表温度低，空中落下的雨迅速形成冰凝结在天线表面上，形成新的反射面，使抛物面天线焦点发生变化，导致天线接收信号的信噪比大幅下降，出现接收信号质量差甚至接收不到信号的现象，因此需要及时清除天线表面积雪。

第二，在为方位、俯仰丝杠及各个转轴部位加油时，一定要加注二硫化钼润滑剂。二硫化钼是辉钼矿的主要成分、棕黑色固体，其化学式为 MoS_2，熔点为 1185℃，密度为 4.80 g/cm^3（14℃），莫氏硬度为 1.0～1.5。二硫化钼不溶于水，只溶于王水和煮沸的浓硫酸。二硫化钼是重要的固体润滑剂，特别适用于高温高压、高转速、高负荷、有化学腐蚀的条件下，对设备有优异的润滑作用，是天线维护的首选。

4.6 馈线的选用和架设

4.6.1 馈线的概念

把高频电能从发射机送到发射天线或从接收天线送到接收机的传输线，叫作高频馈线，简称馈线。用于通信的馈线一般分为两大类：架空明馈线和高频电缆馈线。

1. 架空明馈线

架空明线是在电杆上架一对或多对明导线。一对导线构成一个电信道，线间电压或线内电流的变化状态近似于光速向前传送，这样就可以把电信号高速地从一地传送到另一地。

在架空明导线中传送电流时，由于集肤效应，会导致交流电阻随着信号频率增高而增大。另外，集肤效应使导线中心处几乎无电流流过，我们利用它把导线中心用比较便宜的金属制成，所以现在的架空明线普遍用双金属导线，如铜包钢天线明馈线。

常用的架空明馈线有平行双线、边联四线、交叉四线等。架空明馈线的优点是传输损耗小、结构简单、架设方便、成本低，缺点是存在辐射损耗、占地面积大。它一般主要用于短波、超短波通信，其结构尺寸和特性参数如表 4.9 所示。

表 4.9 常用短波明馈线的结构尺寸和特性参数

明馈线名称	馈线结构	几何尺寸典型值	特性阻抗	衰减（30MHz）	最大允许功率
平行双线		$\begin{cases} d=4.0 \text{ mm} \\ D=300 \text{ mm} \end{cases}$	600 Ω	0.00028 dB/m	60 kW
边联四线		$\begin{cases} d=4.0 \text{ mm} \\ D_1=250 \text{ mm} \\ D_2=400 \text{ mm} \end{cases}$	300 Ω	0.00076 dB/m	105 kW

2. 高频电缆馈线

典型的同轴电缆中心有一根单芯铜导线，铜导线外面是绝缘层，绝缘层的外面有一层导电金属层，该金属层可以是密集型的，也可以是网状型的。金属层用来屏蔽电磁干扰和防止辐射。电缆的最外层又包一层绝缘材料。因制作工艺和材料的不同，同轴电缆有许多型号。作为天线馈电使用的电缆，均是高频（又称射频）同轴电缆。

高频同轴电缆通常选用 50 Ω 的 SYV 型或 SYWY 型同轴电缆，其中 SYWY 表示物理发泡聚乙烯绝缘聚乙烯护套同轴射频电缆，其结构尺寸与特性参数如表 4.10 所示。

表 4.10 SYWY 同轴射频电缆的结构尺寸与特性参数

电缆型号（规格）	内导体直径/mm	电缆外径/mm	衰减（30MHz）	额定（30MHz）/kW	质量/（kg/m）
SYWY-50-6（1/4″）	2.4	10	0.023 dB/m	3.30	0.138
SYWY-50-9（3/8″）	3.1	11.2	0.0186 dB/m	4.14	0.19
SYWY-50-13（1/2″）	4.6	15.9	0.0121 dB/m	6.31	0.25
SYWY-50-18（5/8″）	7.0	22	0.0084 dB/m	9.57	0.503
SYWY-50-23（7/8″）	9.0	27.6	0.00646 dB/m	14.1	0.54
SYWY-50-34（1-1/4″）	13.1	39.4	0.00448 dB/m	22	0.98
SYWY-50-44（1-5/8″）	17.3	50.1	0.00362 dB/m	30.4	1.47

高频电缆馈线既可用吊索挂在杆上，又可埋没在地下，不存在辐射或接收电磁波的问题，但因它比明馈线的传输损耗大、结构复杂、造价高，不宜用于较远距离的传输。

4.6.2 馈线的特性、指标与选用原则

1. 馈线基本特性及常用指标

（1）馈线基本特性

馈线的基本特性通常用它的一次分布参数和二次分布参数表示。一次分布参数指馈线单位长度的分布电阻 R、电感 L、漏电导 G 和电容 C，二次参数指馈线的特性阻抗 Z、衰减常数 β、相移常数 α 和传输常数 γ 等。其中：

当 $R \gg \omega L$、$G \gg \omega C$ 时，为低频传输线，分布电感、电容可忽略。

当 $R \ll \omega L$、$G \ll \omega C$ 时，为高频传输线，线路电阻可忽略，近似无耗。

（2）馈线特性阻抗

传输线的特性阻抗 Z 为其上传输高频信号的电压和电流的比值，不是直流电压与电流的比值（直流阻抗）。特性阻抗与馈线的分布电阻 R、电感 L、漏电导 G 和电容 C 组合后的综合值有关，它是由导体尺寸、导体间的距离以及电缆绝缘材料特性等物理参数所决定的。

特性阻抗的测量单位为 Ω。测量特性阻抗时，可在馈线的另一端用特性阻抗的等值电阻终接，但其测量结果与输入信号的频率有关。在高频段频率不断提高时，特性阻抗会渐近于固定值。例如，同轴线将会是 50 Ω 或 75 Ω。所以，一般要求馈线的特性阻抗 Z 要与设备、天线相匹配。

（3）馈线的衰耗

常用的馈线都有一定的损耗，不同馈线的损耗是不同的，短波明馈线与射频电缆相比，其损耗相对小，特别适合远距离馈电；但其缺点是：不但存在集肤效应，而且占地面积大、架设困难。

2．馈线的选用原则

① 阻抗匹配。馈线特性阻抗要符合设备和天线的要求，即完全匹配；若不能满足，应加阻抗变换器。

② 传输损耗小。为保障通信系统有效工作，通常要求：整条发信馈线的衰耗≤1.5 dB，整条收信馈线的衰耗≤6 dB。

③ 传输效率高。为提高馈线的传输效率，应选用衰耗小的馈线，使馈线尽可能工作于行波状态，即所谓"馈线宁短勿长"。对大中型收发信集中台站，要求传输效率大于 75%。

④ 集肤效应低。为提高接收的信噪比，应选用集肤效应低的收信馈线。

⑤ 承载功率大。发射馈线应能承受一定的承载功率，特别是发信馈线，其允许的最大功率应大于发射机额定功率的 2 倍以上。

4.6.3 明馈线的架设

双线明馈线在馈线杆上的安装方式有吊挂式和支撑式。图 4.44 所示是应用棒形绝缘子吊挂平行双线的架设方式（吊挂式），图 4.45 所示是应用单导线馈线绝缘子支撑平行双线的架设方式（支撑式）。

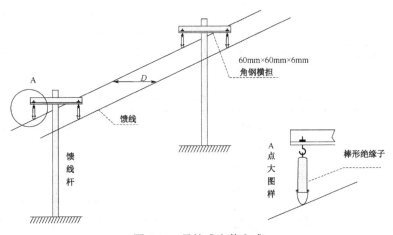

图 4.44 吊挂式安装方式

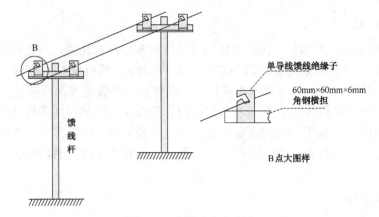

图 4.45 支撑式安装方式

明馈线的架设首先要选择馈线杆材质和高度，其次设计馈线杆路，然后才能架设馈线。馈线杆通常采用木杆、水泥杆或钢管杆。架设馈线杆的主要工艺要求（针对明馈线而言）如下：

① 馈线杆间距：馈线杆间距应符合表 4.11 所示的要求，且在整条杆路上间距应依次变化，如 26m、28m、30m、32m、35m、33m、31m、29m、27m、28m 等。

② 馈线杆高度：馈线杆高度应能保证从馈线最低点到地面、路面、屋顶等的间距不小于表 4.12 所示的规定。当天线场地种有高秆农作物时，馈线最低点距离作物顶点应大于 1 m。相邻发信馈线杆路之间的距离应大于杆高，且尽量不要平行。当相邻收信馈线杆路相互平行时，其馈线杆中心轴之间的水平距离应大于杆高。

表 4.11 馈线杆间距

馈线 名称	馈线杆间距/m
导线为 Φ4.0 mm 平行双线或边联四线	35±5
导线为 Φ1.5~2.0 mm 交叉四线	20±3

表 4.12 馈线导线最低点到地面、路面、屋顶等之间的最小距离

序号	距离馈线的物体名称	最小距离/m	
		发馈线	收馈线
1	天线场地地面	3.5	3.5
2	工作区（技术区）路面	4.5	4.5
3	工作区以外的公路及通卡车道路路面	5.5	5.5
4	工作区以外的不通卡车的乡村大路路面	5.0	5.0
5	铁路轨道	7.5	7.5
6	屋顶	2.0	1.5

③ 馈线与其他物体的间距：馈线杆高度及位置应能保证馈线到其他物体的间距不小于表 4.13 所示的规定。

表 4.13 馈线导线到其他物体之间的最小距离

序号	距离馈线的物体名称	最小距离/m	
		发馈线	收馈线
1	树枝或灌木丛	2.0	2.0
2	馈线木杆	0.4	0.1
3	馈线金属杆	0.75	0.75
4	馈线水泥杆	0.75	0.5
5	天线杆木杆、金属杆或铁塔边缘	1.0	0.6

续表

序号	距离馈线的物体名称	最小距离/m	
		发馈线	收馈线
6	天线杆拉线	0.75	0.5
7	建筑物的墙壁	0.8	0.25

④ 明馈线转弯:同一条馈线杆路应尽量取直。需转弯时,转弯杆路内夹角应不小于表4.14所示的规定。

图4.46所示为平行双线采用直接式转弯的结构及架设方式。该方式的特点是通过转角杆将水平面内的平行双线转成垂直面内的平行双线并实现转弯。当转弯内夹角超过120°(或135°)时,只用1个转角杆,如图4.46(a)所示;当转弯内夹角不能满足要求时,需要两个转角杆,如图4.46(b)所示。

表4.14 转弯杆路夹角

杆 路 类 型	最小内夹角	极限内夹角
发信馈线杆路	120°	90°
收信馈线杆路	135°~160°	120°

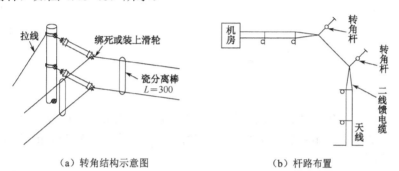

(a) 转角结构示意图　　(b) 杆路布置

图4.46 二线单路转角方法

当馈线需相互跨越时,发信馈线间的最小距离应大于0.75 m,收信馈线间的最小距离应大于0.4 m。

⑤ 明馈线通过阻抗变换器改接射频电缆后引入机房:明馈线可以通过阻抗变换器改接射频电缆后引入机房,图4.47所示为通过600 Ω/50 Ω阻抗变换器改接同轴射频电缆后埋地引入机房的连接方式。另外,射频电缆引入机房时,必须安装电缆避雷器。

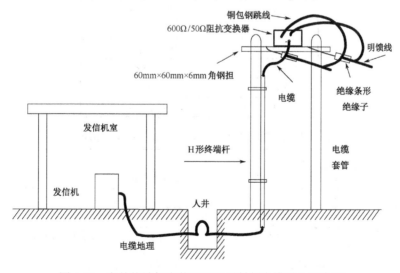

图4.47 室外终端杆安装匹配器后射频电缆引入示意图

4.6.4 射频电缆安装

同轴射频电缆的安装分空中架设、真理敷设和管道敷设三种。

1. 电缆空中架设

电缆空中架设如图 4.48 所示,主要包括:吊线的架设,滑轮和拉绳的安装,电缆的架设,电缆垂度的调整等。

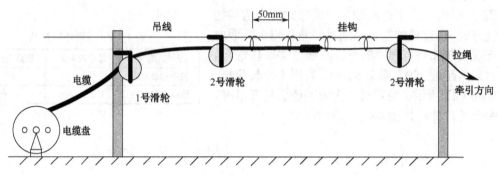

图 4.48 电缆空中架设

(1) 吊线的架设

吊线是用来挂设同轴电缆的,因此吊线的架设是对于圆形同轴电缆而言的。吊线的选择要根据跨度和同轴电缆的粗细和数量而定,一般情况下主干线用 7×2.0mm 的吊线,支干线可用 7×1.8mm 的吊线。

在支持杆上固定好夹板以后就可以进行吊线的架设。吊线的架设高度一般在不影响线杆质量的情况下,应尽量使吊线与地面距离远一些。跨越一般道路时高度不低于 6 m,跨越主要公路和较宽街道路口时不低于 6.5 m,跨越铁路时不低于 7.5 m。架设吊线穿越公路时,应设置警示标志,并安排警戒人员,以免发生意外事故。吊线与各种线路平行、交越时需保持的净距如表 4.15 和表 4.16 所示。

表 4.15 架空电缆与其他设施的最小水平净距

名　称	最小水平净距
铁道	1.0 m
人行道	地面杆高的 4/3
市区树木	1.25 m
郊区林树木	2.0 m
通信杆	地面杆高的 4/3

表 4.16 架空电缆与其他设施的最小垂直净距

名　称	平 行 时		交 越 时	
	垂直净距/m	备　注	垂直净距/m	备　注
街道	4.5		5.5	
胡同	4.0		5.0	
铁路	3.0	最低线缆到地面	7.5	最低线缆到地面
公路	3.0		5.5	
土路	3.0		4.5	

续表

名　　称	平　行　时		交　越　时	
	垂直净距/m	备　注	垂直净距/m	备　注
房屋建筑			1.5	最低线缆距平顶
河流			1.0	最低线缆距最高水位时最高桅杆
市区树木			1.5	最低线缆到树枝顶
郊区农村树木			1.5	最低线缆到树枝顶
通信线路			0.6	一方最低线缆到另一方最高线缆

注：吊线与电力线交越时需加装护套和保护标志，护套长度要宽于电力线宽度，并且要符合耐压要求。

（2）滑轮和拉绳的安装

为保证电缆不出现 90° 硬弯，在架设电缆时，应在适当位置安装滑轮，一般 1 号滑轮安装在近靠电缆盘的杆上，2 号滑轮安装在吊线上，每隔适当距离再安装多个 2 号滑轮。在电缆上安装拉绳时，要用 Φ2.0mm 镀锌铁线扎好电缆和拉绳，参见图 4.48。

（3）电缆的架设

将牵引拉绳（钢缆）在滑轮上顺次通过，于拉绳的终端部位进行牵引。

拉绳在架设区间全部通过之后再在终端牵引拉绳。牵引时可用绞车，绞车应均匀速度牵引；若需要用人力牵引时，必须注意的是牵引张力及速度应尽量均匀。

牵引时，应在送出点和中间适当的区间（特别是转弯杆、公路、横跨铁路部位以及其他有障碍物的场所）及牵引点处，配备施工联络信号人员、监视人员等，经常用信号联络，不要出现不利于牵引的情况。

通常，牵引时用 20/min 以内的速度，而且要圆滑进行，特别是人力牵引时更要注意。

电缆盘送出点，除信号联络人员以外，要配备操作者，负责调整电缆盘的旋转，并适当地制动，要使牵引中的电缆在各支持间不出现较大的松弛。

在转弯杆中间部位用人力拉引放缆，要注意拉力不能过大，应保持一定张力。

施工信号及联络等，应采用步话机进行。

在行人车辆较多的道路横跨部位，以及其他架设时担心有障碍的地方，要配备监视信号人员，注意安全。

当电缆的前端到达架设区间的终端杆时，牵引到留有必要长度的余量，约 12 m 以上，才能卸掉滑轮，然后把电缆固定在支持杆上。

（4）电缆垂度的调整

电缆的垂度根据电缆外径（包含支持线的外径）、电缆的重量、跨度、吊线的强度等条件，来选择适当的垂度，一般垂度最大不超过 50 cm。垂度是否符合要求，可用人工方法检查：在气温 20° 时用绳子搭在吊线上，用 60 kg 拉力向下拉时，下垂小于 50 cm 即为合格。

2. 射频电缆直埋敷设

直埋法是一种简单、廉价的方法，即在土中挖掘一个沟，直接埋设；但为避免在以后挖掘时，受到其他外来伤害，一般在电缆旁边驻一石槽以保护之，像半土管的方式，将电缆置于此半土管中，四周以沙土充填，在半土管上盖以瓦或铁板。

若在道路上铺设，恐为车辆压坏，其埋藏深度应在 1.2 m 以上。若在一沟中埋两个以上电缆，为防止相互传热及一线发生故障时不涉及它线的危险，两线水平距离应在 30 cm 以上。若电缆埋设超过一层，则两层的距离应为 30~45 cm，两者之间填以沙土。当地中埋有其他通信电缆、水道、天然气管时，必须相互隔离，低电流电缆应隔离 30 cm，高电压电缆和低电压电缆应以坚固耐火材料隔离 30 cm 以上。

用真理法铺设电缆，其优点是容易将电缆中产生的热量散失，并可避免电缆破坏。

近来对直埋法也提出了一些改进措施，像图 4.49 所示的组装式水泥槽盒法，它和通常的直埋法相比有以下优点：

① 埋藏只有 0.4 m，避开自来水管和排水管，施工方便；
② 挖掘土方量小，工期缩短，投资少；
③ 可避免外界挖掘损伤，降低事故率，提高运行的安全可靠性；
④ 事故检查和修理只需打开盖板，操作简便。

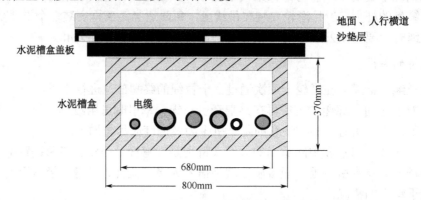

图 4.49　组装式水泥槽盒法敷设截面图

3．电缆的管道敷设

常用电缆管道有水泥管道、PVC 塑料管道、钢管和石棉水泥管等，管道埋深如表 4.17 所示。

表 4.17　电缆的管道埋深

管材种类	路面至管道的最小距离/m	
	人行道下	行车道下
水泥管道	0.5	0.7
PVC 塑料管道	0.5	0.7
钢管	0.2	0.4
石棉水泥管	0.5	0.7

在设计阶段，要对电缆管道的排布做出总体合理的规划，尽量降低弯曲度和避免急弯，同时还要考虑日后牵引电缆的作业方向和作业空间，PVC 管道承插连接的方向，电缆管道的基础施工，室内外结合处的防水和防沉降措施等。

在管道敷设施工中，为了防止预埋的电缆管道在土方回填过程中遭到损坏，以及因基础沉降或不均匀沉降造成损坏，采用木托、金属支架等将其固定，再用混凝土将管道打实包住，其中室外部分要预先进行基础硬化，做好混凝土底座。在电缆进线建筑物室外距外墙约 1 m 处，采用双 PVC 直通活接连接，以防止室外部分预埋管道下陷而将其拉断。

电缆管道安装完毕后，要进行通管试验。利用预先穿在管道内的铁线栓住 1 个直径略小于电缆管道内径的小圆球,同时在小球后栓 1 条引线,以保证管道内在正式牵引电缆前有引线,把小球从管道一端拉到另一端。通管试验后进行土方回填。

通管试验后再进行电缆牵引施工,首先利用已穿管的铁线贯穿好钢丝绳,安排专业的起重工分别在电缆管道两端,并保持良好联系,将拟放的电缆盘移动到位。一端操纵卷扬机,点动牵引电缆;另一端涂抹润滑油,并提前将电缆从轮毂上放出。电缆润滑油的使用根据厂家提供的做法,可用刷子涂抹在电缆的外护套上。在牵引过程中,卷扬机采用点动和连动相结合的方式,操作人员通过对讲机随时通报两端情况并采取相应措施,以保证牵引顺利。当始端电缆敷设到位后,停止卷扬机拖曳并按照尺寸裁断终端电缆,按照相同程序开始另一条电缆的敷设。

4. 同轴射频电缆引入机房

同轴射频电缆引入机房有两种方法,即直接穿墙法或通过竖井、沟道引入法。引入机房应注意的问题包括:

① 必须加装电缆防雷装置;
② 转弯半径应大于所用电缆允许的最小转弯半径;
③ 和设备的连接应采用相应的插头(座),或将电缆的芯线及屏蔽线剥开后分别连接相应的端口。

4.7 通信铁塔及天馈线杆

4.7.1 通信铁塔

1. 铁塔类型

通信铁塔是装设通信天线的一种高耸结构,其特点是结构体较高,横截面相对较小,横向荷载(主要是风荷载和地震作用)起主要作用。通信铁塔基础将上部结构的全部荷载安全可靠地传递到地基,并保证结构的整体稳定,是构成通信铁塔结构的重要组成部分。

铁塔按制式有自立式和拉线式两种,自立式铁塔又分为地面自立塔和楼顶自立塔两种。

按材料分有角钢塔、钢管塔、铝合金塔、薄壁钢结构混凝土塔。

按形状分有三角形塔、四边形塔、单管塔、三管塔、四管塔。

2. 铁塔结构

铁塔的结构可分为自立式(或称为塔式)结构和拉线式(或称为杆式)结构两类,如图 4.50 所示。

(1)自立式铁塔结构

自立式铁塔主要由基础、塔身(主腹杆、连接板)、辅助设施(平台、爬梯、走线架)和防雷接地装置(避雷针、接地引线、接地网)四大部分组成。

自立式铁塔的塔身多数是上小下大的变倾角锥形结构,少数铁塔为直截锥形或直柱形,常做成空间桁架和钢架,其横断面形状有三角形、正方形、六边形、八边形等;腹杆由横撑和斜撑、辅助撑组成,除横断面为三角形的金属塔外,需每隔一定高度和在塔柱变倾角截面处设置水平横膈。金属塔基础一般为独立的钢筋混凝土结构,基础之间设置地梁。屋顶金属塔的塔柱应锚于建筑物钢筋混凝土框架柱头内。

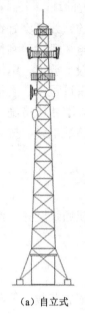 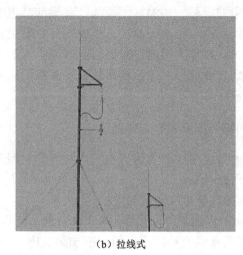

（a）自立式　　　　　　　　（b）拉线式

图4.50　通信铁塔结构

（2）拉线式铁塔结构

拉线式铁塔主要由基础、塔身（杆身）、拉线三部分组成。

拉线式铁塔沿塔身高度等距或不等距设置拉线，塔身越高，拉线层数越多，一般每层六角布置3根或4根拉线，双桅杆时可用5根拉线（中间1根为两杆间水平拉线）。拉线与地面的倾角为30°～60°，以45°为好。拉线材料常为高强度镀锌钢丝绳，用开式索具螺旋扣（花篮螺丝）预加压力，以增强杆身强度和整体稳定性。拉线地锚基础有重力式、挡土墙式、板式和锚杆基础等。

塔身断面形状一般采用钢管、圆钢、角钢材料做成三角形状，塔身主杆每段的连接方式有法兰盘，内外夹板连接或拼接板连接，塔身的基础一般为钢筋混凝土阶梯形独立基础。

3．通信铁塔构件选用材料的技术要求

通信铁塔选用材料一般以碳素钢和低合金钢为杆件，构件断面有圆钢、薄壁型钢、角钢、圆管及组合断面架。铁塔所选用的构件材料要求荷载、强度、变形、裂缝要符合设计要求，塔桅构件除按承载能力计算应满足强度、稳定性、抗疲劳的要求外，必要时还应满足抗裂性和允许变形的要求。

由于铁塔结构是一种特殊结构，它的特点是高度与横截面之间的尺寸比很大，横向水平荷载起决定性作用，其中风荷载是铁塔结构的主要荷载。风荷载除了自然条件外，还与结构的高度、横截面大小、构件形式密切相关。因此，合理确定建筑图形和几何尺寸，正确选用构件截面类形和构造方案是选用塔体材料的主要步骤。风荷载除了静力特性外，还有动力性能。因此，如何避免动力性能的不利条件是很必要的，选用塔体构件材料要重点考虑塔架与横膈及横撑的长细比值，主杆与腹杆长细比值的强度；铁塔构件材料的选用，以能承受当地最大风速来考虑。铁塔构件烧焊处均应涂防锈漆。

铁塔结构设计的主要指标是可承受的最大风速。装定向天线的铁塔时，除了保证结构的牢

固性外，还应考虑定向天线的稳定性。天线和铁塔所承受的最大风速应以当地气象台站资料为依据。如果无当地气象资料可查，则可按 160 km/h 风速考虑。天线和铁塔在最大风速作用下应不被破坏，并且无永久性变形。如果建设单位没有提出特别要求，天线和铁塔的设计可不考虑龙卷风等自然灾害的作用。风力负荷一般以单位面积所受风力表示。在冰凌地区，计算天线和铁塔的受风面积时应计入覆冰厚度。风力负荷与风速的平方成正比，110 km/h 的风速大约相当于 2 磅/dm^2 的风力负荷（1 磅=0.4536 kg），而 160 km/h 的风速大约相当于 4 磅/dm^2 的风力负荷。还应当指出，天线受风面的几何形状不同，即使风速一样，风力负荷也不相同。

4.7.2 天馈线杆基础、拉线与地锚

1．天、馈线杆基础

为了保证天、馈线杆安装的稳固，在架设时一定要设计好天馈线杆架设的基础（基座）。3.6 吨钢筋混凝土天线杆基础结构如图 4.51 所示。

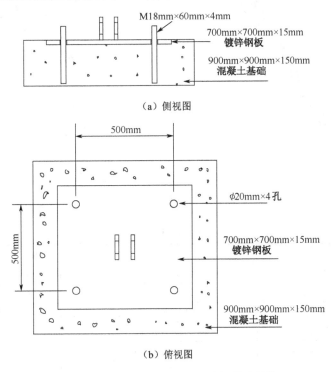

图 4.51　3.6 吨钢筋混凝土天线杆基础结构

设计与埋设天馈线杆基座时应注意以下问题：

① 天馈线线杆基座的大小与天线的重量有关，一般根据天馈线架设要求设计；
② 基座顶部应严格校准在一个水平面内；
③ 一副天线需要多个基座时，基座应在一条直线上，或按照设计图施工；
④ 根据底座杆末端结构（圆管或底座固定钢板），选择相应的固定件安装在基座顶部；
⑤ 若用木制天馈线杆基座，基座应涂沥青；
⑥ 埋设天馈线杆基座时应夯实填埋土；
⑦ 楼顶基座应在承重墙上生根。

2．天馈线杆拉线

天馈线杆拉线结构如图 4.52 所示，其用材见表 4.18。在制作天线杆拉线时，每根拉线最上端绝缘子与天线杆连接处的距离应小于 2 m，其他相邻绝缘子之间距离应不大于最短波长的 1/4，每根拉线最下端绝缘子到拉线末端的距离应小于 10 m。拉线上用的绝缘子应是高频蛋形绝缘子，不能用电力绝缘子替代。

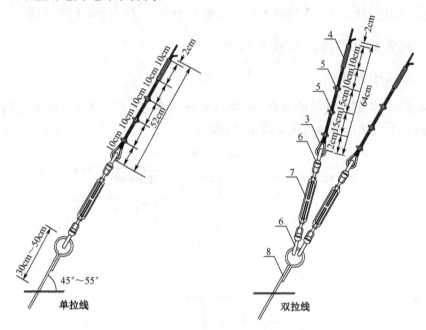

图 4.52　天馈线杆拉线结构

表 4.18　拉线用材

编号	名　　称	规　　格	单位	数　　量
1	钢绞线	7×3.0 mm～7×1.4 mm	根	3（4）/层
2	蛋形绝缘子	DJ1（DJ2）	个	
3	拉线衬环	槽宽 21 mm 或 22 mm	个	2/根
4	捆扎线	镀锌铁线	kg	
5	钢丝绳轧头	Y1-6～Y6-20		
6	U 形拉环	CK-1.5	个	2/根
7	紧线螺旋	OO 型拉线双螺旋	个	1/根
8	地锚铁柄		个	1/根

① 天线杆拉线层数的确定：

▶ 当杆高＜18 m 时，采用二层拉线；

▶ 当 18 m≤杆高＜30 m 时，采用三层拉线；

▶ 当杆高≥30 m 时，采用四层拉线。

② 每层拉线根数的确定：木质天线杆、钢管塔及三角形铁塔采用三方位拉线（即三根拉线）；四边形桅杆采用四方位拉线（即四根拉线）。

③ 安装拉线应注意的问题：拉线与地面夹角应在 45°～55°之间；不同层拉线共用一个

地锚时，上层拉线与地面夹角不应超过 60°；每根拉线单用一个地锚时，拉线与地面夹角应为 45°；三方位拉线中的某一方位拉线应处于天线杆承重方向的延长线上。

3．地锚

拉线的地锚有钢筋混凝土地锚和木制地锚，如图 4.53 所示。

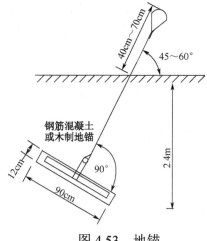

图 4.53　地锚

设计与埋设地锚时应注意的问题：
① 拉线地锚结构与拉线荷载有关，一般应根据天线的要求设计；
② 木制地锚应涂沥青；
③ 地锚拉杆与地面的夹角应符合设计要求；
④ 埋设地锚时应保持地面拉杆和地锚平面相互垂直，并夯实填埋土。

4．馈线杆安装

馈线杆按杆路布局分为起始杆（馈线与天线连接）、终端杆（馈线与机房连接）、直线杆、转角杆（杆路转弯）、混合杆（兼有直线和转弯）。

（1）馈线杆架设

馈线杆的架设方法和馈线杆的材质有关，木杆和水泥杆直接采用埋设的方法，钢管杆采用在水泥基座上安装的方法。木杆的埋设深度通常为 1.4 m，杆径为 130 mm 的水泥杆埋设深度如表 4.19 所示。

表 4.19　水泥杆（φ130mm）的埋设深度

杆长/m	埋深/m	
	普通土	坚石或硬土
6.0，6.5	1.2	0.8
7.0，7.5	1.3	0.9
8.0	1.5	1.1
8.5，9，10	1.7	1.2

当地质条件较差（土质松软）时，馈线杆应加装底盘。

（2）馈线杆拉线

转角杆、混合杆和终端杆必须加装拉线。转角杆和混合杆的拉线装于馈线转角方向的另一方，拉线数及方向可视具体情况而定。发信馈线直线杆每隔 5～10 挡、收信馈线直线杆每隔 8 挡，加装人字拉线。在风力较大（风速≥50 m/s）或导线裹冰厚度大于 5 mm 的地区，发信馈线直线杆每隔 2～3 挡，收信馈线直线杆每隔 4～5 挡，加装四方拉线或人字拉线，且杆距也应缩短。拉线可采用 7 股直径为 2.0 mm 或 2.2 mm 的钢绞线。拉线上面距杆面 1 m 处加装蛋形绝缘子 1 个，以减少水平方向的电波感应。拉线根部应装 OO 型拉线双螺旋 1 个，以便调节拉线张力。

复习思考题

1. 天线在通信链路中起什么作用？
2. 说明天线的方向性系数 D 的定义。
3. 根据频率、极化方式、不同媒质对电波传播的影响，可把电波传播分为哪几种？
4. 天线波瓣宽度是如何定义的？画示意图说明。
5. 天线增益系数是如何定义的？
6. 在天线选型与安装时，如何选择天线的程式？
7. 简述天线场与干扰源距离要求。
8. 若 A、B 单位的经纬度分别为（108°，36°）、（76°，48°），计算短波通信时两端点之间的大圆距离、电波辐射最佳仰角。（地球半径=6370 km，F2 层高度取 320 km）
9. 设计与埋设天线杆基座时应注意哪些问题？
10. 说明基站天线的选择原则。
11. 请说明通信的馈线分类。
12. 何谓导线集肤效应？
13. 馈线的工作状态有几种，其特点如何？
14. 明馈线的选用首先要满足哪 3 点基本要求？
15. 简述明馈线的架设工艺。
16. 将同轴射频电缆用作馈线时应注意哪些问题？
17. 说明架空电缆与其他设施的最小水平净距。

第 5 章 通信台站机房工程

5.1 引言

5.1.1 通信台站机房工程的项目构成及特点

1. 通信台站机房工程项目构成

通信台站机房是各类通信网络的中枢,台站机房工程必须保证网络和通信设备等能够长期而可靠地运行,同时为机房工作人员提供一个舒适而良好的工作环境。

通信台站机房工程的项目构成如下(如图 5.1 所示):

① 台站选址与机房建筑工程。通信台站机房是通信网络的核心,台站选址与机房建筑直接影响到整个通信系统的稳定可靠运行,也影响到通信网络的布局合理性和经济有效性,因此通信台站选址与机房建筑完全不同于一般的工程项目,首先应满足通信网络规划和通信技术要求,并结合水文、地质、地震、交通、城市规划、投资效益等因素及生活设施综合比较选定。

② 天线工程。天线工程是无线通信工程的重要工程项目,包括天线、馈线、接地防雷等,主要内容见第 4 章通信天线、馈线及杆塔。

③ 建筑装修工程。建筑装修工程是整个机房的基础,它主要起着功能区划分的作用,不仅包括一般机房装修所需的敷设抗静电地板、安装微孔回风吊顶,还包括为放置设备、机架、操作台等的预留空间。

④ 室内外电气工程。室内外电气工程主要指供配电工程,包括市电、配电、UPS、油机等。这里主要强调供配电系统,因为配电工程是机房高可靠度的后盾,一个可靠度良好的供配电系统是保证通信设备、场地设备及辅助用电设备安全运行的先决条件。为保证供电顺畅与质量,要求机房有独立配电系统、双电源互投系统、UPS 以及发电机等组成的不停电系统,机房供电要达到一级负荷供电标准。

⑤ 室内弱电工程。室内弱电工程一般包括门禁系统、电视监控系统、电力设备的监控、环境参数监控、消防、漏水监控、与其他系统的连接、机房内部的综合布线等工程。室内弱电工程是台站机房的神经中枢,它要求以最少的维护人员,运用最优化的运营维护手段来实时监控每一个机房中设备所处的物理环境。其中门禁系统、安防监控系统等,要求对整个机房进行无死角的全方位监控。此外,机房集中监控系统包括了机房内各种设备(配电设备、发电机、UPS、空调机、门禁、消防探头、监视图像等)及环境参数的监测。

⑥ 空气环境调节工程。空气环境调节工程是运行环境的保障。由于机房里存放着大量密度非常高的各种通信设备,因此必然产生热量,这就对空调系统提出了更高的要求。要保证设备的可靠运行,需要机房保持一定的温度和湿度。同时,机房密闭后仅有精密空调是不行的,还必须补充新风,形成内部循环;还必须控制整个机房里的灰尘数量,使之达到一定的净化要求。

⑦ 消防工程。消防工程是机房安全运行的盾牌。从对火警的探测系统来看，它具有温度、烟感探测器、红外探头；对于灭火系统来说，大多数机房基本上采用的是气体灭火系统。这就要求在整体机房的设计和施工中，必须规划、建设钢瓶间、消防控制间和一些管道，从而达到全方位报警、分区灭火，最大限度地提高对火灾的防范能力。

⑧ 雷电、静电及电磁防护工程。通信台站雷电、静电及电磁防护工程是现代电子系统防护工程的重要工程项目，包括直击雷防护、感应雷防护、静电防护、电磁武器防护等，其主要内容见第8章。

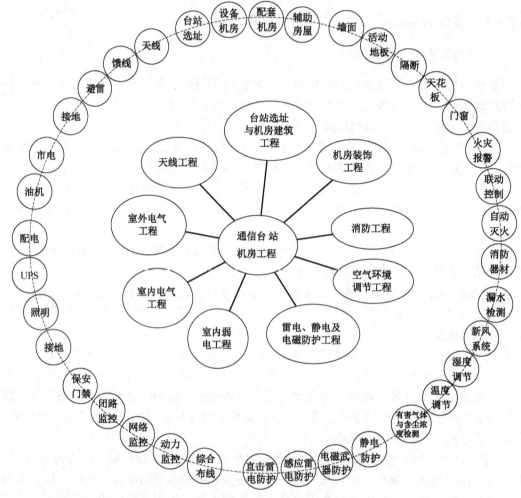

图 5.1 通信台站机房工程项目构成

2. 机房工程特点

通信机房不是普通的建筑，机房工程有其非一般的特点，其中有代表性的特点如下：

① 通信台站机房是通信系统或信息网络的心脏，是所有通信系统基础的基础，它的好坏直接影响到通信系统的运行。如何确保通信系统设备安全、高效地运行？如何给从事通信系统的人员创造良好的工作环境？这些问题是机房建设所必须解决的。

② 通信台站机房工程是一个技术涉及面广、多学科、综合性强的系统工程，建筑结构、装饰装修、供配电、UPS 电源、空调新风、消防、防雷接地、屏蔽、综合布线和集中监控等

都只是它的一部分。

③ 通信系统设备对运行环境有较高的要求，机房建设除了要满足通信系统设备对温度、湿度、空气的含尘浓度、电源质量、接地、电磁场和振动等运行环境的要求外，还必须满足机房工作人员的健康安全和舒适性的要求。

④ 通信台站机房的设计和施工是一个整体工程，机房通信设备、机房监控设备、强电与弱电供电系统等作为一个完整的系统，要从技术先进性、运行可靠性、经济合理性等各个方面尽量发挥各子系统的联动、互动作用。机房规划设计考虑是否全面，施工是否精细，是各子系统能否正常运行及协调配合的关键。

⑤ 机房内设备安装是通信工程施工的一个重要项目，可靠的安装质量是通信设备良好运行的基础，高水平的设备安装技术是提高安装质量的根本保证，设备的高质量运作是通信工程施工的目标。

3. 机房设计原则思路

机房建设工程是一个技术涉及面广、多学科、综合性强的系统工程，在进行机房方案规划设计时考虑是否全面，是各子系统能否正常运行及协调配合的关键。因此，建设信息系统机房应遵循如下规划设计思路：

① 可靠性和稳定性。可靠性和稳定性是通信系统工作的基础，在台站机房工程建设中，首先选择可靠性与稳定性高的设备，采用多冗余备份措施，并提供良好的设备运行环境，如电力、空调、接地等。

② 安全性和保密性。信息系统机房建设要把安全性和保密性放在重要位置上，首先保证各个环节都安全可靠，包括机房的场地环境、用电安全、访问人员控制、防雷、防火和防水、静电防护、防盗防破坏以及遭受灾害时的应急措施等。保密机房的设计和建设必须严格按照现行国家及军队规范、标准、法规来进行，保护和隔离敏感性的信息和机密文件，以防泄露。例如，应减少保密网线路上的电磁泄漏，避免受电磁干扰影响。

③ 技术先进性和成熟性。信息系统机房应能满足信息业务传输的需求、适应未来技术的发展，使机房系统建设做到高起点、高质量，确保机房系统长期高效运行，具有一定的前瞻性。

④ 系统科学。信息系统设备对运行环境有较高的要求，机房建设除了要满足信息系统设备对运行环境的要求外，还必须满足机房工作人员的健康安全的要求。由于机房内各子系统均不是相互隔离的，而是密切关联的，为了确保计算机、网络等设备的稳定、可靠、安全运行，一定要综合考虑计算机机房各子系统间运行的系统性。

⑤ 经济实用性。信息系统机房的功能、区域及性能指标的确定，应在满足设备对机房环境要求的基础上，有适当的超前。同时，避免过高地配置机房综合环境，造成项目投资浪费。

⑥ 美观舒适。信息系统机房也是机房管理人员的工作场所，也是企业形象，需要满足一定的美观舒适性。要充分考虑到各种设备的维护空间、空气调节的循环通道、操作员可视范围、工作空间，并合理安排走道、设备布局等。

⑦ 可扩展性。信息系统机房建设不仅能支持现有的信息系统，还应在空间布局、系统电网容量、网络设备端口等方面留有充分的扩展余地，便于系统进一步开发和适应未来系统更新换代。

⑧ 绿色节能。在保证存储在机房内的数据和电子信息设备的安全可靠性的基础上，可以从选用高效能的设备、节能化设计、气流组织形式、冷源的利用、节能添加剂的使用、通道

封闭技术、外部环境的改善、结构保温等方面综合考虑。

4．机房工程设计的主要依据

为了规范通信台站机房工程设计、施工、监理等，国家、原邮电部和信息产业部等部委，相继出台了一系列针对通信机房设计、施工和验收的技术规范和标准。以下是为一些经常用到的电子信息系统及通信机房工程技术规范和标准。

① 机房工程。
- ► GB 50174—2008 电子信息系统机房设计规范；
- ► GB 2887—2000 电子计算机机房场地通用规范；
- ► GB 9361—88 计算站场地安全要求；
- ► GB 6650—86 计算机机房用活动地板的技术要求；
- ► SJ/T 30003 电子计算机机房施工及验收规范；
- ► YD/T 5026—2005 电信机房铁架安装设计标准；
- ► YD/T 5003—2005 电信专用房屋设计规范。

② 机房装修部分。
- ► SJ/T 10796—2001 防静电活动地板通用规范；
- ► GB 5004—2005 建筑设计防火规范；
- ► GB 1838—93 室内装饰工程质量规定；
- ► GB 50222—95 建筑内部装修设计防火规范。

③ 机房电气部分。
- ► GBJ 52—82 工业与民用供电系统设计规范；
- ► GBJ 54—83 低压配电装置及线路设计规范；
- ► JGJ/T 16—92 民用建筑电气设计规范；
- ► GB 50054—95 低压配电设计规范；
- ► YD/T 585—1999 通信用配电设备；
- ► YD 5040—97 通信电源设备安装设计规范；
- ► YD/T 1051—2000 通信局（站）电源系统总技术要求；
- ► YD/T 1058—2000 通信用高频开关组合电源；
- ► YD/T 5098—2001 通信局（站）雷电过电压保护工程设计规范；
- ► YD/T 1095—2000 信息技术设备用不间断电源通用技术条件；
- ► GBJ 232—83 电气装置安装工程及验收规范；
- ► GB 50168—92 电气装置安装工程电缆线路施工及验收规范；
- ► GB 50169—92 电气装置安装工程接地装置施工及验收规范；
- ► GB 50172—92 电气装置安装工程蓄电池施工及验收规范；
- ► GB 50259—96 电气装置安装工程电气照明装置施工及验收规范。

④ 机房空气调节部分。
- ► GB 50243—97 通风与空调工程施工及验收规范；
- ► GBJ 235 工业管道工程施工及验收规范；
- ► GB 3091 低压流体输送用镀锌焊接钢管。

⑤ 机房雷电、静电及电磁防护部分。

- ▶ GB 50057—94 建筑物防雷设计规范；
- ▶ GB 7450—87 电子设备雷击保护导则；
- ▶ GB 50343—2004 建筑物电子信息系统防雷技术规范；
- ▶ GB 8702—1988 电磁辐射防护规定；
- ▶ IEC 1312 雷电电磁脉冲的防护；
- ▶ IEC 61643 SPD 电源防雷器；
- ▶ IEC 61644 SPD 通讯网络防雷器；
- ▶ VDE 0675 过电压保护器；
- ▶ GB 20057—2010 建筑物防雷设计规范；
- ▶ GB 13617—92 短波无线电收信台（站）电磁环境要求；
- ▶ GB 13619—92 对空情报雷达站电磁环境保护要求；
- ▶ GB 13613—92 对海中短无线电导航台站电磁环境要求；
- ▶ GB 13615—92 地球站电磁环境保护要求；
- ▶ YD/T 754—95 通信机房静电防护通则。

⑥ 机房消防安全部分。
- ▶ DBJ 15—23—1999 七氟丙烷（HFC-227ea）洁净气体灭火系统设计规范；
- ▶ GBJ 116—98 火灾自动报警系统设计规范；
- ▶ GB 50265—97 气体灭火系统施工及验收规范；
- ▶ GB 50116—92 火灾自动报警系统施工及验收规范。

⑦ 其他。
- ▶ JGJ 73—91 建筑装饰工程施工及验收规范；
- ▶ GB 50325—2001 民用建筑工程室内环境污染控制规范；
- ▶ GB/T 50314—2000 智能建筑设计标准；
- ▶ GB 50198—94 民用闭路监视电视系统设计规范；
- ▶ GB 4943—95 信息技术设备包括电气设备的安全；
- ▶ GA 247—2000 中华人民共和国公共安全行业标准；
- ▶ GA 308—2001 安全防范系统验收规则；
- ▶ GA T—94 安全防范工程程序与要求；
- ▶ YD/T 926.1—1997 大楼通信综合布线系统标准（邮电部行业标准）；
- ▶ YD/T 2008—93 城市住宅区和办公楼电话通信设施设计标准；
- ▶ YD/T 694—93 总配线架技术要求和试验方法；
- ▶ YDJ 9—90 市内通信全塑电缆线路工程设计规范；
- ▶ YDJ 44—89 电信网光纤数字传输系统工程施工及验收暂行技术规定；
- ▶ YDJ 50—88 市内电话程控交换设备安装工程施工及验收暂行技术规定。

5.1.2 机房分类及分级

1. 机房分类

通信机房按专业的不同，分为无线通信机房、有线通信机房、数据通信机房、卫星通信机房等；按功能的不同，分为设备机房、配套机房和辅助用房等。

设备机房是用于安装某一类无线或有线通信设备，实现某一种特定通信功能的建筑空间，一般有发信机房（或发射机房）、接收机房、传输机房、交换机房、卫星设备机房等。

配套机房是用于安装保证通信设施正常、安全和稳定运行设备的建筑空间，一般有计费中心、网管监控室、电池室、配电室和汽油（柴油）发电机室等。

辅助用房是除通信设施机房以外，保障值班、办公、生活需要的用房，一般有办公室、值班室、资料室、备品备件库、消防保安室、通风机房和卫生间等。

现代通信机房工程已不仅仅是功能上的要求，而且要具有良好的可管理性，为用户提供友善的管理界面，同时要保证容量、性能的可扩展性，以保护用户的投资效益。

2．机房分级

根据机房所处行业或领域的重要性，使用单位对机房内各系统的保障、维护能力，以及由于场地设施故障造成网络信息中断或重要数据丢失在经济和社会上造成的损失、影响程度，机房分级有所不同。现在通信行业实际为电子信息行业，故可以借用《电子信息系统机房设计规范》，将机房划分为三级，从高到低的排列顺序为 A、B、C，其分级标准、性能要求和系统配置如表 5.1 所示。

表 5.1　电子信息系统机房分级标准、性能要求和系统配置

等级 \ 要求	分级标准	性能要求	系统配置
A 级	符合下列情况之一的机房为 A 级： ①电子信息系统运行中断将造成重大的经济损失； ②电子信息系统运行中断将造成公共场所秩序严重混乱	A 级机房内的场地设施应按容错系统配置，在电子信息系统运行期间，场地设施不应因操作失误、设备故障、外电源中断、维护和检修而导致电子信息系统运行中断	具有两套或两套以上相同配置的系统，在同一时刻，至少有两套系统在工作
B 级	符合下列情况之一的机房为 B 级： ①电子信息系统运行中断将造成较大的经济损失； ②电子信息系统运行中断将造成公共场所秩序混乱	B 级机房内的场地设备应按冗余要求配置，在系统运行期间，场地设施在冗余能力范围内，不应因设备故障而导致电子信息系统运行中断	系统除满足基本需求外，增加了 X 个单元、X 个模块或 X 个路径。任何 X 个单元、模块或路径的故障或维护不会导致系统运行中断
C 级	不属于 A、B 级机房的为 C 级机房	C 级电子信息系统机房内的场地设备应按基本需求配置，在场地设施正常运行情况下，应保证电子信息系统运行不中断	系统满足基本需求，没有冗余

需要补充说明的是，电子信息机房的分级与机房的建设规模、投资没有直接的关系。例如，A 级机房有：国家气象台；国家级信息中心、计算中心；重要的军事指挥部门；大中城市的机场、广播电台、电视台、应急指挥中心；银行总行；国家和区域电力调度中心等的电子信息系统机房和重要的控制室。B 级机房有：科研院所；高等院校；三级医院；大中城市的气象台、信息中心、疾病预防与控制中心、电力调度中心、交通（铁路、公路、水运）指挥调度中心；国际会议中心；大型博物馆、档案馆、会展中心、国际体育比赛场馆；省部级以上政府办公楼；大型工矿企业等的电子信息系统机房和重要的控制室。

5.2 选址及建筑装饰要求

5.2.1 台站机房选址

通信机房是通信网络的核心构成，机房选址通常是个技术问题。每个机房的工程质量直接影响到整个通信系统的稳定可靠运行，也影响到通信网络的布局合理性和经济有效性，因此通信机房的选址完全不同于一般的建筑物的选址，首先应满足通信网络规划和通信技术要求，并结合水文、地质、地震、交通、城市规划、投资效益等因素及生活设施综合比较选定，具体着重考虑以下几点因素：

① 地震、地质、水文、气象等自然条件。例如，短波发射台宜选用地形平坦、地质良好的地段，应避开断层、地坡边缘、古河道以及有可能塌方、滑坡的地方和有开采价值的地下矿藏所在地点或古迹遗址，避免选址在地震、地质灾害高发区域。

② 卫生环境的考虑。例如，机房应远离易燃、易爆物品和产生粉尘、油烟、有害气体的场所。不宜选择在生产过程中散发有害气体、较多烟雾、粉尘、有害物质的工业企业附近。

③ 外界干扰及电磁环境的考虑。例如，应远离外界干扰源，地址选择时应考虑邻近的高压电站、电气化铁道等干扰源的影响，短波机房至外界电器干扰源的最小距离如表5.2所示。

表5.2 短波机房至外界电器干扰源最小距离

外界干扰源	最小距离/km
行车繁忙的公路	1.0
35 kV以下架空输电线	1.0
电器铁道	2.0
工业干扰源	3.0
大功率电台、雷达	10.0

④ 供电、生活配套条件及道路交通。这里主要考虑市政配套条件，包括是否远离重大工程目标，是否远离政治性群体事件易发区域，同时还能具备较好的生活配套条件。

⑤ 通信机房建筑原则上不与行政办公楼合建，建筑面积应满足业务发展的需要。

⑥ 通信机房选择时还应满足通信安全保密、人防、消防等要求。

⑦ 对于多层或高层建筑物内的电子信息系统机房，在确定主机房的位置时，应对设备运输、管线敷设、雷电感应和结构荷载等问题进行综合分析和经济比较。采用专用空调的主机房，应具备安装空调室外机的建筑条件。

从设备搬运、防尘、防水、安保、承重、防雷、防电磁干扰和空调室外机安装要求考虑，机房最好建在大楼的二三层，或裙楼的中间层，这样可大大节约布线，减少工程量。如果楼下二三层无法安装空调室外机或其他原因导致机房必须建在高层，考虑到保温和防漏因素，宜选择在顶层以下的几个楼层（不包括顶层）。如果采用液冷空调系统，则可以建在大楼除顶层和底层外的任何楼层上。

⑧ 在建筑大厦楼顶架设天线时，无线通信机房应选择靠近天线的楼层，最好选择在建筑大厦的顶层，以减小馈线长度。

如果是改建的机房，很多因素就不可控了，需要采取一些技术补救措施。但是技术补救措施会增加建设成本，效果也不一定好，还会增加维护难度和运营成本，所以机房选址是建设机房首先要考虑的问题。

了解以上情况后，可以给通信台站机房工程选址提供有力的依据，为整体工程前期的顺利实施铺平道路，同时可以大量节约项目投资前期费用。

5.2.2 建筑及装饰要求

通信机房在机房的面积、地面承载能力、通道、楼梯和门宽度、机房管线或线槽、抗震、耐火及消防安全等诸多方面应符合国家现行标准、规范以及有关房屋建筑设计的规定。

1. 机房建筑总体要求

① 在机房建筑主体建设时，机房建设单位应有技术全面的机房建设管理人员，可以对所建设机房做出合理的布局。在进行机房建设时只需在原设计布局的基础上对其装修和各类设备的安装就位。

② 如若机房建设单位在机房建筑主体建设时，没有机房建设管理人员，很难对设计部提出合理的要求，对总体布局没有把握，应采用无柱大开间的建筑，为以后机房建设的灵活布局提供方便。

③ 通信机房建设的管理人员和技术人员必须认真学习机房建设的基本内容和基础知识，对机房建设的技术知识有系统的了解。

④ 应充分了解所选用通信设备的功能和对外部环境条件的要求。

⑤ 充分了解各类辅助设备的功能和对环境的要求。

⑥ 应准确掌握机房内所有设备的台数、外形尺寸、占地面积、功耗、发热量等数据。

⑦ 应充分了解通信系统各设备之间的关系及数据处理工艺流程，画出总体布局图。

⑧ 在机房建设时，应对总体布局进行进一步研究，对存在不合理要求的应进行调整、修改。

2. 承载能力

机房地（楼）面的承载能力，即机房地（楼）面等效均布活荷载值，是根据通信设备的重量、底面尺寸、安装排列方式以及建筑结构梁板布置等条件，按内力等值的原则计算确定。

设计、施工时，同一楼层内应选取该楼层中占用面积最大的主要机房的楼面均布活荷载值，作为该层楼面均布活荷载的标准值。

通过计算，通信机房的地（楼）面的承载能力，可参考下述要求：
- 设备机房、配套机房：地面均匀负荷不小于 500 kg/m^2；
- 辅助办公用房：地面均匀负荷不小于 400 kg/m^2；
- 辅助生活用房：地面均匀负荷不小于 200 kg/m^2。

如果地（楼）面承载能力不满足上要求，可在原地板面上加高钢筋混凝土地板层。

3. 机房建筑平面布局

设备机房、配套机房和辅助房屋的建筑平面布局，是指其坐落位置和与其他建筑物的相对布置，在满足安全、防火、防电磁辐射、卫生、绿化、日照和施工等条件下，应力求紧凑合理，减少单位附属建筑，节约用地。

在确定总平面布置方案时，应进行全面的技术、经济比较，减少初期投资，合理利用原有房屋及设施，并使通信线缆、电源线缆等布放要尽量短捷，避免迂回，这既减少线路投资，又利于降低通信故障率，提高工作效率。

各类维护中心等有人值守通信机房宜有较好的朝向，在一般情况下还应充分利用天然光进行采光。

发电机房必须靠近建筑物外墙，为排热气管道通向室外及新风入口创造必要的条件。

设备运行过程中产生较大噪声的机房，设置在对周围建筑物噪声影响较小的地方，必要时还应采取隔音、消声措施，降低噪声干扰。

通信机房根据其等级和重要性，所在建筑应有相应的防洪措施、防火和疏散通道、出口及场地。

4．机房面积

机房面积的大小与很多因素有关，应根据安装的设备种类、主备份数量和尺寸，维护空间，扩展余地等一并考虑。另外，不同设备对机房空间尺度要求也有差别。

机房面积的大小与建筑及设备种类有关，在信息大楼、酒店、写字楼和住宅四类常见高层建筑中，信息大楼设备最复杂，酒店、写字楼次之，而住宅设备用房相对简单。

机房面积的大小与建筑高度有关，超高层建筑设备系统竖向分区，比普通高层需要更多的设备空间。

机房面积的大小与建筑耐火等级有关，普通高层建筑机房一般位于地下室，耐火等级多为一级。

总之，可先由设备工程师估算对建筑空间影响大的设备台数，同时提出基本的面积要求，一般为设备垂直投影面积的 5～7 倍以上，如图 5.2 所示。

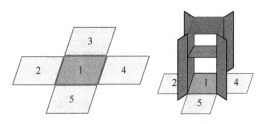

图 5.2 机房面积与设备垂直投影面积关系图

5．机房净高

机房的层高应由工艺生产要求的净高、结构层、建筑层和风管等高度构成。机房要求的净高应根据通信设备的高度、电缆槽道或活动地板至通风管道或波导管的高度、吊挂、施工维护所需的高度等因素确定。图 5.3 所示为机房层高示意图。

主机房地面应满足使用功能要求，当铺设防静电活动地板时，活动地板的高度应根据电缆布线和空调送风要求确定，并符合下列要求：活动地板下的空间只作为电缆布线使用时，地板高度不宜小于 250 mm；活动地板下的空间既作为电缆布线，又作为空调静压箱时，地板高度不宜小于 400 mm。若机柜高度为 2.0 m，机柜顶面至吊顶的距离一般为 400 mm，故机房净高不宜小于 2.65～2.8 m。

若机房采用下送风，按 GB50174 第 6.4.4 条的规定，地板高度不宜小于 400 mm。吊顶与本层顶板之间因为需要回风和走线，通常也需要 200～400 mm。所以建设机房的建筑楼层的净高应该大于 3.2 m。

若机房面积大或者机房热密度高,为增加制冷效果,可能需要增加地板高度或采取冷热通道封闭技术,通常增加地板高度到 600～900 mm。如果采取冷热通道封闭技术,热空气只能通过顶板和吊顶之间的回风通道返回到空调的回风口,所以还应根据回风量增加顶板和吊顶之间的高度,这样就需要相应提高本层净高。

但是机房层高并不是越高越好,层高增加除了使建设费用增加外,还使机房空间加大了,所需要的空调、新风和消防药剂量都会相应增加,关键是维护费用会增加不少,所以机房层高应该按照实际情况确定。对层高太高的机房,如是由厂房改建的机房,可以采用二次吊顶的方式人为降低层高。采用二次吊顶的方式既降低了层高,又由于二次吊顶与上楼板之间的空腔是密封的,可以成为一个绝好的隔热层,所以对机房顶部的保温也有很大好处。

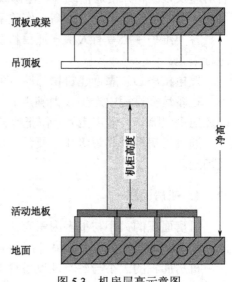

图 5.3　机房层高示意图

通信机房及配套机房的净高要求可参照见表 5.3。

表 5.3　通信机房及配套机房的净高要求

机房类别	净高/m	备　注
地面设备机房、配套机房	≥3.2	按进线方式和设备要求定
地下坑道机房、配套机房	≥2.65	按进线方式和设备要求定
高、低压配电室	≥3.5	按进线方式和设备要求定
辅助用房	≥2.65	按实际要求定

6．地面、墙面及吊顶

机房地面应严防不均匀下沉和产生裂缝,地面面层应采用耐久、耐磨、非燃或阻燃材料。地面平整度要求:房间最远两点高度的偏差应小于 0.2%,且最大不得超过 30 mm;或地面的倾斜度应不大于 0.1%,即 1 m 范围内不超过 1 mm。发展用房的地面按办公室处理,并考虑以后改造为机房的可能性、方便性。

为了防止静电带来的危害,有效保护机房设备,有利于布线,设备机房可考虑安装防静电活动地板,如图 5.4 所示。活动地板具有可拆卸的特点,因此,所有设备的导线电缆的连接、管道的连接及检修更换都很方便。另外,活动地板下空间可作为静压送风风库,通过气流风口活动地板将机房空调送出的冷风送入室内及发热设备的机柜内,由于气流风口地板与一般活动地板的可互换性,因此可自由调节机房内气流的分布。活动地板下的地表面一般需要进行保温防潮处理。

机房内墙装修的目的是保护墙体结构,保证室内使用条件,创造一个舒适、美观而整洁的环境。机房墙面及室内装修应采用光洁、耐磨、耐久、不起尘、防滑、不燃烧的材料。内墙的装饰效果是由质感、线条和色彩三个因素构成。目前,机房墙体饰面基层应做防潮、屏蔽、保温隔热处理,墙面装饰中最常见的是贴墙材料,有铝塑板、彩钢板或简单粉刷乳胶漆等,其特点是表面平整、气密性好、易清洁、不起尘、不变形。禁止使用木地板、木隔墙、木墙裙、木吊顶、壁纸等易燃材料。具体装修材料如表5.4所示。

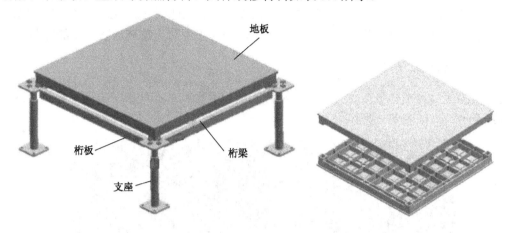

图 5.4 防静电活动地板示意图

表 5.4 机房地面、墙面装修材料

名　　称	地　　面	墙面、顶棚
设备机房	水磨石、半硬质塑料、活动地板、地板砖	铝塑板、彩钢板、喷塑、调和漆、涂料等
配套机房（例：蓄电池室）	耐酸磁砖、耐酸涂料	耐酸油漆等
辅助机房	水泥砂浆、水磨石、半硬质塑料	涂料、喷塑等

机房棚顶装修宜采用吊顶方式。机房内吊顶的主要作用是：在吊顶以上到顶棚的空间可作为机房静压回风风库，布置通风管道；安装固定照明灯具、走线、各类风口、自动灭火探测器；防止灰尘下落；等等。机房应选择金属铝天花，具有质轻、防火、防潮、吸音、不起尘、不吸尘等性能。

7．通道、楼梯、门窗和隔断

通信机房所在建筑的通道、楼梯和门除了满足工作人员通行需要外，更要达到通信设备安装搬运的要求。

通信机房建筑物内的楼梯净宽不得小于1.5 m，梯段净高不得小于2.2 m，楼梯间的门洞宽度不得小于1.5 m，门洞高度不得小于2.2 m。

各机房之间的走道净宽要求为：走道单面房屋布局时，走道净宽一般不小于1.5 m，走道双面房屋布局时，走道净宽一般不小于1.8 m；走道的净高不低于2.2 m。

机房安全出口不应少于2个，并应尽量采用双扇门设于机房的两端，门应向走道或疏散方向开启并能自动关闭，门洞宽度不宜小于1.5 m，门洞高不小于2.2 m。机房外门多采用防火防盗门，机房内门一般采用防火玻璃门，这样既保证机房安全，又保证机房内有通透、明亮的效果。

机房的外窗应具有较好的防尘、防水、隔热、抗风的性能。无人值守机房和常年需要空调的通信机房不设窗。

A、B级的主机房不宜设置外窗。当主机房设有外窗时应采用双层固定窗，并应有良好的气密性。不设外窗可以避免通过外窗进入的太阳辐射热及机房内的冷量散失，从而减小空调消耗量，达到节能目的。

机房隔断应按照通信设备运行特点、设备的具体要求和机房内部防火分区的要求设置不同的功能分区,采用隔断墙将大的机房空间分隔成较小的功能区域。隔断墙要既轻又薄,还能耐火、隔音、隔热,要求具有一定的通透效果,一般采用防火玻璃加防火板的隔断。

8．孔洞、管线及槽沟

机房内的线缆种类数量多,为了减少线缆间的相互影响和布线维护方便,机房内应设孔洞、管线及槽沟,如图 5.5 所示。

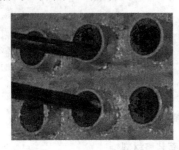 

图 5.5　走线孔(洞)与地沟(地槽)

孔洞、管线及槽沟的位置、路由必须符合线缆设计路由以及布局的要求。

孔洞、管线及槽沟的大小、宽度必须大于线缆截面的 1/3,方便线缆施工。

孔洞、管线及槽沟的数量应有一定数量的冗余,以应对将来扩容。

孔洞、管线及槽沟必须平整、光滑、无毛刺。楼板上设计的孔洞可用相应的电缆走线架及壁柜,以利于电缆的布放。另外,孔洞和线槽在通过外墙处应时,不准设窗,以利于安装电缆走线爬梯,并根据不同情况采取防水、防潮、防虫等措施。

9．机房抗震

地震释放能量的参量称为震级,划分为 12 等级,每差 1 级,能量差 32 倍,每差 2 级,能量差 1000 倍。

地震破坏程度的参量称为烈度,划分为 12 等级,其影响与破坏力大体如表 5.5 所示。

表 5.5　地震烈度对应的感觉及现象

地震烈度	感觉及现象
Ⅰ	无感,仅仪器能记录到
Ⅱ	个别敏感的人在完全静止中有感
Ⅲ	室内少数人在静止中有感,悬挂物轻微摆动
Ⅳ	室内多数人在静止中有感,睡觉的人惊醒
Ⅴ	室外多数人有感,墙壁表面出现裂纹
Ⅵ	人人有感,多数人会惊慌跑出户外
Ⅶ	站立时有困难,房屋轻微损坏,地表出现裂缝
Ⅷ	房屋多有损坏,路基塌方,地下管道破裂
Ⅸ	建筑物普遍破坏,少数倾倒,铁轨弯曲
Ⅹ	房屋倾倒,道路毁坏,山石崩塌,水面大浪扑岸
Ⅺ	毁灭;房屋大量倒塌,地表产生很大变化
Ⅻ	山川易景,建筑物普遍毁坏,动植物遭毁灭

因震源有深浅，震级相同，烈度可能不同；或者震级不同，烈度可能相同。一次地震只有一个震级，但烈度却因地而异，不同地烈度值不一样：离震中近的地方烈度高，破坏性大；离震中远的地方烈度低，破坏性小。

例如：河北唐山1976年发生的7.8级地震，四川汶川2008年发生的8级地震，虽地震释放能量差0.2级（0.2×32=6.4倍），但地震中心的烈度相同，高达11度。

一般通信台站机房抗震要求应大于等于Ⅷ级烈度以上，简单地说是"小震不坏，中震可修，大震不倒"，但应注意每提高1度烈度进行设防，建筑物造价就会提高3%～5%。

10．耐久性和耐火等级

通信建筑物的耐久性是其寿命，一般通信枢纽大楼的耐久年限为100年以上。

耐火是指在750℃以上火焰中建筑物、设备、线路等能够继续工作的时间。借鉴GB50045－95，高层民用建筑设计防火规范的耐火极限分为4级，如表5.6所示。

A级通信设备机房耐火等级应为一级，其余机房耐火等级不应低于二级。

一级耐火等级机房：承重墙、柱耐火极限达3 h；大梁耐火极限达2 h；楼板耐火极限达1.5 h。

二级耐火等级机房：承重墙、柱耐火极限达2.5 h；大梁耐火极限达1.5 h；楼板耐火极限达1 h。

表5.6 建筑物耐火等级

构件名称		耐火等级（材料性质，耐火时间/h）			
		一级	二级	三级	四级
墙	防火墙	不燃烧体，4.00	不燃烧体，4.00	不燃烧体，4.00	不燃烧体，4.00
	承重墙	不燃烧体，3.00	不燃烧体，2.50	不燃烧体，2.00	难燃烧体，0.50
	楼梯间和电梯井的墙	不燃烧体，2.00	不燃烧体，2.00	不燃烧体，1.50	难燃烧体，0.50
	疏散走道两侧的隔墙	不燃烧体，1.00	不燃烧体，1.00	不燃烧体，0.50	难燃烧体，0.25
	非承重外墙	不燃烧体，0.75	不燃烧体，0.50	难燃烧体，0.50	难燃烧体，0.25
	房间隔墙	不燃烧体，0.75	不燃烧体，0.50	难燃烧体，0.50	难燃烧体，0.25
柱		不燃烧体，3.00	不燃烧体，2.50	不燃烧体，2.00	难燃烧体，0.50
梁		不燃烧体，2.00	不燃烧体，1.50	不燃烧体，1.00	难燃烧体，0.50
楼板		不燃烧体，1.50	不燃烧体，1.00	不燃烧体，0.75	难燃烧体，0.50
屋顶承重构件		不燃烧体，1.50	不燃烧体，1.00	难燃烧体，0.50	燃烧体
疏散楼梯		不燃烧体，1.50	不燃烧体，1.00	不燃烧体，0.75	燃烧体
吊顶（包括吊顶格栅）		不燃烧体，0.25	难燃烧体，0.25	难燃烧体，0.15	燃烧体

5.3 空调新风工程

5.3.1 通信机房环境参数

随着信息产业的蓬勃发展，通信及数据处理设备越来越多整合在狭小的有限空间内，导致了机房内的电源负荷强度和发热负荷密度都非常高,对电子通信和数据机房的空调制冷要求也越来越高,从空调系统设计到调试安装运行,已成为一项艰巨的任务。这是因为通信设备的正常运行是基于一定的环境条件的,设备内部很多器件要求在适当的温度、湿度、洁净度等情况下才能稳定运行。例如国外数据统计,造成计算机死机主要因素有温度、电力、湿度等,其中温、湿度引起的故障大约占 50%以上,也就是说机房环境超过相关要求,短期可能会导致故障率偏高,板件损坏情况增多,长期则增加了设备或器件的故障隐患,使其性能下降,缩短使用寿命。

通信机房内的温度、湿度等环境参数如下:

① 高温和低温。温度快速波动可能会破坏数据处理并关闭整个系统,还可能会改变电子芯片和其他板卡元件的电子和物理特性,造成运行出错或故障。这些问题可能是暂时的,也可能是长久的。即使是暂时的问题,也可能很难诊断和解决。尤其是高温对通信设备的运行干扰最大,几乎每种类型的通信设备都有一个可靠运行的温度上限,当该通信设备所处的机房环境温度长期处于该温度上限附近或高于该上限温度时,通信设备就会因为过热而频繁重启或直接死机。

② 高湿度。高湿度也是影响通信设备正常运行的不利因素之一。机房高湿度告警常发生于我国南方。高湿度可能会造成磁带物理变形、磁盘划伤、机架结露、纸张粘连、MOS 电路击穿等故障发生。

③ 低湿度。如果机房内的空气过于干燥,则很容易发生由于各种原因引起的静电放电现象。静电放电现象的发生对于电子设备的安全运行是极为不利的,常会导致磁介质脱落、电路板击穿、元器件损坏、通信数据丢失等不良后果。在我国的北方地区,秋冬季节空气非常干燥,通信机房内的加湿显得尤其重要。

另外,根据世界卫生组织调查分析,长期生活和工作在现代建筑物中的人们常表现出一些越来越严重的病态反应,例如眼睛发红、流鼻涕、嗓子疼、困倦、头痛、恶心、头晕、皮肤瘙痒等,引起病态的主要因素是室内空气品质不佳。

因此,为保障设备的可靠运行和工作人员的身心健康,通信机房对环境有特别严格的要求,如表 5.7 所示,无法达到要求就必须安装空调与新风系统。

表 5.7 通信机房环境的要求

项 目	技 术 要 求			备注
	A 级	B 级	C 级	
设备机房温度(开机时)	23℃±1℃		18~28℃	不得结露
设备机房温度(停机时)	5~35℃			
配套机房温度(开机时)	18~28℃			
配套机房温度(停机时)	5~35℃			
UPS、电源机房温度	15~25℃			
机房温度变化率	<5℃/h		<10℃/h	
设备机房湿度(开机时)	40%~70%		35%~75%	
设备机房湿度(停机时)	40%~70%		20%~80%	
配套机房湿度(开机时)	35%~75%			
配套机房湿度(停机时)	20%~80%			

5.3.2 机房灰尘及防尘

1. 机房灰尘来源

灰尘是指大气中一种固态悬浮物，常态存在于空气之中。习惯上灰尘有许多名称，如粉尘、尘埃、烟尘等，这些词没有明显的界限。国际标准化组织规定，粒径小于 75 μm 的固体悬浮物定义为粉尘。

通信机房常见的灰尘来源有以下几种：

① 建筑物本身产生灰尘，如墙壁、地面、顶棚等产生的表皮脱落形成灰尘；
② 灰尘从机房大小门窗及这种孔洞流入；
③ 外界气压大于机房气压时，灰尘从机房缝隙间进入；
④ 空调新风系统运行时，将少量灰尘带入机房；
⑤ 灰尘随机房工作维护人员进出而被带入。

2. 灰尘对通信设备影响

一般通信设备运行过程中会产生很多热量，为了将热量散发出去，通常会采取风冷方式主动散热，而散热风扇、散热孔与对流的空气配合，会将灰尘带入设备内部。再者，一些设备工作时会产生高压与静电，也将吸引空气中的灰尘。此外，灰尘也会附着在风扇和散热孔上，阻碍冷却气流，影响散热效果。这样会导致灰尘不断积累，影响通信设备的正常运行。

① 一般灰尘会夹带水分和腐蚀物质一起进入设备内部，覆盖在电子元件上，造成电子元件散热能力下降，长期积聚大量热量会导致设备工作不稳定。

② 一般印刷电路板上芯片管脚及电路之间的距离为 mm 级和 μm 级，机房环境潮湿时，灰尘导致印刷电路板中相邻线路绝缘电阻下降，甚至短路，影响电路的正常工作，严重的甚至会烧坏电源、主板和其他设备部件。

③ 过多的干灰尘进入机房设备后，会起到绝缘作用，直接导致插接件触点间接触不良。同时会使设备动作的摩擦阻力增加，轻者加快设备的磨损，重者将直接导致设备损坏。

总之，灰尘污染物可能使通信设备：元器件设计功能值改变；信号传输频率改变；系统运行输入输出值不稳定；系统告警，重新启动时有时能恢复有时不能恢复；线路板出现故障，经测试，不能修复，只能换板。以上事故现象时有发生，但是维护人员并不能确定事故发生的真正原因。

3. 通信机房灰尘限制要求

国内及国外的各种组织已发布了通信行业灰尘的环境限制，这些限制对于确定通信机房环境清洁度有着指导作用。

《环境空气质量标准》（GB 3095—2012）规定：大气中直径大于 2.5 μm 的灰尘粒，当浓度小于 50 μg/m³ 时为优，51～100 μg/m³ 时为良。

《通信中心机房环境条件要求》（YD/T 1821—2008）规定："通信机房内的灰尘粒子不能是导电的、铁磁性的和腐蚀性的粒子，其浓度可分为三级"，如表 5.8 所示。

表 5.8 机房空气洁净度

等级	尘埃浓度	机房类别等级
一级	直径大于 0.5 μm 尘埃<350 粒/升 直径大于 5 μm 尘埃<3 粒/升	IDC（互联网数据中心机房）
二级	直径大于 0.5 μm 尘埃<3500 粒/升 直径大于 5 μm 尘埃<30 粒/升	A、B 级通信机房
三级	直径大于 0.5 μm 尘埃<18000 粒/升 直径大于 5 μm 尘埃<300 粒/升	C 级通信机房 UPS、配电机房

《电子信息系统机房设计规范》(GB 50217—2008) 规定:"主机房的空气含尘浓度,在静态条件下测试,每升空气中大于或等于 0.5 μm 的尘粒数应少于 18000 粒",与通信行业标准的三级规定相一致。

通常测量灰尘采用激光粒子计数器,测量结果对预测设备故障率有一定的帮助。另外,按照中国通信行业标准为灰尘计数,其余标准为灰尘粒子计重,而且不同标准灰尘计重的限定值相差很大。

4. 机房防尘措施

灰尘在大气中是普遍存在的,实际应用中,完全阻止灰尘进入通信机房是不可能的,因此应尽可能地减少灰尘进入通信机房。

① 定期检查机房密闭性。定期检查机房的门窗,封堵与外界接触的缝隙,杜绝灰尘的来源,维持机房空气清洁。

② 严格控制人员出入,做好预先防尘措施。尽量减少无关人员进出机房,进出机房人员的活动区域也要严格控制。在条件允许的情况下应进行机房区域化管理,将易受灰尘干扰的设备尽量与进入机房的人员分开,减少设备与灰尘接触的机会。

机房值班人员应配备专用工作服和拖鞋等,并经常清洗。进入机房的人员,无论是本机房人员还是其他人员,都必须更换专用拖鞋或使用鞋套。尽量减少进入机房人员穿着纤维类或其他容易产生静电附着灰尘的服装进入。

③ 对机房内的空气重复循环、过滤。由于机房内的空气比较干净,对机房内的空气进行过滤重复循环,使机房内的空气代替从外界吸取的污染空气。日常维护中注意清洗空调的过滤系统,并严格控制机房的相对湿度,既要减少扬尘,同时还要避免湿度过大产生的设备锈蚀、短路等。

④ 保持机房正气压力。建议有条件的机房采用正压防尘,即通过机房新风设备向机房内部持续输入过滤后的空气,加大机房内部的气压。由于机房内外的压差,机房内的空气会通过密闭不严的窗户、门等缝隙向外泄气,从而达到防尘的效果。

⑤ 机房定期除尘。根据机房的具体情况设定合理的除尘周期,对机房进行清洁。

总之,随着工业化进程的不断加快,环境污染问题短时间内仍无法得到改善,近来中国多地又遭遇严重的雾霾天气,因此我国通信行业在大量推广使用新风等节能技术的同时,应注意灰尘对通信设备的影响,建立完善的管理制度,采取有效的技术手段,将灰尘危害降低到最低程度,保证设备运行的安全。此外,还应开展相应研究,制定详细的标准。

5.3.3 机房空调

1. 显热、潜热及显热比

显热为物体加热或冷却过程中温度升高或降低，而不改变其物体相态所需吸收或放出的热量，例如，机房电子设备产生的热量。显热变化人体感觉非常明显，通常可直接测量。

潜热为物体本身温度不变，只有物体相态改变时，物体所吸收或放出的热量。例如：液体沸腾、冰雪化水或空气中水分减少时吸收潜热，用来在膨胀过程中反抗大气压强做功；气体转化成水、液体固化或水分增大时放出潜热，用来克服分子间的引力。

例如：1 kg 100℃的水变成100℃的气需要吸热2257.2 kJ，远大于30℃同重量水加热到80℃所吸的热（209.4 kJ）。另外，1 kg 0℃的冰雪变成0℃的水，需吸热2501 kJ，即下雪不冷化雪冷。

显热比（Sensible Heat Ratio，SHR）定义为空气的温度及湿度变化时，针对全热量变化的显热量比率。

2. 通信机房冷热负荷特点

通信机房内热源包括数据处理设备、程控交换设备、传输设备等机器的散热，建筑围护结构的传热，太阳辐射热，人体散热、散湿，照明装置散热，新风负荷。其冷热负荷特点为：

① 机房照明及电气设备97%耗电转为热量，因此机房制冷负荷要求极大。

② 机房内几乎没有湿负荷源，仅有机房工作人员、外界空气带入的少量湿负荷，也就是说机房几乎全部是显热负荷，SHR常为0.95～0.99。而办公与生活场所，人员活动多水分大，显热与潜热并存，SHR常为0.65～0.70。一般办公或家庭房用舒适型空调是按照SHR为0.65～0.70设计，如果直接安装在设备机房，则提供显热冷量过少，潜热冷量过多，过多潜热冷量意味着将不断地从空气中去除水分，加剧静电危害，所以机房空调不能直接用普通的办公或家用空调，而应选用具有恒温恒湿功能的机房专用精密空调。

③ 冬季时，机房也需要消除多余热量，空调设备仍需制冷运行。

3. 机房精密空调与普通舒适空调的区别

机房精密空调是根据机房内的各类电子设备对环境温湿度的要求而专门设计的空调系统，其基本工作原理与家庭及办公场所使用的舒适性空调相同；但由于它要能够完成对机房环境温湿度的高精度控制和常年不间断的工作运行，在设计上与传统的舒适性空调仍存在着很大的区别，主要有以下7个方面不同：

① 出风量不同。普通空调在不考虑湿度对设备影响的前提下，对近端设备可以有效降温，但由于风量不足，导致换气次数不够，即对距离出风口较远的设备无法有效地降温。精密空调通过大风量高风压（换气次数最小设计为30次/h，即每2min将机房空气有效过滤一次）的设计解决了机房整体降温问题。

② 温度调节精度不同。普通空调温度调节精度为±（3～5）℃，机房内的温度场不均匀，仅仅保证空调近端设备处的温度，而温度的波动对设备稳定运行不利。精密空调温度调节精度为1℃，温度基本无波动。

③ 运行时间和工况不同。普通的舒适性空调一般用于较短时间运行的工作环境下，在室内人员长时间离开的情况下，空调便会被关闭。而且，舒适性空调夏季一般是运行在制冷工

况下,冬季运行在制热工况下。如果控制舒适性空调在冬季进行制冷的话,室外冷凝器因为冷凝压力过低而很难正常运行。

但通信机房内的各类通信设备一般都是 24 小时不间断运行的,这就要求机房精密空调也要长期不间断地运行,具备极高的可靠性。而且,即使在冬季室外气温在 0℃度以下的时段,由于通信机房内设备密度高、散热量大,机房精密空调也必须进行制冷降温。

④ 湿度控制功能不同。普通舒适性空调一般不具备加湿功能,只能进行除湿。湿度过高产生的水滴及湿度过低产生的静电对设备运行都不利。精密空调的重要控制参数为湿度,可以达到±5%的控制精度。

⑤ 空气过滤能力不同。普通空调只具备简单的空气过滤功能,其过滤器的过滤效果很难达到弱电设备机房中众多弱电设备对空气洁净度的要求。精密空调严格按照美国 ASHRAE52-76 标准设计,性能上完全满足直径大于 0.5 μm 的尘粒 18000 粒/L(B 级),配合以大风量循环,保障机房洁净。

⑥ 设计寿命不同。普通空调标称设计寿命为 10 年,然而其计算方法为每年应用 1~3 个季度,每天运行不超过 8 h,根据精密空调全年 365 天、每天 24 h 设计寿命的计算方法要求,其设计寿命一般不超过 5 年。

⑦ 能效不同。在发挥同样制冷效果的前提下,普通空调的耗电量是精密空调耗电量的 1.5 倍左右。精密空调选用的工业等级压缩机能效比高达 3.3;而普通空调目前业界选用的高等级压缩机能效比约 2.9,也就是说 1 kW 电能仅能产生 2.9 kW 冷量,低于精密空调。

因此,精密空调不仅是一种简单的制冷系统,还能结合精密的微处理控制系统,对环境温度、湿度、空气洁净度和空气分布进行精确、综合的控制。精密空调系统提供各类送风和回风方式(如上、下风系统),适合不同弱电机房设计及应用要求,如小型机房常采用风冷和上出风方式的小型精密空调,而大中型机房则主要采用水冷和地板下送风或天花板侧送风方式的大中型精密空调。

精密空调拥有高效率的空气过滤装置及电极蒸汽加湿器,电加热器散热部分采用远端空冷式冷凝器,或配有压力控制的水或乙二醇冷凝器,同时,以冷冻水为冷媒,另有乙二醇节能型冷却系统高可靠的备份功能。从成本角度考虑,普通空调初期投资远低于精密空调,但由于精密空调可以节省大量运行维护成本,一般经过 3~4 年,普通空调和精密空调的费用就相差不大,此后两者的费用就越来越接近以至持平。

4. 机房空调设计

① 通信机房空调设置原则:空气调节装置的设置分长年运转的空调装置和季节性运转的空调装置,应根据通信设备长期正常运转所需的温度、湿度及气候条件确定,一般可参见表 5.9。

表 5.9 设置空气调节装置的机房

机房名称	空调装置要求
程控机房、光端机房、移动通信交换机房等	不论气候条件,均应设置长年运转的空调装置
半自动业务监控室、话务员调度室、卫星地球站机房、数字传输机房等	不论气候条件,宜设置季节性运转的空调装置
电力配电机房	根据各地气候条件或设备厂家的要求,可设置季节性空调装置

② 冷负荷与得热量。

冷负荷是指为了维持室内设定的温度，在某一时刻必须由空调系统从房间带走的热量，或者某一时刻需要向房间供应的冷量。

房间的得热量是指通过维护结构进入房间和房间内部散出的各种热量。它由两部分组成：一是由于太阳辐射进入房间的热量和室内外空气温差，经维护结构传入房间的热量；另一部分是人体、照明、各种工艺设备和电器设备散入房间的热量。根据性质的不同，房间得热量可以分为潜热和显热两类，而显热又包括对流热和辐射热两种成分。空调系统依靠送风带走室内的热量，只能是对流热，这就是负荷。而上述得热量含有辐射成分不能被送风所吸收。这部分辐射通过被辐射的围护结构的蓄热-放热效应才能转化为对流成分。这种转化必然产生峰值的削减和时间的延迟，其结果是使得热曲线变成负荷曲线时被延迟、被削平。负荷峰值小于得热峰值。也就是说，得热和负荷是两个不同的概念，得热含有辐射成分。

维护结构的冷负荷计算有许多种方法，目前国内采用较多的是谐波反应法和冷负荷系数法等，但理论计算工作量大，可操作性差。在工程设计中，往往只能根据经验估算预冷负荷。例如，一般办公室每平方米建筑面积提供的制冷量不低于 180 W，一般会议室每平方米建筑面积提供的制冷量在 180～290 W 之间，一般设备机房每平方米建筑面积提供的制冷量在 290～380 W 之间。

③ 机房湿负荷：机房内没有其他湿源，仅考虑人体散湿量，按轻度劳动从散湿量表中查得相应设计温度下的成年男子散湿量，再乘以房间内人数和群集系数，即为机房的湿负荷。

5.4.4 机房新风系统

新风系统是现代机房设计不可或缺的系统之一，利用新风系统的优点如下：
① 有利于机房环境温度、湿度和空气质量极大改善；
② 节约能耗；
③ 节约资金；
④ 实现自动控制，减少故障率，同时与消防系统实现联动，在出现火灾时，把有害烟雾及时排出，最大限度地保证工作人员安全。

新风系统与过去机房空调系统最大的不同是冷风循环的空间不同。过去的机房空调排出的冷风是对整个机房的空间进行弥漫式降温，而现在的新风系统是对机房静电地板下面（静压仓）进行降温，静压仓的空间相对机房整体空间小很多，以 200 m^2 的机房为例，静压仓的体积是机房整体体积的 1/20，制冷静压仓的温度与制冷整体机房温度的空调开启时间几乎是 20∶1。这样的弊端是空调使用频繁，寿命降低，造成的浪费和损失可想而知。

机房空调系统的新风量按下面要求的较大值确定：
① 按工作人员每人 30～60 m^3/h；
② 机房空气量循环次数标准应大于 2～3 次/h；
③ 维持机房室内正压所需的风量。

空调房间的气流组织是空调系统的重要环节。在相同的热负荷下，气流组织的方式不同，空调的效果就会有很大的差异。在确定气流组织时主要考虑以下问题：
① 计算机系统的散热方式及发热量；
② 计算机设备在机房内的布置；
③ 机房内的热负荷；
④ 计算机机房内的操作人员。

由于要考虑以上因素，机房专用空调机送回风形式是多种多样的，主要有上送下回、下送上回、上送上回、中侧送上下回四种。在机房空调系统中最常用的是前两种方式。上送下回的气流组织形式为送风口位于顶棚上，垂直向下送风；或位于侧墙上部，流型为贴附射流。回风口设在房间下部。送风时气流在由上而下的流动过程中不断混入室内空气，进行热湿交换，与室内空气充分混合，能很好地保证工作区的温湿度精度和风速的规定值。这种气流组织形式，有利于保证机房内空气的洁净度，而且操作人员感到舒适、卫生，还可以使设备获得所要求的冷却效果。因此，这种气流组织形式在小型计算机房中经常使用。下送上回的气流组织形式，其送风口位于地板上或侧墙下部，回风口设在顶棚或侧墙上部。清洁的冷空气首先进入工作区，低温空气可经过较短的路径进入机柜，进入机柜的空气受室内污染影响小，冷量利用好，同时上部排风带走上部空间的大量余热。侧墙布置送风口受到机器设备的限制，气流组织易受设备阻碍而被破坏，操作人员的腿部常有吹风感。

近年由于防静电活动地板在机房中广泛铺设，因此机房专用空调采用下送上回方式送风的居多。这种方式使冷气直接进入活动地板下，这样使地板下形成静压箱，然后通过地板送风口把冷气均匀地送入机房内，从而送入计算机柜内。为此，机房专用空调应有足够的风量把机房中的热量带走。采用这种送风形式可大大提高空调效率，同时还可以大幅度节省过去习惯的管道送风的工程费用，降低工程造价，使室内布局美观。这是计算机房理想的送风方式。当然，机房送风形式要与计算机主机散热形式一致。

由于地板采用的是活动板格，可调风口定制于活动板上，因此风口可随室内设备、人员位置的调整而调整，既能避免风口对人体直吹，又能使设备发热量及时排出。

另外，在进行送风口布置时，应考虑到无组织的漏风量。活动地板之间的缝隙，以及地板接线开口，在空调运行时，由于压差存在漏风现象，在计算送风面积时，应扣除漏出的风量，风口的出风速度不应大于 3 m/s，且送风气流不应直对工作人员，交换机下的送风口面积应按大于或等于设备冷却所需的风量来计算，以防进入交换机架内的冷风量不足。

5.4 机房消防与防火

1. 造成通信机房火灾事故的主要原因

造成通信机房火灾事故的主要原因可以归纳为以下几点：
① 电器设备或装置漏电、过负荷、短路，或电气连接点接触电阻过大；
② 电线和电缆的布线设计或施工不符合规范的要求；
③ 绝缘材料损坏或老化，线路老化或超负荷运行，同时长期温升加速了设备和线路的老化；
④ 防雷和接地系统设计不良，雷电、静电、高频感应等；
⑤ 使用可燃性装修材料，尤其是空调隔热层和风管隔热层等处所使用的材料，容易被人们疏忽。
⑥ 抽烟、采暖、蚊香等日常生活；
⑦ 由于防鼠措施不力，导致电线遭受鼠害后引起短路；
⑧ 管理不善，出现杂乱堆放易燃物品或保养维修时引入易燃易爆的清洗溶剂等现象；
⑨ 消防隔离设计欠妥，容易被相邻建筑火灾殃及。

通信建筑一般为高层建筑，因而具有高层建筑火灾的特点：火势蔓延迅速、人员疏散困难、火灾隐患多；同时因大量通信设备的存在，又具有电器火灾的特点：火灾危害大、烟雾量大、直接间接经济损失及后果严重。防火，就是彻底消除上述火灾隐患。

2．消防器材与配置要求

消防器材主要包括沙子、灭火机、水及消火栓等，如图 5.6 所示。消防系统主要包括火灾自动报警系统和自动灭火系统。

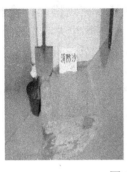

图 5.6 沙子、灭火机、消火栓

通信工程需要气体保护的区域多为设备机房，人员流量大，设备投资高；需要气体保护的防护区多，空间也较大，选用组合分配的系统较多。目前，应用较多的有二氧化碳灭火系统、IG541 灭火系统、七氟丙烷灭火系统和 SDE 灭火装置等。

二氧化碳灭火系统具有来源广泛、价格低廉、无腐蚀性、不污染环境等优点，但瓶组占地面积大、泄漏点多，给以后的维修会带来一系列的难度，而且气体容易从液压站的开口处流失，很难保证其灭火浓度。灭火剂喷放后的沉降也较快，特别是在高度和空间较大的情况下，高处火灾就难以扑灭。所以，二氧化碳灭火系统可用在小空间无人值守机房。

IG541 灭火系统具有投资低，对人体安全等许多优点，但设备储存压力大，维护难，所以适用在大型通信建筑工程中。

对于中小型建筑目前采用最多的气体灭火系统为七氟丙烷灭火系统和 SDE 灭火装置。它们的灭火效率高，对大气臭氧层的损耗潜能值（ODP 值）为零，对人体相对安全，瓶组占地面积小。七氟丙烷灭火系统既可采用单元独立系统又可采用组合分配系统，其扑灭固体表面火灾的性能显著；而 SDE 灭火装置更多的是用于单元独立灭火系统，它既可扑灭固体表面火灾，也可以扑救固体深位火灾。

为保证通信畅通和人员安全，要经常对报警系统和设备系统进行检测维护，做到报警及时，安全通道畅通，喷洒正常，切实可行地做到以人为本。

通信机房消防配置要求：

① 条件成熟单位，机房配备火灾自动报警系统和自动灭火系统。

② 基层单位机房，必须配备一定数量的二氧化碳灭火机，以及消防用沙，并且一定要放在醒目、容易拿到的地方。（消火栓不需要上锁）

③ 消防工程所采用的器材和设备必须是经国家指定的检测中心确认合格的产品。

3．通信机房建设中应注意的几个方面

① 活动地板的安全防火性。出于对设备布局、线缆的布置及扩容的灵活性、通风散热以及静电防护等多方面的考虑，通常希望采用活动地板来建设机房。但鉴于市场上活动地板品

牌多、性能差异大，设计时一定选择符合 A 级防火标准的陶瓷防静电活动地板和全钢结构的防静电活动地板，这样才能达到安全防火要求。

② 机房鼠害的防范。机房鼠害的防范应着眼于堵和驱，而堵是最根本和最有效的措施。彻底堵封机房墙体、门的缝洞是防鼠患的前提条件，实现起来相对容易。但要对电缆桥架尤其是纵向走线的电缆线架的缝洞进行堵塞，往往会存在一定的难度。建议在靠近电缆桥架进出口处物色一个相对方便的工作面，打开电缆桥盖，将金属网格或木板水平地放入电缆槽内，然后放入粒度适当并粘有胶泥的小石块，让其基本充满槽体，接着用粒度较小的石块填充，直至槽内尽可能充满，最后在盖上电缆桥盖。这个方法可有效地阻止老鼠出入，同时又便于今后必要时取出填充物料，进行各种维修作业。至于水平放置的电缆槽可以不采用粘合措施。

对于无法彻底实施封堵的处所，就有必要考虑采取在电缆表面涂驱鼠药剂和使用安全可靠的驱鼠设备等措施了。

5.5　机房照明

1．照明系统的种类

通信机房一般配备三种照明系统，即常用照明（由市电供电的照明系统）、备用照明（由柴油发电机供电的照明系统）、事故照明（由蓄电池供电的照明系统，在常用照明电源中断而备用电源尚未供电时自动启用）。

一般市电电源供给正常照明、电梯、采暖、通风、空调和给水、排水用电设备等的用电。

油机电源供给局部照明、消防控制室、消防水泵、消防电梯、火灾自动报警、自动灭火设备的用电以及保证常年需要空调的机房的空调用电，电源应从低压配电室或柴油机发电室引用。

蓄电池直流电源应从低压配电柜上引用。

2．照明系统的配置要求

一般情况下，通信机房三种照明系统均应独立配置。规模较小的通信机房，在不增大油机容量的条件下，可将正常照明与备用照明系统合并。

按新规范规定主机房和辅助区内的主要照明光源应采用高效节能荧光灯，其镇流器的谐波限值应符合国家标准规定（电磁兼容限值谐波电流发射限值），且应采用分区、分组的控制措施，在平时无人时可以关掉部分光源，以达到节约电能的目的。

电力室、蓄电池室、高压室、低压室、油机室以及坑道通信机房，一定要安装事故照明系统；当正常照明因故障熄灭时，应能自动启用备用照明或事故照明系统，以保障人员继续工作或疏散。其他机房的事故照明应根据工艺提出的具体要求进行设计。

3．机房灯具

一般通信机房和值班工作室采用普通荧光灯具。坑道通信机房和潮湿机房采用具有防潮性能的灯具。

为了避免油机室的频闪效应，宜采用带有开启式灯具的白炽灯。

照明插座一般距地 0.3 m 以上。

4．照度要求

根据机房设备的特点、安装方式和值班人员的工作状况，照度可分为垂直工作面的照度和水平工作面的照度。机房最低照度要求如表 5.10 所示。

表 5.10 机房最低照度要求

名　　称	被照工作面	工作面距地高度/m	最低照度/lx
一般照明	水平	0.0	30
测量仪表	垂直	1.4	50
配线架	垂直	1.4	50
工作台	水平	0.8	75
维修台	水平	0.8	200

灯具数量和布置可根据规定的最低照度值和通信设备的布置图确定。一般水平照明，要求 36 m² 面积内最少安装 2 只 40 W 的荧光灯。

5.6 机房空间规划与设备布局

通信机房作为通信企业的基础设施，是运营商的一种有限但又极其珍贵的资源。因此，对于机房的布局要有一个统一设计的和长远的规划，而不能是每个工程只图自己方便，只考虑本期工程所建设备的摆放及布局，否则可能会使机房无法继续扩容，造成机房资源的浪费。

5.6.1 机房空间规划

通常通信机房可划分为主设备、传输、配线、网管、空调和电源等区域。主设备区主要安装发射机、接收机、小型计算机机、服务器、存储、路由器、交换机及机柜等设备，根据设备供电方式不同，还可以细分为直流设备区和交流设备区。传输设备区主要安装各种 SDH、WDM 传输设备。配线区主要有 ODF、DDF 架等，用于通信台站的线缆输入与输出，或楼层间互联互通。

机房的空间规划包括平面规划、立面规划，应根据业务需要，通过相关设备专业的协调沟通，共同完成机房性质、用途、空间大小、设备规模及互联互通等。良好的机房空间规划不仅可以使机房整洁美观，更重要的是，提供和满足设备安全、稳定、可靠的运行环境，也可以保证机房中远期设备的正常安装扩容，为工作人员创造健康、便捷、舒适的工作环境，并提高通信设备运行维护管理的效率。

1．机房平面规划

机房平面规划主要包括机房的平面布局、区域划分及使用定位等，遵循功能分区和便于操作的原则。

功能分区原则：在机房平面规划中，首先按照通信设备间逻辑关系、使用定位等进行功能划分，然后依据台站建筑进行区域布局设计，要充分考虑设备和机柜的特点及机房布局，每个区域、房间或楼层布置规划不同类型的设备，一种类型的设备规划为一个区或一间房，并且根据业务类型的不同，也可以将本地网与干线网，波分设备与传输设备，成端配线架（DDF/ODF）分开规划设计。例如，外光缆引入机房光纤配线柜（ODF）集中为一个区，与设备相连接的光纤配线柜（ODF）集中为一个区，数字配线架（DDF）集中为一个区，这样机房的布局会美观很多，而且减小跳线长度方便于运行维护。对于大型综合机房可考虑是交换、传输、数据等设备同在一个楼层，多种专业设备同置一个机房内室，以方便设备之间的连接。图 5.7 所示为某通信枢纽楼平面图。

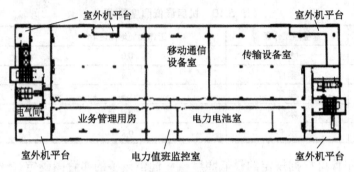

图 5.7　某通信枢纽楼平面图

便于操作原则：依据设备占地空间、操作维护及扩容冗余等需要，首先机房要有足够大的空间，也可设计成套间，里间装机器，外间为控制室，里外间的隔墙可做成铝型材玻璃墙，或普通砖墙安装宽幅玻璃窗，便于在外屋隔着玻璃观察机器的工作状况。

另外，根据机房跨度大小，设备或机架可采用双列（面）排布或者单列（面）排布，如图 5.8 所示。如机房跨度较小，而为提高机房利用率，可以考虑采用单列排布方式。成行排列的机柜，其长度超过 6 m 时，两端应设有出口通道；当两个出口通道之间的距离超过 15 m 时，在两个出口通道之间还应增加出口通道。机房内要预留主走道，主走道宽 1.5～1.8 m，次走道宽 1.0 m 以上。放置空调侧设备预留走道净宽不低于 3 m，列间距建议 1 m 左右，设备或机架距墙 0.8 m 以上，传输区应尽量靠近弱电井或楼层上线柜。

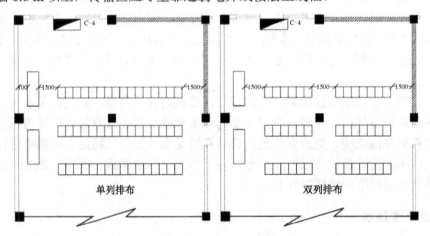

图 5.8　机柜双列排布与单列排布示意图

2. 机房立面规划

通信机房的垂直空间布局，需要考虑机房内相关设备的高度、电缆桥架安装高度（桥架有侧板时还应考虑侧板高度）、施工及维护空间、空调及送风设备的高度、消防管线高度、梁高等因素。

机房的垂直空间一般由地板下净空间、机架高度、机架上方预留区域、走线架区域、消防区域、空调吊顶区域组成。照明灯具可复用其中的空间布置布局。因为可能影响设计阶段的建筑层高，机房的垂直空间布局应慎重对待。

当面临某些现有空间改为机房时，有时会发现垂直空间不足，可以通过取消活动地板、在合理范围内降低走线架空间（如减少走线架层数）等方法对垂直空间重新布局。需要注意的是，不能过分地压缩立面空间，而使立面空间无法达到设备的安装及维护要求。无法满足垂直空间布局要求的空间不宜作为通信局房使用。

一般通信机房的实用面积是有限的，为了能最充分地利用有限的资源，工程设计时可考虑立体多层走线架设计，此时不但要考虑机房平面资源，还要考虑机房的立体空间资源，尽量使交流电源线、直流电源线、弱电信号线（同轴电缆、网线等）、光信号线（光纤光缆）等分线架（或槽道）的走线布设。

5.6.2 机房设备布局

1. 机房设备规划布置

机房确定下来以后，机房内设备摆放位置的确定，即机房的布局也是至关重要的。一个机房布局是否合理，直接影响到设备的安全运行、机房的节能降耗及面积利用率等。

① 逻辑关系和功能分区原则

机房设备的布局应严格按照设备间及机柜的特点和逻辑关系，采取功能分区、分块布置、配线集中的原则，进行机房设备规划布置。机房内每个区域布置规划不同类型的设备，一种类型的设备规划为一个区，这样不但减小跳线长度，方便于运行维护，而且布局会美观漂亮。图 5.9 所示为移动基站机房设备布局图。

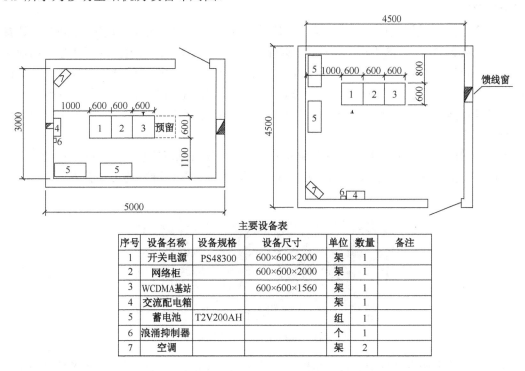

图 5.9 移动基站机房设备布局图

② 就近布局排列编号原则

就近原则是就是设备与成端配线架等在布局规划时，应该从两种设备就近的位置为起始点进行排列编号，设备机架编号是小号的设备，应该距离它线路成端的配线架最近，而且它成端配线架编号也应该是配线架设备的最小编号，这样布局规划的结果是，便于设备电缆的布线，能利用走线架上的平面面积和上面的立体空间。

传输设备布局和走线的两个方案如图 5.10 所示。很明显，方案 2 不合理，对以后扩容布线有影响；而方案 1 比较好，这样安排布局有利于设备的扩容和线缆的布放。由近及远是以后机房内再进行设备扩容的规划方法；设备按顺序排列扩容，不要中间预留或者空缺位置，便于设备进行编号统计，便于通信信息资源的管理。

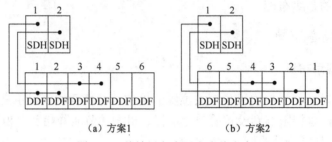

图 5.10 传输设备布局和走线方案

③ 冷热通道布置原则

传统机房的设备及机柜在摆放时，应充分考虑设备通风、散热、防潮、除湿问题。以前人们仅考虑美观和便于观察来进行设备及机柜摆放，经常使机房内冷热风混合形成短路气流，而正确的做法应该是：

机柜列间距应根据装机功耗、机柜所需散热风量的大小以及机柜的维护空间合理选择。对于送风距离超过 15 m 的机房，建议两侧布置空调区域，以保证空调的送风效果。而对于热密度大、热负荷大的机房，采用"下送风，上回风"的方式，有利于设备的散热；对于高度超过 1.8 m 的机柜，采用"下送风，上回风"的方式，可以减少机柜对气流的影响。

当机房送风选择"上走线，下送风"方式时，在冷通道设置可调节的地板送风口，架空地板的净高不小于 350 mm。

当空调送风方式为风管上送风或者地板下送风时，应将机柜的吸风面安排在冷通道上，排风面（背面）安排在热通道上，形成机柜"面对面、背对背"的冷热通道布置方式，如图 5.11 所示。

图 5.11 地板下送风系统原理图

当选择风管上送风（见图 5.12）精确上送风（见图 5.13）方式或封闭冷通道地板下送风方式时，需采用机柜前部有专用送风通道的定制机柜，即可将空调冷风通过风管送到每个通信机柜中，此时机柜布置不需要区分冷、热通道，可采用统一朝向。当空调采用精确送风后，占用机房的净高约为 400～500 mm，这对通信机房桥架的安装及布线的规划提出了更高的要求。

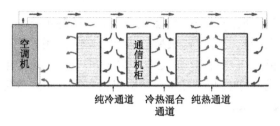

图 5.12　风管上送风系统原理图

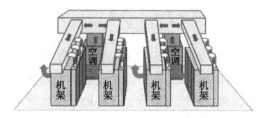

图 5.13　精确上送风系统示意图

当机房送风选择"上送风接风管"方式时，送风管易设置在冷通道上方且送风口尽可能接近机柜的进风面。当选择加回风吊顶（风管）的冷通道封闭下送风时，机柜布置需设置冷热通道，回风口对应热通道。

④ 高密度机架布置原则

目前，随着设备的集中与单机功耗的提升，单机架平均运行功率越来越大（如超过 5 kW 机架），采用的机架布局策略主要有两种：分散法和整合法。分散法就是分散负载，将高功率机架中的设备分散到多个机架中以降低机架功率密度，或将高功率机架分散到低功率机架列中；整合法就是将高功率机架集中在一个区域，设置高密度区，为该区域单独提供合理的空调设备和气流组织形式。

高功率设备所产生的热量会造成部分区域温度远高于周边，形成热点。如果不是放置在空调降温明显的区域，要消除机房设备热点，就应将机房整体空间降至很低温度，让这些热点区域达到规定温度。殊不知，这样的操作会让其他非热点区域温度远远低于规定温度，这样就造成了能源的过度消耗。将通信设备放置在空调降温明显的区域，会节省空调耗电量，大大提高通信机房的电能有效利用率，从而起到节能降耗的目的。

其次高功率设备尽量放置在主通道附近，正对空调排气口，或每一列机柜的头柜等位置。解决机柜内设备局部热点问题，也可以采用调配通信设备位置的方式来解决，把大功率的设备安装在机柜中部位置，以便获得最大的配风风量。另外的解决方法是，启用机柜的上部或下部位置安装轴向水平的强排风扇，增强上部或下部的吸入能力（即减小设备的入口静压），从而增加配风风量。

图 5.14（a）(b) 分别是分散法和整合法高功率机架布置示意图。通常，在机房高功率机架数量较少（仅占整个机房机架的一小部分，小于 20%）的情况下常采用分散法布置。采用此方法，对空调制冷系统影响不大，其缺点是机房制冷和供电系统效率不高。采用整合法布置时，能为高密度区域提供可预测的高效率的制冷和供电，但需要对机房提前规划。

通常建议在每列机架列头设置电源列头柜，用于本列集装架的供电。

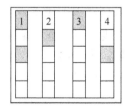
（a）分散法

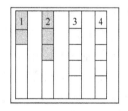
（b）整合法

注：图中阴影部分为高功率机架，非阴影处机架为普通功率机架

图 5.14　高功率机架布置示意图

2. 机房线路布局与区域互通

机房布线是整个布线工程中最复杂的，因为一般的机房中都会有成百上千条各种线缆，其中包括电源线、直流电源线、弱电信号线、光纤光缆等；在大型的通信台站中，还可能有上万条，甚至几十万条线缆。作为管理维护人员，在网络出现问题时，不得不经常在这成堆的电缆中寻找答案。这就要求在布线之初就养成良好的工作习惯，其中包括各种设备摆放整齐，将各种线缆整齐、有序地分类扎好，并做好标识。

① 三线分离。

三线分离是指机房内的交流、直流电缆（线）与通信电缆（光缆）信号线必须分开布放。信号线、直流电源线及交流电源线分开，各走各的槽路，以免三线间产生高热，从而引发火灾等安全的隐患，给运维工作带来很大的困难。合理走线还可以杜绝电力线对信号线的信号干扰。三线分离的布线方式一般分上走线和下走线，其中上走线分两层走线架布放，电源线和信号线分开，交流和直流线同层分开布放或交流线穿管。其中强电布线和弱电布线均放在金属布线槽内，具体的金属布线槽尺寸可根据线量多少留有一定的余量（一般为 100mm×50mm 或 50mm×50mm）。强电线槽和弱电线槽之间的距离应在 200mm 以上，互相之间不能穿越，以防止相互之间的电磁干扰。

② 集中配线区（架）。

集中配线区（架）特别有利于实现三线分离。另外，集中配线可减小跳线长度，有利于查找故障，缩短处理故障时间。因此，建议将数字配线架、光纤配线架相对集中。

因初建时设备较少，无法预见今后的发展，随意布放设备，造成设备布局不合理。如果每一个工程均根据自己的方便，设置配线架，造成配线区不集中，分散在各列，就会给设备运维造成很大的困难，机房内部的跳线加长、增多，布线困难等。还要考虑配线架位置。配线架在整个网络机房的中心区，可减小两边线路的长度。这就是平面布局方法的考虑，这种考虑一定会节约很大空间。

③ 机柜间互通。

机柜内预留配线空间机柜内设备配置频繁变换，数据线和电缆随时增减。所以，机柜必须提供充足的线缆通道，能从机柜顶部、底部进出线缆。在机柜内部，线缆的敷设必须方便、有序，与设备的线缆接口靠近，以缩短布线距离；减少线缆的空间占用，保证在设备安装、调整、维护过程中，不受到布线的干扰，并保证散热气流不会受到线缆的阻挡。同时，在故障情况下，能对设备布线进行快速定位。

④ 楼层间互通。

为保证通信安全和机房内电缆布放方便，各种给、排水管道不得穿越生产机房。通过楼板的孔洞，根据不同的情况应采取防水、防火、防潮、防虫等措施。屋面应具有防渗漏、保温、隔热、耐久的性能，楼层地板严防漏、渗水。通信楼内电缆垂直、水平方向走线较多，为安装设备时布放缆线的需要，在各层均设置电缆上线井用作垂直走线。

所有上线竖井内需预埋铁件，用于安装上线铁架。为走线方便，每个上线井必须自下而上，上下左右对齐，上线井内应设置垂直走线架，并在各层机房内采用防火材料做门。至楼顶的孔洞要有雨蓬，以防漏水。电缆上线井应防火，设防火门且密闭可开启，预留可拆卸的电缆进线孔洞组合板，楼板洞做子口，洞口加装防火盖，防火盖可以用多块组成，以便灵活使用。

机房规划除了保证近期设备的安装，也要满足中远期发展规划，而且机房规划只是预安排，在安装设计阶段很可能发生变化。因此，机房规划要有通用性，保留一定的通用性平面空间，以适应不同专业及厂家的设备。

复习思考题

1. 简述通信台站机房工程项目的大体构成。
2. 简述通信台站机房工程特点。
3. 简述通信台站机房分类及分级。
4. 通信机房的选址应考虑哪些因素？
5. 机房建筑及装饰包括哪些内容？有何要求？
6. 通信机房环境主要参数有哪些？不利环境对其影响如何？
7. 何为显热、潜热及显热比？简述通信机房冷热负荷特点。
8. 简述机房精密空调与普通舒适空调的区别。
9. 简述机房空调的常用气流组织方式，并说明机房空调系统的新风量的确定原则。
10. 简述造成通信机房火灾事故的主要原因。
11. 通信机房消防有哪些配置要求？
12. 通信机房一般有哪三种照明系统？其作用如何？

第6章 综合布线工程

6.1 概述

6.1.1 综合布线系统概念

将建筑物（群）内语音、数据、视频、安监及信息交换等线缆网络，进行标准通用模块化设计和开放式星状拓扑的综合布置，该过程称为网络综合布线（Premises Distribution System，PDS），所构成的灵活、开放、统一管理的整体称为开放式布线系统（Option Cabling System）。

该系统为一种弱电项目，由贝尔实验室于20世纪80年代初首创，由相同系列和规格的部件组成，如传输介质（超五类、六类、七类双绞线等）、连接硬件（配线架、连接器、插座、插头、适配器等）以及电气保护设备等。它是目前建筑物智能化必备的基础设施，其线缆的传输能力百倍于旧的传输线缆，其接口模式已成为国际通用的标准，并把旧的各种标准兼容在内，因此用户无须担心目前和日后的系统应用和升级能力。它采用了模块化结构，配置灵活，设备搬迁、扩充都非常方便，从根本上改变了以往建筑物布线系统死板、混乱、复杂的状况。

另外，将通信台站机房的强电、弱电、光缆及防雷接地等项目的线缆，综合规划，统一布置设计、敷设与管理的过程，称为台站机房布线。台站机房布线所涉及的线缆种类多，规范多，技术要求更高，比网络综合布线复杂，本节主要讨论网络综合布线。

6.1.2 综合布线系统组成

综合布线系统是利用双绞线和光缆将建筑群及建筑物内部之间的各种设备，如计算机、网络设备、程控交换机及自动化控制系统等，通过设备间子系统、垂直（干线）子系统引到各楼层管理子系统，再经跳线的跳接，由水平子系统传至终端设备。

综合布线系统由以下六个子系统组合而成：工作区子系统、水平（配线）子系统、垂直（干线）子系统、设备间子系统、管理子系统、建筑群（干线）子系统。综合布线系统组成如图6.1所示。

① 工作区子系统。工作区子系统是由终端设备连接到信息插座之间的连线（或软线）和适配器构成的，其中包括装配软线、适配器以及连接所需的扩展软线。在某些终端设备与信息插座（TO）连接时，可能需要特定的适配器，使得连接设备的传输特点与布线系统的传输特点相匹配，如模拟监控系统通常需要适配器连接设备。

② 水平（配线）子系统。水平子系统由连接各办公区的信息插座至各楼层配线架之间的线缆构成。它将各用户区引至管理子系统。

③ 垂直（干线）子系统。垂直子系统由连接主设备间至各楼层配线架之间的线缆构成，一般采用光纤及大对数铜缆，将主设备间与楼层配线间用星状结构连接起来。

④ 管理子系统。管理子系统分布在各楼层的配线间内，管理各层或各配线区的水平和垂

直布线。

⑤ 设备间子系统。设备间子系统由主配线架及跳线构成的,它通过用户程控交换机,将计算机主机及网络设备连接到相应的垂直子系统上,对整个大楼内的信息网络系统进行统一的配置与管理。

⑥ 建筑群（干线）子系统。建筑群子系统将一个建筑物中的电缆延伸到建筑群的另外一些建筑物中的通信设备和装置上。

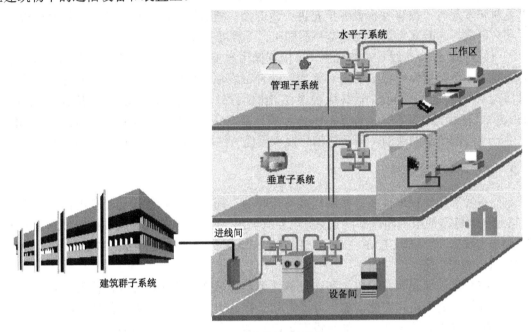

(a) 空间结构示意图

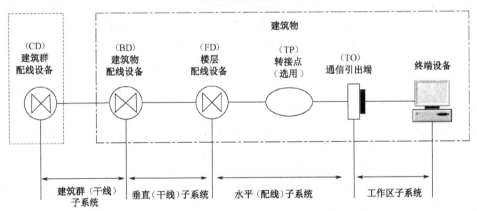

(b) 逻辑结构示意图

图 6.1 综合布线系统组成

6.1.3 综合布线系统特点和标准

1. 综合布线系统特点

① 实用性：综合布线系统实施后,不但能满足现在通信技术的应用,而且也能满足未来通信技术的发展需要,即在系统中能实现语音、数据、图像及多媒体信息的传输。

② 灵活性：综合布线系统能满足灵活应用的要求，即在任何一个信息插座上都能连接不同类型的终端设备，如个人计算机、可视电话机、可视图文终端、传真机、数字监控设备、楼宇控制设备及安全防范系统等。

③ 模块化：在综合布线系统中，除去敷设在建筑物内的铜缆或光缆外，其余所有接插件都是可扩展的标准件，以方便维护人员的管理和更换。

④ 可扩充性：综合布线系统是可以扩充的，因为在设计时已考虑更高的应用，以便将来技术更新和发展时，很容易将设备扩充进去。例如，随着技术的发展，信息交换对传输速度的要求会更高，这时只需更换高速交换机即可，不需要更换布线系统。

⑤ 经济性：综合布线系统的应用，可以降低用户重新布局或设备搬迁的费用，节省了搬迁的时间，还可降低系统维护费用。因为，综合布线是一种星状拓扑结构，而这种星状结构具有多元化的功能，它可搭配其他种类结构的网络一起运行，如总线型拓扑结构（Bus Topology）、环状拓扑结构（Ring Topology）单环或双环、星状拓扑结构等。只需在适当的节点上进行一些配线上的改动，即可将信号接入至任一结构上，而不需要移动缆线及设备。

2. 综合布线系统标准

综合布线系统的标准很多：按照标准及范畴的不同可分为元件标准、应用标准和测试标准；按照制定标准的组织团体不同来分，主要有美国 ANSI TIA\EIA-568A\B\C、国际 ISO\IEC ISO 11801-2002、欧共体 CENELEC NE 50173、加拿大 CSA T529、中国 GB T50312—2007 和 GB/T50311—2007 等。

综合布线系统标准为布线电缆和连接硬件提供了最基本的元件标准，使得不同厂家生产的产品具有相同的规格和性能。这一方面有利于行业的发展，另一方面使消费者有更多的选择余地以提供更高的质量保证。如果没有这些标准，电缆系统和网络通信系统将会无序、混乱地发展。"无规矩不成方圆"，这就是标准的作用，而标准只是对我们所要做的提出一个最基本、最低的要求。在所有标准中，一般都会分为强制性标准和建议性标准两类。所谓强制性标准，是指所有要求必须完全遵守，而建议性标准意味着也许、可能或希望达到的。强制性标准通常适于保护、生产、管理、兼容，它强调了绝对的最小限度可接受的要求；建议性标准通常针对最终产品，用来在产品的制造中提高生产率。建议性标准还为未来设计要努力达到的特殊兼容性或实施的先进性提供方向。

在对布线系统布线的设计、硬件安装和现场测试时，无论是强制性的要求还是建议性的要求，标准要一致，都应是同一标准的技术规范，否则就会出现差异。

我国综合布线系统常用的标准及规范有：

▶ 美国电子工业协会/通信工业协会 EIA/TIA568《工业标准及国际商务建筑布线标准》；
▶ 《建筑通用布线标准》（ISO/IEC11801）；
▶ 《建筑布线安装规范》（CENELECEN50174）；
▶ 电器及电子工程师学会 IEEE802 标准；
▶ 中华人民共和国邮电部标准：《建筑与建筑群综合布线系统设计要求与规范》（YD/T 926.1，926.2）；
▶ 中华人民共和国国家标准：《综合布线系统工程设计规范》（GB 50311—2007）；
▶ 中华人民共和国国家标准：《综合布线系统工程验收规范》（GB 50312—2007）；
▶ 《市内电信网光纤数字传输工程设计技术规范》；

► 中华人民共和国保密指南：《涉及国家秘密的计算机信息系统保密技术要求》（BMZ1—2000）。

6.1.4 智能建筑与综合布线

智能建筑（大厦）、智能化小区已成为 21 世纪建筑的主要发展方向。

1. 智能建筑的系统组成和基本功能

智能建筑的系统组成主要有三大部分，即大楼自动化（又称建筑自动化或楼宇自动化，BA）、通信自动化（CA）和办公自动化（OA）。这三个自动化通常称为"3A"，它们是智能建筑中最重要的，而且必须具备的基本功能。目前，有些地方为了突出某项功能，以提高建筑等级和工程造价，又提出防火自动化（FA）和信息管理自动化（MA），形成"5A"智能建筑，甚至有的文件又提出保安自动化（SA），出现"6A"智能建筑；但从国际惯例来看，FA 和 SA 均放在 BA 中，MA 已包含在 OA 中，通常只采用"3A"的提法，为此，建议今后以"3A"智能建筑提法为宜。

① 大楼自动化（BA）。大楼自动化主要是对智能建筑中所有机电装置和能源设备实现高度自动化和智能化集中管理。具体来说，是以中央计算机或中央监控系统为核心，对房屋建筑内设置的供水、电力照明、空气调节、冷热源、防火、防盗、监控显示和门禁等系统以及电梯等各种设备的运行情况，进行集中监测控制和科学管理。

② 通信自动化（CA）。通信自动化是智能建筑的重要基础设施，通常由以程控数字用户电话交换机为核心的通信网和计算机系统局域网（包括软件）组成。这些设备和传输网络与外部公用通信设施联网，可完成语音、文字、图像和数据等的高速传输和准确处理。通常，通信自动化由语音通信、图文通信和数据通信三大部分组成。

③ 办公自动化（OA）。办公自动化是在计算机和通信自动化的基础上建立起来的系统。办公自动化系统通常以计算机为中心，配置传真机、电话机等各种终端设备，通过文字处理机、复印机、打印机和一系列现代化的办公、通信设备以及相应软件，全面、广泛地收集、整理、加工和使用各种信息，为科学管理和科学决策提供服务。由于利用了先进的计算机和通信技术组成高效、优质服务的人机信息处理系统，该系统能充分简化人们的日常办公业务活动，从而大大提高办公效率和工作质量。

随着信息网络时代的到来，信息具有普遍化和家庭化的倾向，这样对于住宅建筑的要求不仅是住，而且要求在这个空间中生活、学习和工作，享受各种生活、办公及信息服务，获取各种信息。这就从零散的智能建筑走向智能小区。

智能小区一般是以住宅建筑为主体，并有相关公共服务设施的房屋建筑。因此，其系统组成和基本功能与智能建筑既有联系，又有区别，但在综合布线系统的设计和安装方面，区别不大，所以本书的综合布线概念既可用于建筑综合布线，也可用于小区综合布线。

2. 智能建筑与综合布线系统的关系

智能建筑是集建筑技术、通信技术、计算机技术和自动控制技术等多种高新技术之大成，所以智能建筑工程项目的内容极为广泛，不能和过去通常的土木工程相比。由于采用先进的科学技术，因此在某种意义上赋予了房屋建筑生命力，可以说综合布线系统是智能建筑中的神经系统，它们之间的关系极为密切，主要表现在以下几点：

① 综合布线系统是衡量建筑智能化程度的重要标志。在衡量建筑的智能化程度时，既不看建筑的体积是否高大和造型是否新颖，也不看装修是否宏伟华丽和设备是否齐全，主要看建筑物中的综合布线系统的配线能力，如设备配置是否成套、技术功能是否完善、网络分布是否合理以及工程质量是否优良，这些都是决定建筑的智能化程度高低的重要因素；因为智能建筑能否为用户提供高度智能化服务，有赖于传送信息网络的质量和技术。因此，综合布线系统具有决定性作用。

② 综合布线系统是智能建筑必备的基础设施。综合布线系统在智能建筑中与其他设备一样，都是附属于建筑物必备的基础设施。综合布线系统把智能建筑内的通信、计算机以及各种设施和设备，在一定条件下纳入并相互连接，形成完整配套的有机整体，以实现高度智能化的要求。由于综合布线系统具有兼容性、可靠性、使用灵活性和管理科学等特点，所以能适应各种设施当前的需要和今后的发展，使智能建筑能够充分发挥智能化水平。

③ 综合布线系统必须与房屋建筑融合为整体。综合布线系统和房屋建筑既是不可分离的整体，又是不同类型和性质的工程建设项目。综合布线系统分布在智能建筑内，必然会有相互融合的需要，同时也有可能彼此产生矛盾。所以，在综合布线系统的工程设计、安装施工和使用管理的过程中应经常与建筑工程设计、施工、建设等有关单位密切联系，配合协调，寻求妥善合理的方式解决问题，以最大限度地满足各方面的要求。

④ 综合布线系统能适应智能建筑今后发展的需要。房屋建筑工程是百年大计，其使用寿命较长，一般都在几十年以上，甚至近百年或百年以上。因此，目前在建筑规划或设计新的建筑时，应有长期性的考虑，并能够适应今后的发展需要。由于综合布线系统具有较高的适应性和灵活性，能在今后相当时期满足客观通信发展的要求。为此，在新建的高层建筑或重要的公共建筑中，应根据建筑物的使用对象和业务性质以及今后发展等各种因素，积极采用综合布线系统。对于近期确无需要或因其他因素暂时不准备设置综合布线系统的建筑，应在工程中考虑今后设置综合布线系统的可能性，在主要通道或路由等关键部位，适当预留空间，以便今后安装综合布线系统时，避免临时打洞凿眼或拆卸地板及吊顶等装置，且可防止影响房屋建筑结构强度和内部环境装修美观。

总之，智能建筑在规划设计直到今后使用的过程中，与综合布线的关系极为密切，必须在各个环节加以重视。

6.2 综合布线系统总体规划

6.2.1 拓扑结构

综合布线系统一般按分级星状拓扑结构规划，具体结构由建筑物或建筑群的相对位置、区域大小、信息插座的密度及通信网络的需求而定。例如，一个布线区域仅含一栋建筑物，其主配线点就在该建筑物内部，这就不需要建筑群干线子系统；相反，一栋大型建筑物中信息点的密度很高，也可以被看作一个建筑群，可以具有一个建筑群干线子系统和多个建筑物干线子系统。这样就组成了图 6.2 所示的综合布线分层星状拓扑结构，这种拓扑结构具有很高的灵活性，能适应多种应用系统的要求。

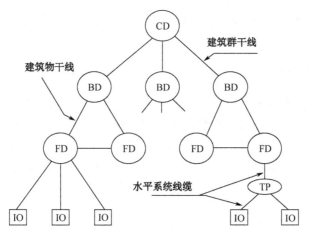

图 6.2 综合布线分层星状拓扑结构

综合布线系统采用的主要布线部件有下列几种：

建筑群配线架（CD）、建筑群干线（电缆或光缆）、建筑物配线架（BD）、建筑物干线（电缆或光缆）、楼层配线架（FD）、水平电缆或光缆、转接点（选用）（TP）及信息插座（IO）。

综合布线部件的典型应用示意图如图 6.3 所示，配线架可以设置在设备间或配线间的标准机柜内。根据建筑物关于综合布线系统设计的安装方式及条件，布线系统的电缆及光缆可以敷设在管道、电缆沟、电缆垂直竖井、金属桥架、PVC 线槽、电缆托架等通道中，其设计和安装应符合国家有关标准及规范。

在综合布线系统中，允许将不同功能的布线部件组合在一个配线架中，如图 6.4 所示。这种配置在实际的应用中是常见的。在图 6.4 中，前面的建筑物中的建筑物配线架和楼层配线架是分开设置的，而后面的建筑物中的建筑物配线架和楼层配线架的功能是组合在一个配线架中，也就是通常所说的建筑物配线架兼做楼层配线架。

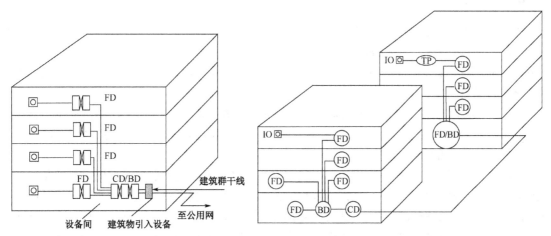

图 6.3 综合布线部件的典型应用示意图　　图 6.4 配线架功能的组合示意图

6.2.2 工程类型

综合布线系统的工程类型有两种，即非屏蔽系统与屏蔽系统。而综合布线从使用的材质区分，有两种系统类别：一种是使用非屏蔽双绞线与光缆构成的系统；另一种是使用屏蔽双绞线与光缆构成的系统。综合布线系统具体选用那种类型，主要考虑的是外界对布线系统的干扰及用户对保密的要求。

1. 电磁干扰场强度的限值

中华人民共和国国家标准《综合布线系统工程设计规范》（GB 50311—2007）中对电场干扰强度的限值有明确规定：当综合布线系统的周围环境电磁干扰场强高于 3 V/m 时，应采用保持一定距离或屏蔽防护的措施，如采用屏蔽布线系统进行防护，以抑制外来的电磁干扰。

主要外部干扰源有：电视发射机、无线电发射机、雷达、移动电话、高压电线、雷击等。为确定外部干扰源的极限值，可进行一些测量，以了解干扰的数值。

2. 保密要求及允许辐射干扰场强限制

涉密网络布线是为涉密网络信息系统提供链路，建立信道的综合布线系统。所谓涉密网络信息系统，是指传输、处理、存储含有涉及国家秘密的计算机网络系统。作为涉密网络链路的布线，在传输信息时应保证没有电磁辐射，或者虽然存在电磁辐射，但在非涉密布线上产生的感应信号小于保密法规要求的规定值，以保证涉密信息不发生泄漏，从而阻断涉密信息向外传播的途径。

另外，对于计算机和办公设备等信息处理设备所产生的干扰，其最高允许值由一些标准、法规和法令做出了规定。例如，原邮电部制定的邮电通信法第 160 条中规定的允许辐射干扰场强限制最高值。因为综合布线系统所采用的线缆是无源的，所以它的辐射干扰取决于所连接的设备。国际上对信息处理设备在 0.15 MHz～1 GHz 之间频率波段允许辐射限度做了规定。不同国家/地区控制电磁发射的规定不尽相同，75～200MHz 是与电视频段容易形成同频干扰的频段，在中国香港与欧洲标准 EN 55022 中规定最大辐射干扰强度为 40 dBμV/m，而美国 FCC 标准规定最大辐射干扰强度可以达到 45 dBμV/m。

6.2.3 设计原则

综合布线系统是随着信息交换的需求而出现的一种产业，而国际信息通信标准是随着科学技术的发展而逐步修订、完善的。综合布线这个产业也随着新技术的发展和新产品的问世，逐步完善而趋向成熟，所以在设计智能建筑的综合布线系统时，提出并研究近期和长远的需求是非常必要的。

目前，国际上各综合布线产品都只提出多少年质量保证体系，并没有提出多少年投资保证，为了保护投资者的利益，应采取"总体规划，分布实施，水平布线一步到位"的设计原则，以保护投资者的前期投资。

从图 6.1 可以看出：建筑物中的主干线大多数都设置在建筑物弱电井中的垂直桥架内，更换或扩充比较容易；而水平布线是在建筑物的吊顶内或预埋管道里，施工费用高于初始投资的材料费，而且若要更换水平线缆，就有可能损坏建筑结构，影响整体美观。因此，在设计水平子系统布线时，尽量选用档次较高的线缆及连接件（如选用 1000 Mb/s 的水平双绞线），以保证用户在需要高速通信时无须更换更高性能的水平布线系统，进而保护了投资者的前期投资。

但是，在设计综合布线系统时，也一定要从实际出发，不可盲目追求过高的标准，以免造成浪费，使系统的性价比降低。因为科学技术的发展日新月异，很难预料今后科学发展的水平，所以只要管道、线槽设计合理，更换线缆就相对比较容易。

6.2.4 设计步骤

综合布线系统是智能大楼建设中的一项技术工程项目，布线系统设计是否合理，直接影响到智能大楼中的信息通信的质量与速度。设计一个合理的综合布线系统工程一般有七个步骤：分析用户需求、获取建筑物平面图、系统结构设计、布线路由设计、可行性论证、绘制综合布线施工图、编制综合布线材料清单。具体设计中的细节，可用图 6.5 所示的设计流程图来描述。

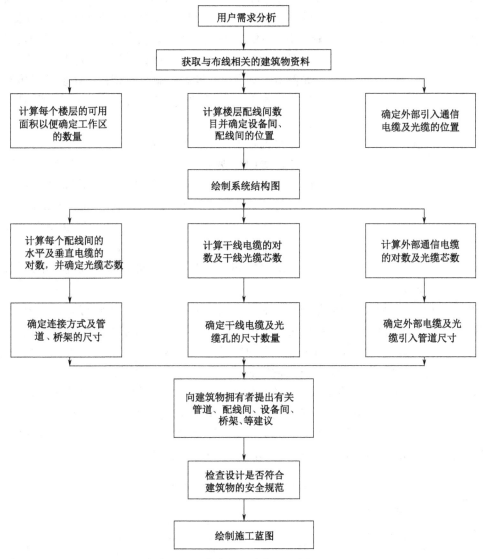

图 6.5 综合布线系统设计流程图

6.3 综合布线工程常用器材

综合布线系统中布线部件的品种和类型较多，按布线部件的外形、功能和特点粗略可以分为两大类，即传输媒质和连接硬件。综合布线系统常用的传输介质有铜芯对绞线（又称双绞线)、对绞线对称电缆(简称对称电缆)、同轴电缆和光纤光缆(简称光缆)四种。若按布线部件的技术功能、装设位置和使用等,分类则较细。为了便于叙述,下面以传输介质和连接硬件分类介绍,同时一并说明其技术功能、装设位置以及适用场合。

6.3.1 综合布线常用传输介质

1. 铜芯双绞线

铜芯双绞线(Twisted Pair,TP)是综合布线中最常用的一种传输介质,它由两根具有绝缘保护层的铜导线组成。把两根绝缘的铜导线按一定密度互相绞在一起,可降低信号干扰的程度,每一根导线在传输时辐射出来的电波会被另一根线上发出的电波抵消。把一对或多对双绞线放在一个绝缘套管中,便成了双绞线电缆,如图6.6所示。与其他传输介质相比,双绞线在传输距离、信道宽度和数据传输速度等方面均受到一定限制,但其价格较低廉。

目前,双绞线直径的标准各国有所不同,而大多数厂商常以美国线规(AWG)作为线缆导体直径的标准,常用的双绞线为26号、24号或22号的铜导线相互缠绕而成,其直径一般为0.4~0.65 mm,常用的是0.5 mm。

双绞线可分为非屏蔽双绞线(Unshielded Twisted Pair,UTP)和屏蔽双绞线(Shielded Twisted Pair,STP)。根据屏蔽层材料和结构的不同,屏蔽双绞线过去常采用的代号有ScTP、STP、FTP、SFTP等。

图6.6 双绞线电缆

UTP是无屏蔽层结构的非屏蔽电缆,它具有重量轻、体积小、弹性好、使用方便和价格适宜等特点,所以使用较多,甚至在传输速率较高的链路上也有采用。但是,它抗外界电磁干扰的性能较差,安装时也因受到牵拉和弯曲而使其均衡绞度易遭破坏。因此,它不能满足EMC(电磁兼容性)的规定,而且在传输信息时向外辐射,容易泄密。

STP(每对芯线和电缆绕包铝箔,加铜编织网)、SFTP(纵包铝箔、加铜编织网)和FTP(纵包铝箔)等双绞线对称电缆都是有屏蔽层的屏蔽电缆,具有防止外来电磁干扰和向外辐射的特性,但它们都存在重量重、体积大、价格贵和不易施工等问题,在施工中要求完全屏蔽和正确接地,才能保证特性效果。表6.1所示为常用双绞线对比。

表6.1 常用双绞线性能对比

项 目 \ 双绞线代号	UTP	STP	SFTP	FTP
性能价格比	低	高	较高	较高
施工要求	低	高	较强	较强
抗干扰能力	弱	高	较强	较强
数据保密性	一般	好	较好	较好

当双绞线的屏蔽结构只是在双绞线芯线外添加丝网或铝箔时,其代号就能够说明屏蔽的结构。但是,当屏蔽层武装到每对芯线时,其代号都变得模糊不清了,因为它们无法准确地说明新出现的屏蔽结构。为了解决这个问题,新版国标引用了ISO 11801-2002中对屏蔽结构

的定义，使用"/"作为四对芯线总体屏蔽与每对芯线单独屏蔽的分隔符，使用 U、S、F 三个字母分别对应非屏蔽、丝网屏蔽和铝箔屏蔽，通过分隔符与字母的组合，形成了对屏蔽结构的真实描写。例如：非屏蔽结构为 U/UTP，当前最常见的四种屏蔽结构分别为 F/UTP（铝箔总屏蔽）、U/FTP（铝箔线对屏蔽）、SF/UTP（丝网+铝箔总屏蔽）和 S/FTP（丝网总屏蔽+铝箔线对屏蔽）。

国际标准化组织（ISO）为不同传输特性的双绞线电缆定义了多种规格型号，常用的有：

- ▶ 五类（CAT5）：此类电缆增加了绕线密度，其外套是一种高质量的绝缘材料，其传输特性的最高带宽为 100 MHz，数据传输最高速率为 100 Mb/s。一般用在语音信息传输及高速数据传输的应用中。
- ▶ 超五类（CAT5E）：此类电缆传输特性稍优于五类电缆，主要表现在数据传输速率可达 155 Mb/s，一般用在语音信息传输及高速数据传输中应用。另外，利用最新技术，已经有公司开发出了基于 CAT5E 的 622 MHz 的 ATM 应用。
- ▶ 六类（CAT6）：它是一个新级别的电缆，除了各项性能参数有较大提高之外，其带宽会扩展至 200 MHz 以上。其最新的传输性能支持 1000 Mb/s 以下的应用。一般用在视频信息传输及超高速数据传输的应用中。
- ▶ 七类（CAT7）：七类电缆系统是欧洲提出的一种电缆标准。其计划的带宽为 600 MHz，但是其连接的结构和目前的 RJ-45 形式完全不兼容，它是一种屏蔽的电缆系统。

不论是超五类还是六类电缆系统，其连接的结构仍和现在广泛使用的插接模块（RJ-45）相兼容。

2. 光纤光缆

综合布线系统常用的光缆有多模光缆（62.5/125μm、50/125μm）和单模（9/125μm）等，支持速率高达 2～10 Gb/s 的应用，是保证目前及未来应用的光纤到桌面解决方案。

6.3.2 模块化信息插座及配线架

1. 信息插座类型

模块化信息插座是工作区终端设备与水平线缆连接的接口，也就是说每根 4 对双绞线电缆必须全部终接在工作区的 8 针模块化信息插座上。8 针模块化信息插座是为综合布线推荐的标准信息插座，它的 8 针结构提供了支持语音、数据、图像或三者的组合所需的灵活性；但对于有特殊要求的终端设备，需要适配器才能与信息插座连接。

按信息插座的性能差别，常用有以下类型可供选择：

① 五类/超五类信息插座模块：支持 100 Mb/s 信息传输，适合语音、视频及中速数据应用；为标准 8 位/8 针信息模块，可装在配线架或工作区插座盒内；符合 ISO/IEC 11801 及 TIA/EIA 568 关于五类通道连接件的要求。

② 六类信息插座模块：支持 1000 Mb/s 信息传输，适合语音、视频及高速数据应用；为标准 8 位/8 针信息模块，可装在配线架或工作区插座盒内；安装方式有 45°或 90°；符合 ISO/IEC 11801 及 TIA/EIA 568 关于六类通道连接件的要求。

③ 七类信息插座模块：支持 10 Gb/s 信息传输，适合视频及高速数据应用；为标准 8 位/8 针信息模块，可装在配线架或工作区插座盒内；安装方式有 45°或 90°；符合 ISO/IEC 11801

及 TIA/EIA 568 关于七类通道连接件的要求。

④ 屏蔽插座信息模块：屏蔽插座信息模块分为超五类及六类两种；支持 100 Mb/s 及 1000 Mb/s 信息传输，适合语音、视频及高速数据应用；为标准 8 位/8 针信息模块，可装在配线架或工作区插座盒内；符合 ISO/IEC 11801 及 TIA/EIA 568 关于屏蔽通道连接件的要求。

⑤ 光纤插座（FJ）模块：支持 100 Mb/s 及 1000 Mb/s 信息传输，适合高速数据及视频应用；光纤信息插座有单工、双工两种，连接头类型有 ST、SC 及 LC 三种；可装在配线架或工作区插座盒内；符合 ISO/IEC 11801 及 TIA/EIA 568 关于光纤通道连接件的要求；现场端接或熔接。

⑥ 多媒体信息插座：支持 100 Mb/s 及 1000 Mb/s 信息传输，适合高速数据及视频应用；可安装 RJ-45 插座或 SC、ST、LC 和 MIC 型等耦合器；带铰链的面板底座，满足光纤弯曲半径要求；符合 ISO/IEC 11801 及 TIA/EIA 568 关于铜缆及光纤通道连接件的要求。

2．公用信息插座结构及连接图

RJ 是 Registered Jack 的缩写，意思是"注册的插座"，RJ 用来描述公用电信网络的接口，常用的有 RJ-11 和 RJ-45。计算机网络的 RJ-45 是标准 8 位模块化接口的俗称，在以往的四类、五类、超五类和六类布线中，采用的都是由插座和插头组成 RJ 型标准接口，这两种元件组成的连接器连接于导线之间，以实现导线的电气连续性。图 6.7 所示为常用 RJ-45 模块化信息插座结构。

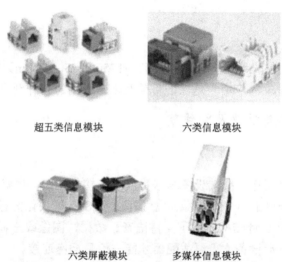

超五类信息模块　　　　六类信息模块

六类屏蔽模块　　　　多媒体信息模块

图 6.7　常用 RJ-45 模块化信息插座结构

RJ-45 模块的核心是模块化插孔。镀金的导线或插座孔可维持与模块化插头弹片间稳定而可靠的电连接。由于弹片与插孔间的磨擦作用，电接触随插头的插入而得到进一步加强。插孔主体设计采用了整体锁定机制，这样当模块化插头插入时，插头和插孔的界面处可产生最大的拉拔强度。RJ-45 模块上的接线块通过线槽来连接双绞线，锁定弹片可以在面板等信息出口装置上固定 RJ-45 模块。

符合 ISO/IEC 11801 及 TIA/EIA 568A 标准的接线方式有两种，即按 T568A 和 T568B。图 6.8 所示为 RJ-45 模块在这两种布线标准下的接线图，其中按 T568A 标准与水平电缆接线方式如图 6.8（a）所示，按 T568A 标准与水平电缆接线方式如图 6.8（b）所示。两种接线方式的区别是线对 2 和线对 3 的接法正好相反。在综合布线系统工程中,在一个链路中只允许一种接线方式(T568A 或 T568B),其中包括配线架的端接方式。

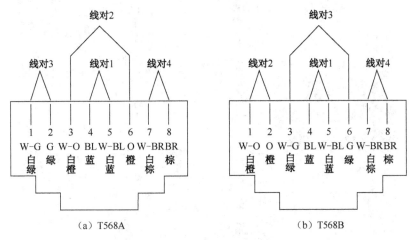

图 6.8 RJ-45 信息插座模块连接图

例如,按照 T568B 接线方式,信息插座插针(脚)与双绞线对的分配如表 6.2 所示。

表 6.2 信息插座插针(脚)与双绞线对的分配

水平布线	信息插座	工作区布线
4 对 UTP 电缆	8 针模块化插座	工作区软跳线 至终端设备
（电缆图示）	线对1 {1,2} 线对2 {3,4,5} 线对3 {6} 线对4 {7,8}	线对2 {1,2} 线对3 {3,4} 线对1 {5} 线对4 {6,7,8}

在综合布线系统中,不同的终端应用所需的线对数是不同的。对于模拟式语音终端,标准是将触点信号和振铃信号置于信息插座插针 4 和插针 5 上(蓝线对),100Mb/s 数据信号通过插针 1、2、3 和 6 传输数据信号(橙线对和绿线对),千兆及以上数据信号则需要通过全部 4 对线对传输。

3. 模块化快速配线架

模块化快速配线架又称为机柜式配线架,是一种宽度为 19 英寸(1 英寸=2.54 cm)的模块式嵌座配线架,配线架后部以一块印刷电路板的 IDC 连接块为特色,其中连接块镶嵌 24、32、64 或 96 个 RJ-45 模块化信息插座,这些连接块用于端接工作站、设备或中继电缆。例如,24 口配线架高度为 2U(约 89.0 mm),可端接 8 根 4 对双绞线,也可端接一根 25 对双绞线,其结构如图 6.9 所示。

（a）19 英寸配线架示意图

（b）正面 RJ-45 接口

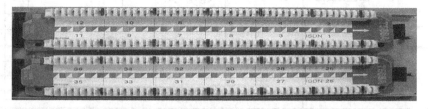

（c）背面

（d）IDC 卡线模块

图 6.9　模块化快速配线架结构

6.3.3　RJ-45 接头

1．RJ-45 接头结构特点

RJ-45 接头（RJ-45 Modular Plug）俗称水晶头，它是铜缆布线中的标准连接器，与插座（RJ-45 模块）共同组成一个完整的连接器单元。这两种元件组成的连接器连接于导线之间，以实现导线的电气连续性。它也是成品跳线里的一个组成部分。在规范的综合布线设计安装中，这个配件产品不单独列出。其实物图如图 6.10 所示。

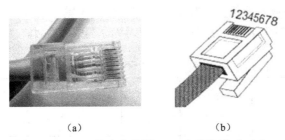

图 6.10　RJ-45 接头实物图（a）和针脚排列（b）

RJ-45 接头分为非屏蔽和屏蔽两种。屏蔽 RJ-45 接头外围用屏蔽包层覆盖，其实物外形与非屏蔽的接头没有区别，如图 6.11 所示。

还有一种专为工厂环境特殊设计的工业用屏蔽 RJ-45 接头，与屏蔽模块搭配使用，能在大多数恶劣环境下保持其性能。

RJ-45 接头常使用一种防滑插头护套，用于保护连接头、防滑动和便于插拔。此外，它还有各种颜色选择，可以提供与嵌入式图标相同的颜色，以便于正确连接。

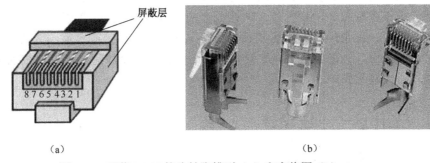

图 6.11　屏蔽 RJ-45 接头针脚排列（a）和实物图（b）

2．RJ-45 接头针脚及连线

在 TIA/EIA 568-A 的标准中由 1 号针至 8 号针的排列顺序为：1 号针为白绿、2 号针为绿、3 号针为白橙、4 号针为蓝、5 号针为白蓝、6 号针为橙、7 号针为白棕、8 号针为棕。其中奇数号针用来发送信号，偶数号针用来接收信号。RJ-45 接头实物中应按照如下方法观察顺序，将 RJ-45 接头正面（有铜针的一面）朝自己，有铜针一头朝上方，连接线缆的一头朝下方，从右至左将 8 个铜针依次编号为 1～8。定义中所规定第一对针为 4、5 号针，第二对为 3、6 号针，第三对为 1、2 号针，第四对为 7、8 号针，应该注意，针号和定义的针对没有关系，见表 6.3。

表 6.3　TIA/EIA 568-A 与针对

项目＼针号	1	2	3	4	5	6	7	8
颜色	白绿	绿	白橙	蓝	白蓝	橙	白棕	棕
用途	发信号	收信号	发信号	收信号	发信号	收信号	发信号	收信号
针对	第三针对		第二针对	第一针对		第二针对	第四针对	

TIA/EIA 568-B 的标准中由 1 号针至 8 号针的排列顺序为：1 号针为白橙、2 号针为橙、3 号为白绿、4 号针为蓝、5 号针为白蓝、6 号针为绿、7 号针为白棕、8 号针为棕。其中奇数号针用来发送信号，偶数号针用来接收信号。定义中规定第一对针为 4 号、5 号针，第二对为 3 号、6 号针，第三对为 1 号、2 号针，第四对为 7 号、8 号针，见表 6.4。

表 6.4 TIA/EIA 568-B 与针对

项目＼针号	1	2	3	4	5	6	7	8
颜色	白橙	橙	白绿	蓝	白蓝	绿	白棕	棕
用途	发信号	收信号	发信号	收信号	发信号	收信号	发信号	收信号
针对	第二针对		第三针对	第一针对		第三针对	第四针对	

3．RJ-45 接头性能

RJ-45 接头是整个链路中最容易引起串扰的地方，因此串扰是最值得注意的一个性能指标。从前面的 RJ-45 水晶头的结构中可以看出，8 个整齐排列的触点以及为了连接触点而不得不散开双绞线缠绕的 8 根并行的线芯，这样的结构破坏了双绞线对间的均匀缠绕的对称性，也就由此导致了线对间的明显的串扰情况。为了获得最佳链路性能，在制作 RJ-45 接头时，双绞线部分应该越短越好。此外，RJ-45 接头上的触点能否与线芯牢固连接也是保证接头质量的一个重要因素。在 RJ-45 接头压接时，第一压接点不能压接得太重，否则由于线对的交叉而导致线芯的损伤，会影响到 RJ-45 接头的特性阻抗，这个原因通常导致在 RJ-45 接头处出现回波损耗，性能不好。

6.4 工作区子系统设计

6.4.1 工作区子系统构成

在综合布线系统中，将一个独立的需要设置终端设备的区域称为一个工作区，工作区子系统由终端设备及连接到水平子系统信息插座的连接线（或软跳线）等构成。图 6.12 所示为工作区子系统示意图。

工作区的终端设备可以是电话机、计算机、网络打印机、数字摄像机等，也可以是控制仪表、测量传感器、电视机及监控主机等设备终端。

工作区的连接线缆是非永久性的，是随终端设备的移动而移动的。工作区连接件包括由终端设备连接到信息插座的连线（或软跳线，如图 6.13 所示）、适配器（如图 6.14 所示）及扩展软线（如图 6.15 所示）。在有些终端设备（如模拟视频信号）与信息插座连接时，可能需要特定的设备，其目的是为了把连接设备的传输特性与非屏蔽双绞线或屏蔽双绞线布线系统的传输特性匹配起来，通常称这种特定的设备为适配器型设备，简称适配器。适配器是一种应用于工作区完成水平电缆和终端设备之间良好电气配合的接口设备（或器件）。

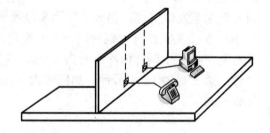

图 6.12 工作区子系统示意图

目前，综合布线用的适配器种类很多，还没有统一的国际标准。但各供应商的产品可以相互兼容，应根据应用系统的终端设备，选择适当的适配器。常用的适配器有：

① 当终端设备的连接器类型与信息插座不同时，可以用专用电缆适配器。

② 在选用的电缆类别（介质）不同时，例如，当水平布线子系统中采用光缆作为传输通道，而交换机的光接口的数量有限，并且终端工作站没有安装光网卡时，可选用光电转换适配器。

③ 当连接不同种类的信号设备时，如数/模转换或传输速率转换等相应的装置时，应采用接口适配器。如图 6.16 所示。

④ 当网络的协议规程不兼容时，应采用网络协议转换适配器。

图 6.13　设备软跳线　　图 6.14　视频适配器　　图 6.15　扩展软线　　图 6.16　接口适配器

6.4.2　设计等级与信息插座数量估算

1. 设计等级

工作区信息点的数量，主要涉及到综合布线系统的设计等级问题，如果按基本型设计等级配置，每个工作区只有一个信息插座，即单点结构。如果按增强型或综合型设计等级配置，每个工作区就有两个或两个以上的信息插座。

工作区信息点的数量确定应从两个方面考虑：一方面要根据建筑物的结构和用途来确定，另一方面应根据用户的信息需求来确定。在设计工作区信息点数量前，必须完成用户目前与未来对系统的需求分析。另外，一栋大中型建筑从土建施工到交付使用一般需要 1～2 年的时间，在这段时间里新技术、新应用还会不断出现，考虑到这种因素的存在以及所完成的布线项目的实际情况，建议在确定工作区信息点数后增加 2%～3% 的余量。

2. 工作区估算

根据建筑物的平面施工图，综合布线设计工程师就可以先估算出每个楼层的实际工作区域（不包括建筑物内的走廊、公用卫生间、楼梯、管道井和电梯厅等公用区域）的面积，再把所有楼层的工作区域的面积相加，就可计算出整个建筑的工作区域的总面积。

根据标准中关于工作区的界定，一个工作区的面积按 5～10 m² 估算，一般在布线系统设计中一个工作区的面积按 10 m² 估算，也可按用户要求或应用环境需要估算。建筑物工作区数量的估算公式如下：

$$Z = S \div P \tag{6.1}$$

式中：Z 为工作区总数量；S 为建筑物实际工作区域的面积；P 为单个工作区的面积，一般取 $P=10$ m²。

3. 信息插座数量估算

在确定设计等级和工作区的数量之后,建筑物信息点数就不难计算了。以下为信息点数的估算公式:

$$H = Z \times Q + (Z \times Q) \times R \tag{6.2}$$

式中:H 为建筑物总信息点数;Z 为工作区总数量;Q 为单个工作区配置的信息插座个数,其取值可为 1、2、3 或 4;R 为余量百分数,其取值可为 2%~3%。

6.5 水平子系统设计

6.5.1 水平子系统结构模型

水平子系统由连接各工作区的信息插座模块,信息插座模块至各楼层配线架之间的电缆、光缆,配线间的配线设备、跳线等组成。水平子系统结构示意图如图 6.17 所示。

综合布线系统从整体布局来看是分级星状拓扑结构,当然水平部分在应用上有所区别。例如,在语音应用中,电缆的连接方式是星状结构;但在计算机网络应用中的拓扑结构并不一定是星状结构的,它可以通过在水平配线架上的跳接来实现各种网络结构的应用。因此,水平布线应采用星状拓扑结构,参见图 6.17,从中可以看出,水平子系统的线缆一端与工作区的信息插座端接,另一端与楼层配线间的配线架连接。

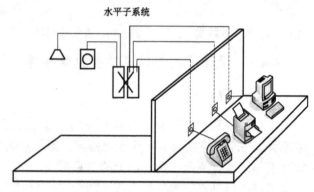

图 6.17 水平子系统结构示意图

ISO 水平布线模型如图 6.18 所示,图中给出了电缆长度与配对接头的位置,水平双绞电缆链路包括≤90 m 的水平电缆及两个与该电缆类别相同的接头,并且给出了通道的最大长度(100 m)。另外在水平子系统中,可以设置集合点(CP)也可以不设置集合点,但无论是否设置集合点,水平子系统的电缆长度都不应超过 90m。

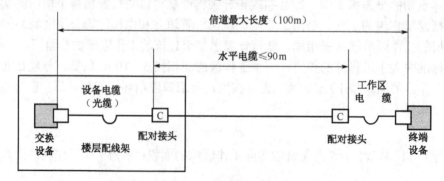

图 6.18 ISO 水平布线模型

水平子系统布线和工作区终端设备的连接如图 6.19 所示。

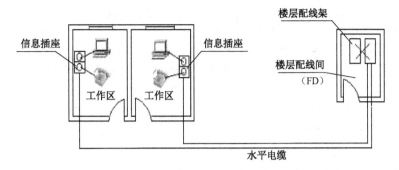

图 6.19 水平子系统布线与工作区终端设备的连接

水平子系统的设计涉及其传输介质和组件的集成。水平子系统的传输介质包括铜缆和光缆；组件包括 8 针脚信息模块插座以及光纤插座，它们分别用来端接工作区的铜缆和光缆。

6.5.2 水平子系统线缆用量及配线架的估算

水平子系统线缆用量的估算，可由以下步骤完成：

① 确定信息插座与快速配线架数量。根据建筑物的平面图，计算出每层楼的工作区数量，并充分考虑用户对综合布线系统信息量的需求；然后决定该建筑物所采用的设计等级，估算出整个建筑物信息点的总数，见式（6.2）。另外，快速配线架端口数量要与信息插座数量一致，配线架的个数应依据信息点总数与配端口数比值决定。

② 确定水平子系统的布线路由。要根据建筑物的用途、建筑物平面设计图、楼层配线间的位置及楼层配线间所服务的区域、转接点的位置、水平子系统的布线方式（将在 6.5.3 节详细讨论）以及信息插座的安装位置，来设计水平子系统布线路由图。

③ 确定水平子系统线缆类型。综合布线设计的原则是向用户提供支持语音、数据传输、视频图像应用的传输通道。按照水平子系统对电缆及其长度的要求，在水平区段，即楼层配线间到工作区的信息插座之间，应优先选择 4 对双绞电缆；在配线间与转接点之间，最好也选用 4 对双绞电缆。因为水平电缆不易更换，所以在选择水平电缆时应按照用户的长远需求配置较高类型的双绞电缆。

④ 水平电缆用量的估算：

- 确认离楼层配线间距离最远信息插座位置的最长电缆走线长度（A），最近信息插座位置的最短电缆走线长度（B），平均电缆长度 $L_{avg}=(A+B)/2$；
- 计算上下浮动电缆长度 $V=L_{avg}\times 10\%$；
- 确定配线间端接容差（C）（注：一般取 6m）；
- 确定工作区落差长度（D）；
- 计算每个服务区域（配线间）的总平均电缆长度 $T=L_{avg}+V+C+D$；
- 计算每箱电缆走线数（布放信息点数）$N=305\text{ m}/T$（注：305 m 为每箱双绞线的长度）；
- 计算每个服务区域电缆用量（箱）：

$$M=H/N \quad （H 为服务区域信息点数） \tag{6.3}$$

填写水平子系统设计用电缆工作单，如表 6.5 所示，建筑物水平子系统总用线量为每个服务区域用线量的总和。

表 6.5 水平子系统设计用电缆工作单（仅供参考）

服务区序号	服务区域点数（H）	最长电缆走线（A）	最短电缆走线（B）	平均电缆长度（L_{avg}）	浮动电缆长度（V）	配线间端接容差（C）	工作区落差长度（D）	总平均长度（T）	电缆走线数（N）/箱	服务区电缆用量（M）/箱

例如，设建筑物中服务区域的信息插座数为 H=200 个，则水平子系统的布线路由及参数如图 6.20 所示。

图中，A=5 m+15 m+5.5 m=25.5 m，B=16 m，平均长度 L_{avg}=(A+B)/2=20.75 m，10%浮动电缆 V=L_{avg}×10%=2.75 m，端接容差 C=6 m，工作区落差 D=4.5 m，则：

- 总平均长度：T=L_{avg}+V+C+D=34 m；
- 每箱电缆走线数：N=305 m/T=8.9（箱）（取 9 个信息点）；
- 服务区域信息点数：H=200（个）；
- 服务区域电缆用量：M=H÷N=22.2（箱）。
- 取整：该服务区域水平子系统用双绞电缆量为 22 箱。

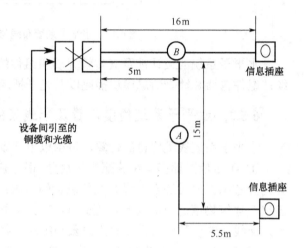

图 6.20 水平子系统布线用量估算方法

6.5.3 水平子系统布线方式

水平子系统的布线方式一般可分为三种：直接埋管；吊顶内线槽和支管；适合大开间的地面线槽。其他布线方式都是这三种方式的改良型和综合型。

1. 直接埋管布线方式

直接埋管布线方式是在土建施工阶段预埋金属管道在建筑物的结构层里，这些金属管道由楼层配线间向信息插座的位置辐射，根据通信布线的要求以及地板厚度和占用地板空间等条件，这种直接埋管布线方式要求采用厚壁焊接钢管，以增加管道的强度。

建筑物如果采用直埋管道方式布线，则要求占空比为 60%，每根直埋管在 30 m 处应加装线缆过渡盒，且不能超过两个 90°弯头，弯头半径应至少是管径的 6 倍。

常用金属管道能容纳的最大线缆如表 6.6 所示。

表 6.6 常用金属管道能容纳的最大线缆数

电缆外经/mm 公称直径/英寸	3.3	4.6	5.6	6.1	7.4	7.9	9.4	13.5	15.8	17.8
1/2	1	1	0	0	0	0	0	0	0	0
3/4	6	5	2	2	2	2	1	0	0	0
1	8	8	7	6	3	3	2	1	0	0

续表

电缆外径/mm 公称直径/英寸	3.3	4.6	5.6	6.1	7.4	7.9	9.4	13.5	15.8	17.8
1.25	16	14	12	10	6	4	3	1	1	1
1.5	20	18	16	15	7	6	4	2	1	1
2	30	26	22	20	14	12	7	4	3	2
2.5	45	40	36	30	17	14	12	6	3	3
3	70	60	50	40	20	20	17	7	6	6

注：1英寸=2.54cm

2．吊顶内线槽和支管布线方式

线槽又称桥架，它由金属或阻燃高强度 PVC 材料制成，有开放式和封闭式两种类型，并有各种规格的弯头、三通、变经、上下变经等线槽连接部件。线槽可分为水平布线用的水平线槽和垂直布线用的垂直主干线槽。

线槽（桥架）通常在吊顶内以悬挂的方式安装，用在大型建筑物或布线较复杂而需要有额外支撑物的场合。水平桥架由配线间引出沿走廊或房间吊顶贯穿整个建筑物，电缆沿水平线槽至房间分支点，并通过一段预埋的钢管引至信息点安装位置，如图 6.21 所示。

在设计安装水平线槽时，应尽量将线槽放在走廊的吊顶内，并且让引至各房间的支管集中在走廊，这样便于水平线缆的安装。一般走廊处于整个建筑物楼层的中间位置，布线的平均距离最短，并避免水平线槽进入房间，这样可以节约费用，降低成本。水平支管的安装应不能超过两个 90°弯头，弯头半径应至少是管径的 6 倍。常用金属线槽规格如表 6.7 所示。

图 6.21　吊顶内线槽和支管方式

表 6.7　常用金属线槽规格

宽×厚	壁厚/mm	宽×厚	壁厚/mm
50 mm×50 mm	1.0	150 mm×75 mm	1.5
100 mm×50 mm	1.2	200 mm×100 mm	2.0
150 mm×50 mm	1.2	300 mm×100 mm	2.0
175 mm×50 mm	1.5	300 mm×150 mm	2.0
100 mm×75 mm	1.5	400 mm×150 mm	2.0
100 mm×100 mm	2.0	400 mm×200 mm	2.5

3．地面线槽布线方式

地面线槽布线方式就是由建筑物的配线间引出的线缆走预埋的地面线槽，经出线盒或分线盒到地面或墙面的信息点出口。由于分线盒或分线箱不依赖墙面或柱面，而是直接在地面垫层或活动地板下，因此这种方式适用于大开间或需要安装隔断的场合。

在地面线槽布线方式中，为了布线方便在每隔 4~8 m 设置一个过线盒或分线盒，直到信息点的出线盒。分线盒或过线箱有两槽和三槽两种类型，均为方正型，可以完成转弯、分支的需要。地面线槽的附件包括各种弯头、支架、连接件、地面插座盒等。地面线槽及附件如图 6.22 所示。

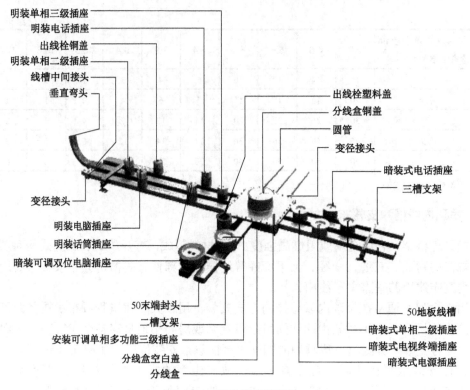

图 6.22　地面线槽及附件

4．护壁板管道和 PVC 线槽布线方式

护壁板管道是一个沿建筑物护壁板（即通常所说的地脚线）敷设的金属管道，如图 6.23 所示。这种布线方式有利于布放线缆。通常，护壁板电缆管道的前面板是活动的，可以移走。信息插座可以安装在沿护壁板管道的任何位置上，如果电力电缆和通信电缆路由在同一护壁板管道中，则必须用接地的金属隔板隔离，以防止电磁干扰。

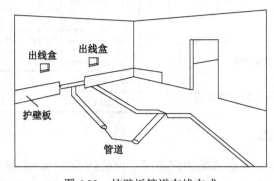

图 6.23　护壁板管道布线方式

PVC 线槽是一种利用金属模具压制的高强度的塑料制品。这种高强度的塑料制品有各种规格型号可选用，并配有各种连接件，如三通、弯头、阴脚与阳脚、墙面明装盒及连接件等附件。PVC 线槽布线方式是旧建筑物常用的明装布线方式。PVC 产品的颜色为白色，与建筑物的墙面颜色一致，安装美观，不影响建筑物内部的整体效果；当然这需要合理的路由设计及精心施工来保证。PVC 线槽常用的安装方式是把主线槽固定在建筑物的走廊天花板与墙壁的结合处,进入房间后沿地脚线引至信息插座的位置。这种布线方式如图 6.24 所示。

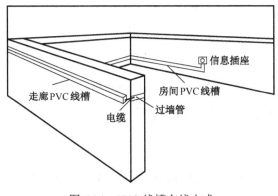

图 6.24　PVC 线槽布线方式

6.6　垂直子系统的设计

6.6.1　垂直子系统结构模型

垂直子系统是建筑物内综合布线的主馈电缆,是用于楼层之间垂直线缆的统称。图 6.25 所示是垂直子系统的示意图。

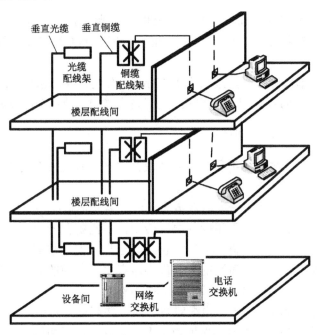

图 6.25　垂直子系统示意图

垂直子系统的拓扑结构主要有星状、总线状、环状、树状状等,在设备间、楼层配线间或二级交换间的配线架上,可用接插线或跳线实现拓扑结构转换。图 6.26 所示是一种总线拓扑结构,其优点是容易布线、结构简单和容易扩充新节点,缺点是故障诊断与隔离困难。

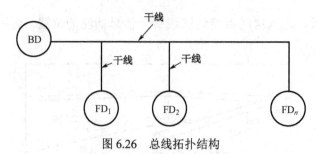

图 6.26 总线拓扑结构

6.6.2 垂直子系统线缆及配线架估算

1. 垂直子系统线缆类型

可根据建筑物的高度、楼层面积和建筑物的用途来选择垂直子系统的线缆类型，常用的类型有：100 Ω 大对数双绞电缆，100 Ω UTP，FTP 双绞电缆，62.5/125μm 多模光缆，9/125μm 单模光缆，等等。

2. 垂直干线子系统的布线距离

综合布线垂直干线子系统的最大传输距离与传输介质有关。为了使信息得到有效的传输，根据国际及国内的标准，布线距离要求如下：

当采用双绞线时（五类或六类），对传输速率超过 100 Mb/s 的高速应用系统，布线距离不应超过 90 m。

当采用 62.5/125μm 多模光缆时，波长为 850 nm。此时，对传输速率超过 100 Mb/s 的高速应用系统，布线距离不应超过 2 km；对传输速率超过 1000 Mb/s 的高速应用系统，布线距离不应超过 275 m。

当采用 9/125μm 单模光缆时，波长为 1310 nm，布线距离可超过 3 km。

当布线距离超出标准距离限制时，可采用分区域的方式，使每个区域满足标准限制的距离。

3. 每个配线间干线与配线架计算

在确定每层的垂直干线电缆类型时，应当根据水平子系统所有的语音、数据、图像等信息点数量及配线间的线缆集合方式进行计算。

光缆的配置比较简单，而主干大对数电缆总对数需要根据应用来确定。

当语音主干采用电缆时，对于不同的电话应用，所需配置的主干线缆的对数也不同，例如模拟电话需要 1 对，以太网则需要 4 对。因此，当用户对信息点需连接的语音设备不确定时，取该层全部语音信息点总线对数的一半作为语音主干电缆的对数。例如，某层语音信息点总数为 50 个，那么语音主干的对数为 50×4÷2=100 对。

当数据主干采用电缆时，与水平电缆对数一致，并有适当冗余。

当数据主干采用光缆时，依据光端机的要求，建议采用"两用两备"留有余量的原则进行数据主干的规划。

另外，不论是铜缆还是光缆，配线架的端口数应该与线缆一致，并有适当冗余。

4. 估算整个建筑物的干线

整座建筑物的干线线缆类别、数量与综合布线系统的设计等级和水平子系统的线缆数量有关，在确定了各楼层干线的规模后，将所有楼层的干线分类相加，就可确定整座建筑物的干线电缆的类别和数量。也可根据填写的垂直子系统设计工作单（如表6.8所示，仅供参考）来确定整座建筑物的干线数量。

表 6.8 垂直（干线）子系统设计工作单

配线间位置	楼层号（ID）	房间功能	房间数量/间	工作区数量/个	信息点类型	信息点数量/个	铜缆数量/对	光缆数量/芯
					语音			
					数据			
					语音			
					数据			
					语音			
					数据			
总 计								

6.6.3 垂直子系统布线方式

垂直子系统的线缆有两种布放方式，一种是垂直布放，另一种是水平布放。而在实际应用中经常是两种方式混合使用。例如，楼层面积较大需要设置多个配线间，干线电缆从设备间引出时先通过垂直电缆竖井，然后利用水平桥架引至各配线间。具体如下：

1．电缆孔

干线通道中所用的电缆孔是一根或数根直径为 10 cm 的钢管，在混凝土浇注时嵌入地板中，比地板表面高 5~10 cm，以起到防水的作用。电缆扎在预先安装好的钢丝或固定架上。当弱电配线间上下对齐时，可以采用电缆孔方式安装垂直干线电缆，如图 6.27 所示。

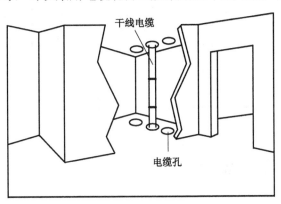

图 6.27 电缆孔方式

2．电缆井

电缆井是指在弱电配线间内的地板上预留一个方形或长方形的孔，使电缆垂直线槽可以穿过这些孔安装，以便安装垂直干线电缆。例如，对防火要求较高的建筑，垂直线槽可以采用防火材料制作。线槽的种类和规格很多，在选用时应根据电缆的数量来决定。图 6.28 所示是一种电缆井安装方式。

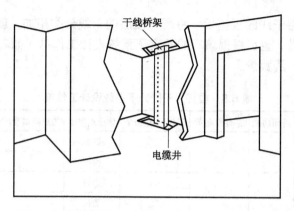

图 6.28 电缆井安装方式

3．电缆托架

在多层建筑物中，经常需要使用横向通道，干线电缆才能从设备间连接到各个楼层上的交接间或楼层配线间内。这种电缆托架外形很像梯子，它是电缆线槽（或称电缆桥架）的一种，它可以安装在建筑物的墙面上、吊顶内，也可安装在垂直竖井内，如果建筑物没有吊顶，这种方式会影响建筑物的美观。另外这种电缆托架不防火，并且也不防鼠咬，它一般使用在建筑物的设备机房中。电缆托架方式如图 6.29 所示。

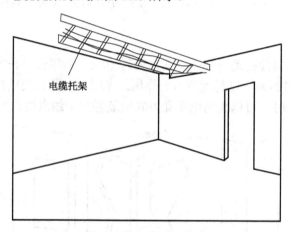

图 6.29 电缆托架方式

6.7 设备间子系统设计

设备间是每座建筑物用于安装进出口设备、进行应用系统管理和维护的场所。设备间可放置综合布线系统的进出线连接件（配线架），并提供管理语音、数据、监控图像、楼宇控制等应用系统设备的场所。典型的设备间子系统示意图如图 6.30 所示。

设备间的主要设备，如电话用户程控交换机、数据处理及应用服务器、网络核心交换机等，可以放在一起，也可分别设置。在较大型的综合布线中，一般将计算机主机、用户程控交换机、建筑物自动化控制设备分别设置机房，把与综合布线密切相关的硬件或设备放在设备间；但计算机网络系统中的互连设备（如路由器、交换机等）距设备间的距离不宜太远。

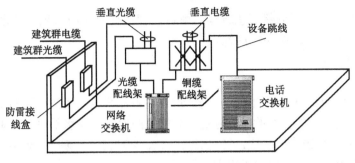

图 6.30 典型的设备间子系统示意图

设备间的位置及大小应根据建筑物的结构、综合布线规模和管理方式以及应用系统设备的数量等进行综合考虑，择优选取。在高层建筑物内，设备间宜设在第二或第三层，高度为 3～18 m。

6.8 管理子系统的设计

管理子系统通常由配线架和相应的跳线组成，它一般位于一栋建筑物的中心设备机房和各楼层的配线间，在这里用户可以在配线架上灵活地改变、增加、转换和扩展线路。管理子系统示意图如图 6.31 所示。

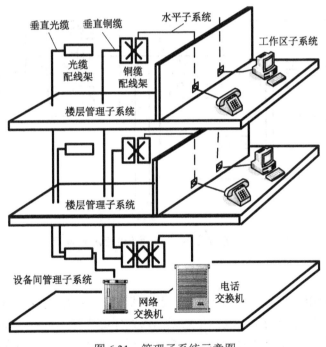

图 6.31 管理子系统示意图

管理线缆和连接件的区域称为管理区。管理子系统包括配线架（包括设备间、二级交接间）和工作区的线缆、配线架及相关接插件等连接硬件以及交接方式、标记和记录。

管理区提供了子系统之间连接的手段，使整个综合布线系统及其连接的系统设备、器件等构成了一个有机的应用系统。综合布线管理人员可以通过在配线架区域调整交接方式，使整个应用系统有可能安排或重新安排线路路由，使传输线路延伸到建筑物的各个工作区。所以说，只要在配线连接区域调整交接方式，就可以管理整个应用系统终端设备，从而实现综合布线系统的灵活性、开放性和扩展性。

1. 色标

在每个交接区实现线路管理的方式，是通过在各色标区域之间按应用的要求，采用跳线连接达到管理各种应用系统的目的的。色标是区分配线的性质（如水平电缆、垂直电缆、交叉连接等），标识按性质排列的接线模块，表明端接区域、物理位置、编号、容量、规格等信息，以便维护人员在现场能一目了然地加以识别，保证应用系统的正确运行和灵活运用。例如：

▶ 绿色：来自电信局的中继线或辅助区域的总机中继线；
▶ 紫色：公用设备端接区域（端口线路、中继线路、多路复用器、交换机等）；
▶ 黄色：桥接线缆端接区域；
▶ 白色：干线子系统线缆；
▶ 蓝色：水平子系统线缆；
▶ 橙色：网络接口；
▶ 灰色：设备间或楼层配线间与二级交接间之间的二级干线电缆端接区域；
▶ 棕色：建筑群子系统电缆；
▶ 红色：关键电话系统。

图 6.32 所示为典型综合布线管理系统的色标码标识图。

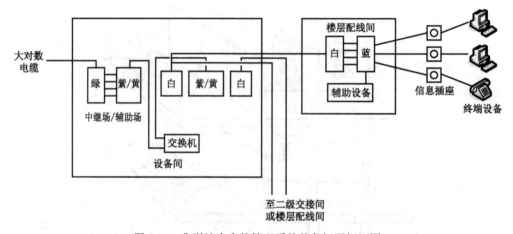

图 6.32 典型综合布线管理系统的色标码标识图

2. 标记

综合布线系统使用三种标记：电缆标记、区域标记和接插件标记。其中接插件标记是最常用的标记，这种标记可分为不干胶标记条或插入式标记两种，可供选择使用。

电缆和光缆的两端应采用不易脱落和磨损的不干胶条标明相同的编号。而目前为电缆和光缆做标记时，采用一种是号码管的标记方式，这种号码管是套在线缆上，而且不易脱落和磨损；但其规格有限，一般仅适用于 8 mm 以下电缆和光缆。另外，还有一种热缩管标记方式，它有很多规格可选用，使用也很方便。

综合布线系统的标记要求书写工整、清楚，一般用计算机打印完成，手提式标签打印机是专用的标签打印设备，它可以直接打印出不干胶标记。这种标记一般使用在设备间或楼层配线间的设备跳线中；因为设备跳线是一种软跳线，在出厂时已经安装好连接头，无法安装号码管。

6.9 建筑群子系统设计

一个企业或一所学校，园区内一般都有几栋相邻的建筑群或不相邻的建筑物，它们彼此间有相关的语音、数据、视频图像和监控等应用系统，而这些系统的应用可用传输介质和各种支持设备（硬件）连接在一起，组成相关的信息传输通道。这些连接各建筑物之间的传输介质和各种支持设备（硬件），组合成综合布线系统的建筑群子系统。

建筑群之间可以通过其他的通信方式进行连接，如无线通信系统、微波通信系统等；但因这些应用系统的传输速率、带宽受限以及易受到干扰等原因，应用面比较小。而有线传输的方法可以解决传输速率及带宽限制，是目前使用最广的一种方式，尤其是以太网的应用，其主干可达到 10 Gb/s。正因为这些优点有线通信方式才被广泛采用。有线通信方式建筑群子系统的设计步骤如下：

① 了解敷设现场，确定建筑物位置及边界，确定共有多少栋建筑物。

② 确定电缆的一般参数，确认起点位置、端接点位置以及所涉及的建筑物和每座建筑物的层数，确定每个端接点所需的双绞线对数，确定有多个端接点的每座建筑物所需的双绞线总对数。

③ 确定建筑物的电缆入口。对于现有建筑物应尽量利用原有的入口管道，如果不够再考虑重新安装管道入口；对于新建的建筑物，应根据选定的电缆布线路由，标出入口管道的位置、规格、长度和材料。

④ 确定土壤的类型（沙质土、粘土、砾土等）和地下公用设施的位置，查清在拟定的电缆路由中沿线的各个障碍位置，确定电缆的布线方法。

⑤ 确定所有建筑物主干电缆路径和备用电缆路径。

⑥ 选择所需的电缆类型和电缆的长度；如果需要管道，还需选择规格及材料。

⑦ 画出所选定的路由位置和挖沟详图，包括公用道路图和任何需要经审批才能动用的地区草图；确定入口管道规格。

⑧ 确定每种方案所需的工费，以及布线施工工期、电缆结合工期；确定其他时间，例如拆除旧电缆等所需的时间。

⑨ 确定每种方案的材料成本、电缆成本、支撑结构的成本，以及支撑硬件的成本等。

通过以上的讨论，对综合布线系统设计有了初步的概念。当然，要设计一个实用、可靠和安全的局域网网络，还需要很多专业知识与经验。

复习思考题

1. 综合布线系统划分为几个部分？
2. 简述智能建筑与综合布线的关系．
3. 什么是结构化布线系统？一个结构化布线系统的主要组件是什么？
4. 叙述综合布线的特点、适用范围和设计要点。
5. 画出综合布线系统的拓扑结构图和综合布线系统部件的典型设置。

6. 叙述综合布线设计等级，以及通道、链路和信道三者之间的关系。
7. 工作区终端设备有哪几种？工作区面积如何确定？
8. 如何确定水平线缆的用线量以及管理子系统配线架的用量？
9. 如何选用水平子系统线缆？
10. 标准中如何规定水平子系统线缆长度的？线缆能否超出标准规定？为什么？
11. 水平子系统可选用的线缆有几种？其布线方法有哪些？
12. 在什么环境中采用分区布线方法？
13. 信息插座有几类？如何确定信息插座的类型及数量？
14. 如何确定干线子系统的用量？
15. 设备间、楼层配线间和二级交接间的位置及面积如何确定？
16. 怎样确定设备间的用电量？
17. 请分别叙述配线管理方式。
18. 叙述设备间电缆连接及色标。
19. 设计一个综合布线系统，要求如下：

① 水平线缆的布设：通过走廊吊顶内的架空水平桥架，沿预埋分支钢管引至房间内的信息点出口位置；

② 垂直主干线缆：数据垂直主干为光缆（支持千兆应用），语音主干为大对数铜缆；

④ 信息点位置在房间左侧的中部以暗埋方式安装在墙上，距地平 30 cm 处；

④ 标准房间尺寸为：3.2m×5.6m；

⑤ 绘制布线系统施工平面图。

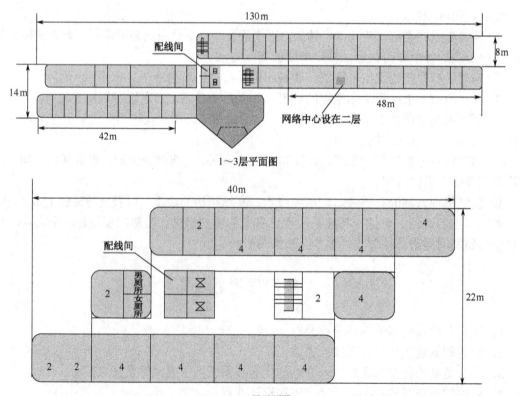

1～3层平面图

4～13层平面图

第7章 地线与接地

7.1 地与接地概念

7.1.1 接地目的

地，一般意义为地球大地，电子设备上特指设备的公共地线。

接地技术的应用，最初是几十年前富兰克林发明人工"引"雷入地方案，即采取避雷针、避雷线、避雷网等措施，提供一条使雷电对地泄放的低阻抗路径，实现主动防雷，以避免建筑物、设备及人员遭受雷击。

电力系统为了运行与传输的工作需要，将变压器中性点直接连到地球大地的接地装置上，以保证电气设备正常工作，或在事故情况下仍能安全、可靠地工作。对电气工程师来说，也就是工作地线、绿色安全地线或接到大地的意思。另外，当某种原因（如电线绝缘不良、线路老化等）引起相线和设备外壳碰触时，设备外壳就会有危险电压产生，由此生成的故障电流，可通过保护地线流经到大地，从而起到保护人身安全的作用（即保护接地）。

对于电子通信工程师来说，接地的含义主要是与电平参考点（基准）的连接，接地线定义为电流返回其源的低阻抗通道。

随着大规模集成电路的应用与信号频率越来越高，线路干扰、信号互扰、静电、雷电及电磁等，对于电子系统的影响越来越严重，特别是大量设备之间互连，要求有一个更加平稳的基准"地"作为信号公共参考点，简单考虑工作接地、防雷和安全已远远不能满足要求。因此，现代电子系统接地的目的，即行动和努力最终要达到的地点或境界为：

① 为电路或系统互连互通，提供工作回路；
② 为电路或系统平稳工作，提供基准参考电位；
③ 为故障电流提供低阻抗通路，保护人和设备安全；
④ 为防止静电聚集危害，提供泄放通道；
⑤ 使雷击电流迅速入地，保护建筑、设备及人的安全。

下面首先介绍接地装置或网络的组成，然后梳理不同功能、作用或性质以及不同形式或方法的接地，为开展针对性研究明确目标。

7.1.2 通信工程接地装置组成

根据设备研制、生产、安装、调试、运行等环节的侧重点不同，接地系统可分为元件及电路级、系统与工程级。一般将电力、电子或通信等电路设备与电位基准面或地球之间，在建立低阻导电通路过程中所构成的地线网络，称为通信工程级接地装置。其组成示意图如图7.1所示，主要有接地电极、接地导线、接地分配系统（接地汇流排）、接地母线、设备接地线等。

接地电极也叫接地体，是垂直或水平埋入土壤中的金属构件，如扁钢、角钢、圆钢、钢管、石墨、铜包钢接地棒、电解离子接地棒等。依据形状不同，接地电极也叫接地棒、接地砖。

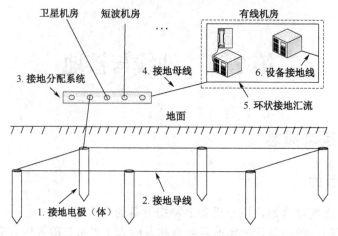

图 7.1 通信工程中的接地装置组成示意图

接地导线为接地电极之间的连接线，一般为扁钢、圆钢或粗铜线。用接地导线将多个接地电极连接在一起，也可称之为接地网，简称地网。

接地分配系统也叫接地汇流排。从地网角度看，它是用来将接地网分配给各个机房的金属构件；从机房接地母线角度看，它是用来把各个机房的接地母线汇集到一起的金属构件，通常用扁铜制成。

接地母线是机房内的设备接地总线，或设备接地汇集线。

设备接地线是每台设备的地线，一般应与接地母线独立连接。

需要特别注意：在连接中，接地母线、设备接地线一般要尽量短。

7.1.3 接地类型

按照功能、作用或性质的区别，接地可分为工作接地、保护接地、防雷接地、屏蔽接地、防静电接地、等电位接地、逻辑接地、功率接地等多种；若以接地事物的根本性质区别，可归纳为工作类接地与保护类接地两大类型。

1. 工作类接地

为电路与系统直接担负工作回路作用或平稳工作而提供电位基准的接地，称为工作类接地。例如：直立鞭状天线周围地面担任天线辐射的工作回路，为了降低地电流损耗，一般采用浅埋向外辐射的地网结构，地网半径与工作半波长有关，如图 7.2 所示。另外，还有等电位接地、交（直）流工作回路接地（即功率接地）、数字逻辑信号基准接地、模拟信号工作回路接地等。

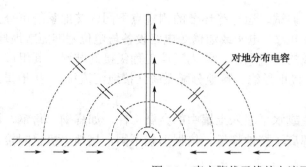 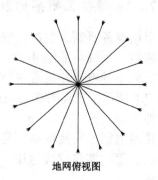

图 7.2 直立鞭状天线的电流回路

特点：系统工作时，除等电位接地外，地线网上一般应存在回路电流。

2．保护类接地

保护设备和人身安全的功能性接地，称为保护类接地，如：电气设备的金属外壳防电泄漏接地（即狭义的"保护接地"）、防静电积累接地、防雷击接地、防感应雷电接地、屏蔽保护接地等。

特点：地网上平时无电流，仅在故障电流、静电荷聚集、雷击时，保护地线上才有泄放电流。

通常接地装置比较复杂，不同性质的接地往往混合共用情况较多，这增加了我们分析研究的难度。例如，TN-C 电力系统中性线（N 线）与保护线（PE 线）合一接地，单相负荷工作时为工作类接地，三相负荷事故情况下为保护类接地，如图 7.3 所示。

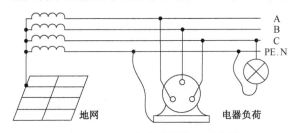

图 7.3 TN-C 电力系统接地示意图

7.1.4 接地方式

目前接地的方式主要有浮点接地、独立接地、共用接地、混合接地四种，如图 7.4 所示。

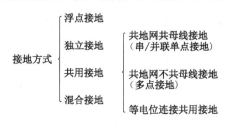

图 7.4 接地方式

1．浮点接地

将整个系统与大地或公共地线隔离，其悬浮点与地之间的绝缘电阻一般在 50 MΩ 以上，称为浮点接地，如图 7.5 所示。优点：一是电路系统浮点接地，可抑制来自地线的干扰；二是海军舰艇电源浮点接地，可减少盐水对舰艇的腐蚀；三是泳池照明采用浮点接地，漏电时可使人员免遭电击。缺点：一是系统的基准电位会出现飘浮，噪声幅度大；二是设备不与大地直接相连，易出现静电积累，当电荷积累到一定电压后，会产生静电对地击穿现象，造成设备损坏。

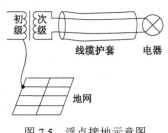

图 7.5 浮点接地示意图

2．独立接地

系统或设备采用单独地线和独立地网的方式称为独立接地，并且若附近存在两个独立接地装置，其中一个不论怎样流过电流，对另一个都不发生电位影响，如图 7.6 所示。实际工程中，当间距大于 20 m 时，可忽略地网之间的影响。优点：结构简单，单一设备接地或接地场地比较大的通信导航台站通常采用此方式。缺点：有可能引入地环路干扰，如图 7.7 所示。

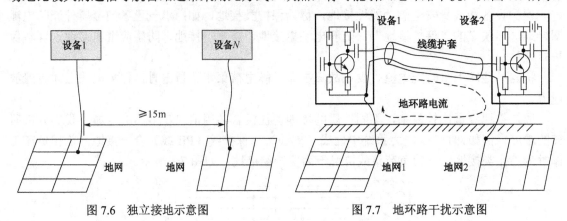

图 7.6　独立接地示意图　　　　　　　图 7.7　地环路干扰示意图

3. 共用接地

共用接地就是把几个设备连接到一个地网上，根据具体连接方法和形式的不同又可分为共地网共母线接地、共地网不共母线接地、等电位共用接地等多种。

① 共地网共母线接地。

不同性质的地线或多个子系统地线串/并联到一个公共接地点，称地网共母线接地，因串/并联共用一条母线连接至共用地网，也称为串/并联单点接地，如图 7.8、图 7.9 所示。优点：接地电路简单，施工容易。缺点：每个子系统接地回路与其他子系统接地回路有部分重叠，易造成地线噪声干扰，并联单点接地能适当减小一些地线阻抗耦合来降低地线干扰。

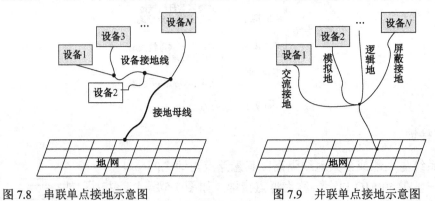

图 7.8　串联单点接地示意图　　　　　　图 7.9　并联单点接地示意图

② 共地网不共母线接地。

不同性质的地线或多个子系统接地线与接地平面多点连接，称为共地网不共母线接地，如图 7.10 所示。因这种接地是一种共用地网、不共用母线的连接方式，所以也称为多点接地。优点：各自独立入地平面，可消除地线干扰。缺点：一是占地面积大；二是独立走线多，施工相对复杂；三是易引起地环路干扰。

③ 等电位共用接地。

通过合理布线连接，为相关电路或系统平稳工作，提供一个具有"法拉第笼"功能的等电位网或等电位体，再通过一点或多点连接到共用接地装置（如设备机壳、建筑物等电位环线或钢筋构件），称为等电位共用接地，简称等电位接地，如图 7.11 所示。其中，S 星型结构为一点等电位连接，M 网型结构为多点等电位连接。等电位接地的最大特点是要保障相关设备电气连接时电位基本相等或电位差很小，并与共用接地装置的各个组件有大于 10 kV、1.2～50 μs 的绝缘。

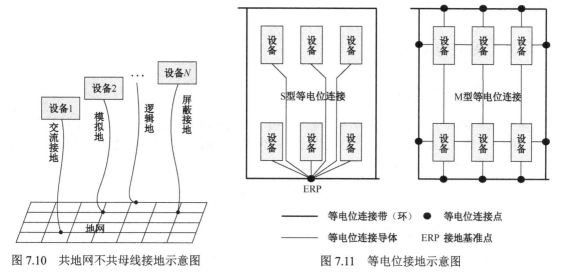

图 7.10 共地网不共母线接地示意图　　　　图 7.11 等电位接地示意图

"法拉第笼"是一种用于演示等电位、静电屏蔽和高压带电作业原理的设备，其笼体与大地连通。根据导体静电平衡条件，笼体是一个等电位体，其内部电位为零，即法拉第笼是一个能导电的、内部电位为零的空心球体，在理想情况下电荷均匀分布在球体的表面，在球体里面是没有电场的，这就阻断了电磁场，起到了屏蔽作用。此外，法拉第笼对于电流能起到分流和均流的作用，由于电流对称地流过法拉第笼的金属层入地，笼内的电磁场相互抵消或削弱，从而降低了电磁场的干扰强度。

4. 混合接地

混合接地也称为联合接地，主要相对于独立接地而言，是将不同性质的地线共用一种接地方式（如图 7.9 和图 7.10 所示），或多种方式共用一个接地网（如图 7.12 所示）。

7.1.5 通信接地装置要求

现代通信、导航等的接地装置，如果只是简单地说与大地相连是远远不够的，一个好的接地装置必须达到以下四个要求：

① 保证接地装置有很低的公共阻抗，使系统中各路电流通过该公共阻抗所产生的直接传导噪声电压最小。

② 在有高频信号电流的场合，保证"信号地"对"大地"有较低的共模电压，使通过"信号地"产生的辐射噪声最低。

③ 保证地线与信号线构成的电流具有最小的回路面积，避免由地线构成"地回路"，使外界干扰磁场穿过该回路而产生的差模干扰电压最小。

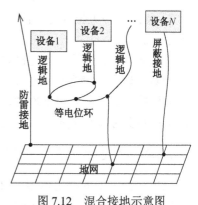

图 7.12 混合接地示意图

同时，也避免由地电位差通过地回路引起过大的地电流，造成传导干扰。

④ 保证设备和人身安全。

目前，因场地限制和节约经费需要，通信、导航等工程建设中混合接地或等电位接地成为主流，但出现的问题也最多。究其原因，主要是认识不清、重视不足，这是本章要解决的主要问题之一。

7.2 接地电阻概念

7.2.1 接地电阻定义

关于接地电阻的定义，目前最为严谨的是由日本人川濑太郎给出的：假设流入某个接地电极上的电流为 I（A），若电极上的电位比电流流入前升高 E（V），则电位上升值与电流之比 E/I，即为这个接地电极的接地电阻 R（Ω）：

$$R = \frac{E(\mathrm{V})}{I(\mathrm{A})} \quad (\Omega) \tag{7.1}$$

此定义的示意图如图 7.13 所示。

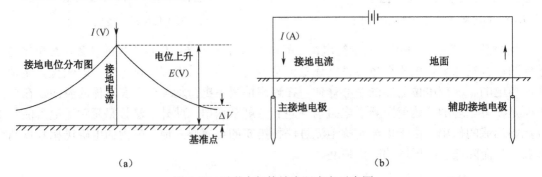

图 7.13 川濑太郎接地电阻定义示意图

从形式上看，这与欧姆定理无区别，其实不一样，这个定义必须有以下两个条件：

① 首先有一根主电极和一根辅助电极的闭合回路，且必须将辅助电极设置在离主地电极足够远地方，以忽略它给主电极带来的影响。

② 接地电极电位的上升值，必须以通电前后电位不变动的地点为基准，理论上为大地的无限远点。

特别注意：若辅助电极的设置和测量基准点的选择不当，会造成几倍甚至几十倍的误差。

相对于以往各种专著，这个定义也有不足：一是大地必须由遵守欧姆定理的均匀介质组成，但地球很大，介质很不均匀，也不一定服从欧姆定理（至今无人证明）；二是实际测量时不易准确找到零电位基准点。

7.2.2 接地电阻测试电路

依据川濑太郎的接地电阻定义，可按图 7.14 所示的电路示意图测试接地电阻，电路中的 X 表示 A、B 两接地体之间任意一点，它到接地体 A 的距离 X_A，设该点相对于零点的电位为 U_X，A 接地体相对于零点的电位为 U_A。

根据此原理电路，可以求得图 7.14 所示的比值 $K = U_X/U_A$（以百分数表示）与距离 L 的关系曲线，如图7.15所示。

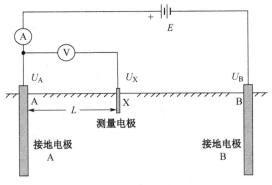

图7.14 接地电阻测试电路图

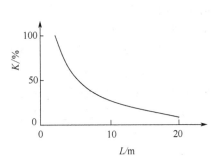

图7.15 K与距离L的关系曲线图

该曲线表明，随着距离L的增加，电位降低得很快：在离接地体A点20 m处，其电位即已接近于A点电位的2%；超过20 m处的电位实际上可以近似为零电位了。这就意味着，只有接地体周围20 m以内的土壤电阻才对接地体的电位值有影响。

实验证明：在接地体周围2m范围内的土壤中，集中了土壤电阻的75%以上，而20 m范围内集中了土壤电阻的90%以上。

7.2.3 构成接地电阻要素

构成接地电阻要素有：设备至接地电极间连接导线的电阻、接地电极表面与土壤之间的接触电阻、接地电极周围土壤的流散电阻，如图7.16所示。

其中，流散区是指电流通过接地电极向大地流散时产生明显电位梯度的土壤范围。接地电流流入地下后，会自接地体向四周流散。这个自接地体向四周流散的电流，叫作流散电流。流散电流在土壤中遇到的全部电阻叫作流散电阻。

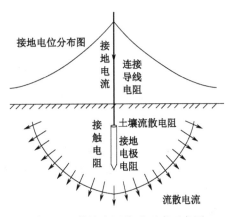

图7.16 接地电阻构成要素示意图

1. 接地电极周围土壤的流散电阻

接地电极周围土壤的流散电阻大小，主要由流散区内土壤颗粒的大小、颗粒的分布、颗粒的密集性、土壤物质结构、土壤温度、土壤含水量及土壤化学成分等因素决定。这是因为，电场作用下土壤电解程度和土壤固体颗粒之间的接触导电性能决定土壤的流散电阻。也就是说，土壤的类型不同，其电解过程和接触电阻不同，在分析计算时通常用土壤电阻率概念反映其性能。

2. 接地电极表面与土壤之间的接触电阻

该电阻由接地电极的材料结构、形状尺寸、埋设方式、与土壤接触的紧密程度以及电学性质等因素决定。

3. 设备至接地电极间连接导线的电阻

设备至接地电极间连接导线的电阻，一般指本身材料的直流电阻，通常很小。例如，若选用铜、锌、钢、石墨等良导体材料，经过设计加工处理后，材料电阻可达到 μΩ 级甚至更小。

对于接地装置的接地电阻来说，由于土壤电阻通常比金属导体的电阻大几万倍，甚至几百万倍，因此只要接地极（体）与大地接触良好，即接地极（体）与周围土壤中的吸湿微粒应紧紧地贴附在一起，其接触电阻很小，可以忽略不计，则接地电阻就可以近似为接地体周围 20 m 范围内的大地土壤电阻。

值得注意的是：在接地装置中流过的电流并非一定为直流，当不同频率的电流流过接地网络时，根据信号与系统理论，地线将既有电阻又有电抗，并且电流的频率不同所呈现的阻抗差异很大。图 7.17 所示为接地电阻与工作频率的关系示意图。

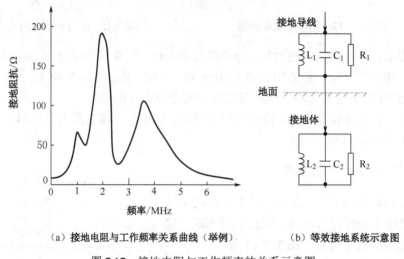

（a）接地电阻与工作频率关系曲线（举例）　　（b）等效接地系统示意图

图 7.17　接地电阻与工作频率的关系示意图

另外，设备至接地电极间连接导线或网络的结构有时很复杂，所以准确分析计算接地装置的电阻相当烦琐、复杂，通常要利用拉普拉斯偏微分方程，并加入不同的假定和边界条件。我们作为工程设计，在分析问题时舍去公式推导，注重公式理解，力求通俗、易懂、实用。

7.2.4　接地电阻种类

依据接地电阻本身的性质、特点，可以将其划分为直流接地电阻、工频接地电阻与冲击接地电阻三类。

直流或工作电流的频率小于 50 Hz 时，接地装置呈现的电阻称为直流接地电阻。

对于 50 Hz 交流或当工作电流的频率超过 50Hz 时，接地装置呈现的电阻称为工频接地电阻。特别注意：电流的频率不同，接地电阻不同，有时增大有时减小，当接地装置网络尺寸与工作电流的波长（频率）相当时，将会自激，阻值极大。

当强大的雷电冲击电流通过接地装置而流入土壤时，会使土壤迅速电离或放电，此时接地装置呈现的电阻称为冲击接地电阻，其数值一般比直流接地电阻、工频接地电阻小很多。

7.2.5　通信工程接地电阻要求

从接地作用看，接地电阻愈小愈好；但接地电阻愈小，接地装置的造价就愈高。所以，需要分别确定不同接地的最大允许接地电阻值。

接地装置电阻值的要求与接地的性质（工作接地、保护接地、防雷接地）和接地的对象有关，下面给出常见通信工程接地对阻值的要求，可作为实际工作参考，具体情况要视接地对象的要求确定。

工作接地电阻一般应符合下列规定：
① 大型计算机（或指挥自动化设备）机房，工作接地电阻小于 1 Ω；
② 有线、光纤通信机房，工作接地电阻小于 2 Ω；
③ 交、直流配电室工作接地，接地电阻小于 4 Ω；
④ 交、直流配电室保护接地，接地电阻小于 4 Ω；
⑤ 中波导航台，工作接地电阻小于 2 Ω；
⑥ 塔康台采用综合接地装置，工作接地电阻小于 4 Ω；
⑦ 超短波定向台接地装置，工作接地电阻小于 4 Ω；
⑧ 精密进场雷达站采用综合接地装置，工作接地电阻小于 4 Ω；
⑨ 航向信标台和下滑台，采用综合接地装置，工作接地电阻小于 4 Ω；
⑩ 俄制无线电导航台采用综合接地装置，工作接地电阻小于 4 Ω。

保护接地电阻一般应小于 10 Ω。

防雷接地电阻一般应小于 10 Ω。

7.3 接地电阻计算

接地装置电阻分析计算方法很多，但均比较复杂。在不同土壤（土壤电阻率均匀或不均匀）、不同埋设方式、不同类型电流（工频电流或冲击电流）等情况下，计算方法也完全不同；就是在相同条件下，也有不同的计算公式，其计算结果也不完全相等。但对于工程设计而言，接地电阻计算又是必须做的，因为它对接地工程实践有很高的参考价值。

下面主要给出在均匀土壤情况下、工频电流（50 Hz）时，以一些常见工程应用中的近似计算公式作为参考设计，非此条件的计算可查找有关的书籍或资料。

7.3.1 均匀介质水平埋设

1. 导线水平直线埋设接地电阻的计算

导线水平直线埋设如图 7.18 所示。

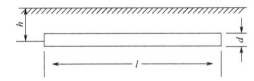 

图 7.18 导线水平直线埋设

当 $l \gg d$，$h \gg d$ 时，其接地电阻的近似计算公式为：

$$R = \frac{\rho}{2\pi \cdot l} \ln \frac{l^2}{d \cdot h} \tag{7.2}$$

式中：l 为接地导线的长度（m），d 为接地导线直径（m），h 为接地导线的埋深（m），ρ 为土壤电阻率（Ω·m）。

水平埋设的接地电阻受其长度影响大，受直径影响小，所以通常采用长度不超过 100 m、直径为 4～5 mm 镀锌铜导线。

2．导线水平环形埋设接地电阻的计算

导线水平环形埋设如图 7.19 所示。

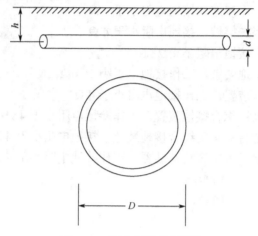

图 7.19　导线水平环形埋设

其接地电阻的近似计算公式为：

$$R = \frac{\rho}{2\pi^2 D} \ln \frac{4\pi D^2}{bh} \tag{7.3}$$

式中：D 为环形的直径（m），h 为埋设深度（m），d 为接地导线的直径（m），ρ 为土壤电阻率（Ω·m）。

通过分析，在长度相同情况下，圆环埋设比直线埋设的接地电阻大很多，所以使用较少。

3．扁钢直线埋设接地电阻的计算

若扁钢宽边为 b（m），可用等效直径 d 代替，即 $d = b/2$。

当 $l \gg d$，$h \gg d$ 时，扁钢直线埋设接地电阻的近似计算公式为：

$$R = \frac{\rho}{2\pi l} \ln \frac{2l^2}{bh} \tag{7.4}$$

4．导线网状埋设接地电阻的计算

均匀土壤中导线网状埋设如图 7.20 所示，其接地电阻的近似计算公式为：

$$R = 0.44 \frac{\rho}{\sqrt{A}} + 0.159 \frac{\rho}{l} \ln \frac{8A}{hd \times 10^4} \tag{7.5}$$

式中：$A=ab$ 为接地网总面积（m²），l 为接地线的全长（m），d 为水平接地线的直径（m），h 为水平接地线的埋深（m），ρ 为土壤电阻率（Ω·m）。

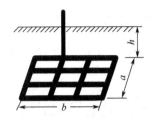

图 7.20 均匀土壤中导线网状埋设

例 7.1 用截面为 40 mm×4 mm 扁钢构成水平接地网,将各接地体连接。若水平地网长 15 m,宽 5 m,埋深 $h=0.7$ m,土壤电阻率 $\rho=200$ Ω·m,水平接地体的直径 $d=40$ mm $/2=0.02$ m,则网状接地体的面积 $A=15$ m×5 m=75 m^2,总长度 $L=15$ m×2+5 m×2=40 m,其接地电阻为:

$$R = 0.44\frac{\rho}{\sqrt{A}} + 0.159\frac{\rho}{L}\ln\frac{8A}{hd \times 10^4}$$

$$= 0.44\frac{200}{\sqrt{75}}\Omega + 0.159\frac{200}{40}\Omega\ln\frac{8\times 75}{0.7\times 0.02\times 10^4}$$

$$= 11.3\,\Omega$$

特别注意:为减小接地电阻受季节的影响,水平埋设时接地体应处于冻土层以下。

7.3.2 均匀介质垂直埋设

1. 圆金属管(棒)垂直埋设接地电阻的计算

圆钢、钢管、铜包钢、电解离子接地棒等圆金属管(棒)垂直埋设如图 7.21 所示,

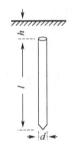

图 7.21 圆金属管(棒)垂直埋设

当 $d \ll l$ 时,其接地电阻的近似计算公式为:

$$R = \frac{\rho}{2\pi l}\ln\frac{4l(l+2h)}{d(l+4h)} \tag{7.6}$$

式中:l 为垂直管状接地体的长度(m),d 垂直管状接地体的直径(m),h 为由地表到管顶埋深(m),ρ 为土壤电阻率(Ω·m)。

特别注意:为减小接地电阻受季节的影响,一般应埋设在冻土层以下。

2. 扁钢垂直埋设接地电阻的计算

当用扁钢代替钢管做接地体时,可用等效直径来代替边长($d=b/2$)进行计算,此时接地电阻的近似计算公式为:

$$R = \frac{\rho}{2\pi l}\ln\frac{4l(l+2h)}{d(l+4h)} = \frac{\rho}{2\pi l}\ln\frac{8l(l+2h)}{b(l+4h)} \tag{7.7}$$

式中:l 为扁钢的长度(m);b 为扁钢的宽边(m);d 为等效直径,$d=b/2$;h 为由地表到管顶埋深(m);ρ 为土壤电阻率(Ω·m)

3. 等边角钢垂直埋设接地电阻的计算

当用等边角钢代替钢管做接地体时，可用等效直径来代替边长（$d=0.84b$）进行计算，此时接地电阻的近似计算公式为：

$$R = \frac{\rho}{2\pi l} \ln \frac{4l(l+2h)}{d(l+4h)} = \frac{\rho}{2\pi l} \ln \frac{4l(l+2h)}{0.84b(l+4h)} \tag{7.8}$$

式中：l 为等边角钢的长度（m）；b 为等边角钢的边长（m），$d=0.84b$；h 为由地表到管顶埋深（m）；ρ 为土壤电阻率（$\Omega \cdot m$）。

4. 不等边角钢垂直埋设接地电阻的计算

当用不等边角钢代替钢管做接地体时，可用等效直径来代替边长进行计算，此时接地电阻的近似计算公式为：

$$R = \frac{\rho}{2\pi l} \ln \frac{4l(l+2h)}{d(l+4h)} = \frac{\rho}{2\pi l} \ln \frac{4l(l+2h)}{0.708\sqrt[4]{ab(a^2+b^2)}(l+4h)} \tag{7.9}$$

式中：l 为不等边角钢的长度（m）；a、b 为不等边角钢的边长（m），等效直径 $d=0.708\sqrt[4]{ab(a^2+b^2)}$；$h$ 为由地表到管顶埋深（m）；ρ 为土壤电阻率（$\Omega \cdot m$）。

特别注意：为减小接地电阻受季节的影响，垂直埋设时接地体应处于冻土层以下。

7.3.3 形状及埋深对接地电阻的影响

1. 接地体直径对接地电阻影响

在均匀土壤的情况下，以图 7.21 管状接地体垂直埋设为例，分析接地体直径对接地电阻影响。当 $l=2.5$ m，$h=1$ m，$\rho=100\ \Omega \cdot m$ 时，接地体直径与接地电阻的关系如图 7.22 所示。可见，当管径 d 超过 5 cm 时，直径大小对接地电阻影响不大。因此，在选择接地棒材料直径时，主要应考虑其机械强度和腐蚀的影响。

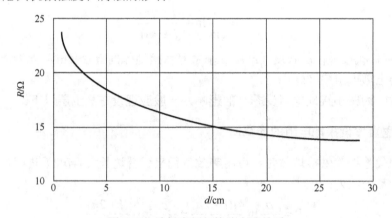

图 7.22 地极直径与接地电阻关系

2. 接地体长度对接地电阻影响

在均匀土壤的情况下，以图 7.21 管状接地体垂直埋设为例，分析接地体长度对接地电阻影响。当 $d=5$ cm，$h=1$ m，$\rho=100\ \Omega \cdot m$ 时，接地长度与接地电阻的关系如图 7.23 所示。

可见，当长度 l 超过 3 m 时，管长对接地电阻影响显著减小。所以，在均匀土壤中，多采用 1.5～3 m 的钢管做垂直接地体。

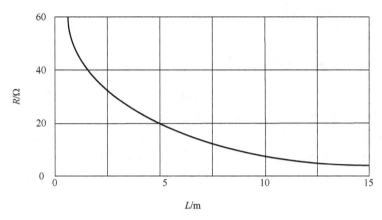

图 7.23 接地体长度与接地电阻的关系

3. 接地体埋深对接地电阻的影响

当接地体的直径和长度不变，埋设深度 $h \gg l$ 时，式（7.7）可变为：

$$R = \frac{\rho}{2\pi l}\ln\frac{4 \cdot l \cdot (l+2h)}{d \cdot (l+4h)} \approx \frac{\rho}{2\pi l}\ln\frac{2l}{d} \tag{7.10}$$

即此时接地电阻与埋深关系不大或者说趋于固定，而主要由土壤电阻率决定。所以一般情况下深埋接地体无意义，只有在地下水丰富或有金属矿时，才考虑深埋。另外，采用多个接地体并联以降低接地电阻有更大的优越性。

7.3.4 非均匀介质埋设

虽然土壤的分层可能是很多的，但一般用两层土壤计算接地体电阻，基本上就可以满足使用要求。图 7.24 所示为埋设在两层土壤中的接地体。

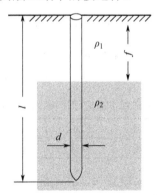

图 7.24 在两层土壤中的垂直接地体的埋设

此时接地电阻的近似计算式为：

$$R = \frac{1}{2\pi\left(\dfrac{f}{\rho_1}+\dfrac{l-f}{\rho_2}\right)}\ln\frac{4l}{d} \tag{7.11}$$

式中：ρ_1、ρ_2 分别为上、下层土壤的电阻率（$\Omega \cdot m$）；f 为上层土壤的厚度（m）；l 为接地体长度（m）；d 为接地体直径（m）。

如果电极长度 l 是 f 的 10 倍以上，在实际中就可用均匀土壤 ρ_2 中单一接地体垂直埋设时的接地电阻计算公式（7.6）计算。

7.3.5 并联复合接地及利用系数

为降低接地电阻，用铜导线或扁钢等良导体材料，将地下多个接地体（一般形状相同）直接连接所构成的接地装置，称为并联复合接地，如图 7.25 所示。

因土壤的半导体特性，多个接地体之间较近时，接地体间的共有土壤会存在屏蔽，屏蔽影响的大小与接地体的数量、相互之间的距离、连接方式等因素有关，使多个接地体并联的接地电阻不能完全按照电阻的欧姆定律并联规律来计算，特需引入利用系数 η 或集合系数 $\lambda = 1/\eta$：

$$R_z \approx \lambda \cdot \frac{R_1}{n} = \frac{R_1}{\eta \cdot n} \tag{7.12}$$

式中：R_1 为不受其他接地体影响的单一接地体的接地电阻；R_z 为用同样规格的几个接地体连接后，接地装置的等效接地电阻值。

利用系数或集合系数一般是通过数学分析或实际测量获得的。因利用系数 η 小于等于 1，所以 R_z 通常要大于欧姆定律计算值，即屏蔽影响增大了接地电阻。

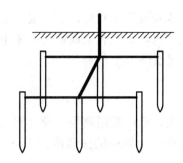

图 7.25 多个接地体并联复合示意图

直线排列垂直埋设接地体的利用系数如表 7.1 所示，其中 l 为接地体长度，a 为接地体埋设间距。

表 7.1 直线排列垂直埋设接地体的利用系数

a/l	0.5	1.0	1.5	2.0	2.5	3.0	10.0
η	0.35	0.54	0.6	0.74	0.79	0.85	超近于1

从表 7.1 中数据分析可见，密集设置接地体不经济。另外，理论和实践都证明，以同心圆或方格方式埋设接地体时，其利用系数低于直线排列，实际效果更不好。

7.4 特殊材料及接地电阻

一般接地材料为扁钢、角钢、圆钢、钢管、粗铜线等，为提高接地性能与接地体寿命，新技术、新工艺、新材料不断涌现，如石墨接地棒（砖）、铜包钢接地棒和电解离子接地装置等，下面分别予以介绍。

7.4.1 石墨接地棒（砖）

石墨的基本成分是碳，为一种非金属材料，其电阻率与液体金属汞接近，约为 $10^{-6}\,\Omega\cdot m$，具有良好的导电性、抗腐蚀性、抗老化性，并对环境没有任何污染，这是传统接地材料无法比拟的，所以得到广泛应用。

常见的石墨接地材料有石墨接地棒和石墨接地砖，如图 7.26 所示。石墨接地装置的电阻估算见表 7.2。

(a) (b)

图 7.26 石墨接地棒（a）和石墨接地砖（b）

表 7.2 石墨接地装置的电阻估算

	外形尺寸	接地电阻 R 估算
接地棒	$\phi\,80\,mm \times 1500\,mm$	$R \approx 0.30\,\rho$
接地砖	$500\,mm \times 400\,mm \times 60\,mm$	$R \approx 0.16\,\rho$

7.4.2 铜包钢接地棒

由于具有良好的导电性能、较高的机械强度，尤其是其外部包覆的铜层具有良好的抗腐蚀性能，铜包钢材料已被广泛地应用于接地装置中。美、英、德等国家在有关标准中都规定接地体、接地线均可采用铜包钢复合材料。在我国，接地装置的防腐蚀性和可靠性已日益引起重视，采用铜包钢复合材料替代型钢或镀锌角钢做接地装置已开始普及。铜包钢接地棒的结构如图 7.27 所示。

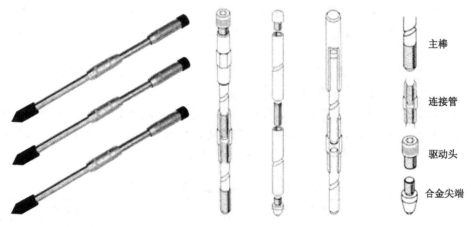

图 7.27 铜包钢接地棒的结构

铜包钢接地棒的主要特点如下：

① 主棒：接地棒选用优质冷拉圆钢，外铸紫铜，采用先进生产工艺，实现铜与钢之间冶金熔接。表层紫铜材料优良的导电特性，使其自身电阻值远低于常规材料，并且耐腐蚀性强，强度高。

② 连接管：使用专用铜制连接管或采用热熔焊接，接头牢固，稳定性好，防腐效果佳。

③ 驱动头：由高强度合金钢制成，保证驱力使接地棒能顺利打入地下。

④ 合金尖端：特殊的结构设计与连接传动方式，适合在复杂地质条件下打入地下 35 m，满足特殊场合低阻值要求。

一般单根垂直接地棒，直径为 50～60 mm、长为 2.5 m 的钢管，打入潮湿的沙土中，其接地电阻可以达到 60 Ω 左右，在黏土中可以达到 9 Ω 左右，在黑土壤中可以达到 7.5 Ω 左右。

为了更好降低接地电阻，可以辅助使用降阻剂等非金属导电材料，具体方法可以参考 7.6 节。

7.4.3 电解离子接地装置

电解离子接地装置如图 7.28 所示，其中：1 为电解离子接地棒，2 为现有土壤，3 为专用填充剂，4 为电解离子向周围的扩散，5 为扩大后土壤的导电范围。

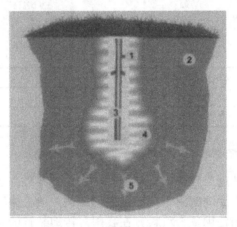

图 7.28 电解离子接地装置

电解离子接地装置的主要特点如下：

① 电解离子接地棒：用优质紫铜合金管材料制作，棒管内壁采用最新陶瓷镀膜技术处理，棒管外壁喷涂高分子防腐导电材料，耐强酸、强碱，电阻率低，上、下端有水分吸收孔和离子释放孔。

② 棒管内部离子发生装置：填充高碳离子化合物晶体，含有特制的电离子化合物，能充分吸收空气中的水分，具有吸水保湿、电离导电、长效缓释等功能。

③ 棒管外部专用填充剂：填充吸水保湿、凝固、渗透的非金属材料，与棒管内释放出的电解离子相互作用，可持续改善周围土壤的导电性能，使其电阻率可达 0.1 Ω·m 以下。

④ 与传统接地改造工艺相比，离子接地棒的特点如表 7.3 所示。

表 7.3 离子接地棒与传统接地改造工艺的比较

	离子接地系统	传统接地工艺
工作机理	通过电极内部和外部填充材料的离子释放效应，改善电极与周边土壤的接触环境，达到降阻的目的	通过大量的金属材料的铺设降低一定区域内的电阻，实施普通接地方法达到低接地电阻

续表

	离子接地系统	传统接地工艺
接地稳定性	其中的外部填充材料具有良好的防腐、吸水和保湿性能，不受气候变化的影响，接地电阻在施工完成一周后进入持续稳定状态，不受土壤的干湿影响，不会随着时间而上升	干性接触，干燥与潮湿时，接地电阻起伏较大。另外，由于腐蚀作用，接地电阻随着时间的推移上升较快
寿命周期	具有防腐效果，离子自动补充，因此有效寿命可达30年以上	防腐较差，每隔3～5年，需重新进行土壤改造，降低土壤电阻率
工程工艺	专业工艺，降阻效果明显，施工简单，工程量小，综合费用低	技术水平较低，工程量大，无工艺保障

电解离子接地棒的接地电阻计算公式：

$$R = \frac{\rho}{2\pi L} \cdot \ln(\frac{4L}{D \cdot K}) \tag{7.13}$$

式中：ρ 为棒管外部土壤电阻率；L 为垂直离子接地棒长度；D 为施放外添加剂后接地棒的等效直径；K 为离子释放后的降阻效率系数。

7.5 接地装置的设计与敷设

7.5.1 准备工作

1. 收集原始资料

在开始设计接地装置之前，应首先收集下述资料：当地土壤的构造情况及土壤电阻率，当地的气候条件和冰冻厚度，当地土壤的特性及腐蚀情况，通信台（站）内中、近期安装通信设备的情况，考虑台站建设对接地装置和接地电阻的要求，查明地下原有管线和新设计管线的情况。

2. 选择接地方式

当接地体埋设地点土层较厚，土壤电阻率较低时，采用管型或角型材料垂直埋设接地体较合适。

当土壤电阻率不太高，但土层比较薄时，采用水平埋设接地体较好。

在接地体埋设地点附近，若地表面为土质较坚硬的岩石与风化石，其电阻率高，而在距地面 2 m 以下为电阻率较低的土壤或地下水位较高时，采用深埋接地体较为有利。

3. 选择接地体的材料

① 垂直埋设的接地体的一般常用材料。
- ▶ 钢棒：直径最小为 20 mm，通常为 40～60 mm；
- ▶ 钢管：直径最小为 20 mm，一般为 40～60 mm（管壁厚不小于 3 mm）；
- ▶ 角钢：一般为 50 mm×50 mm×5 mm。

② 水平埋设的接地体的一般常用材料。
- ▶ 导线：截面积至少为 50～95 mm²；
- ▶ 扁钢：截面积至少为 100 mm²（其中厚度至少为 3～4 mm），如：30 mm×6 mm 或

40 mm×4 mm；
▶ 板状接地体：钢板厚度不小于 3 mm。

③ 特殊接地材料。在地下土壤腐蚀较严重的地区，可选用石墨电柱或其他新型材料做接地体。在接地的使用面积不足的地区，可选用新型高效接地材料，如电解离子接地棒，这样可以大大减少用地。

7.5.2 接地体的埋设

在北方，接地体应埋设在冻土层以下；在南方，接地体应埋设在耕作层以下。

接地体垂直埋设时，应先挖出接地体的基坑和连接带的地沟，接地体在基坑内的位置可参考图 7.29。

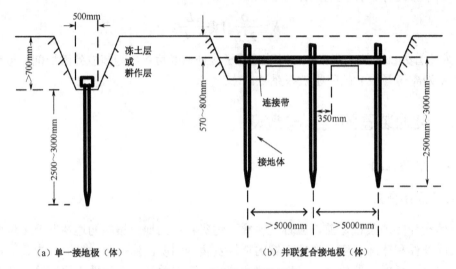

（a）单一接地极（体）　　　　（b）并联复合接地极（体）

图 7.29　垂直接地体的埋设

接地体的连接带通常采用 40 mm×4mm 以上的扁钢，也可用直径为 16 mm 以上的圆钢。垂直接地体的埋设应尽量采用打入法。

水平接地体的埋设需采用挖掘地沟的方法进行。

施工完毕回填土时，应充分夯实，并保持一定的覆盖深度。

特别注意：接地体与接地导线或连接带之间必须是氧焊或电焊，焊接面积要大。对于搭接式焊接，扁钢的搭接长度应为其宽度的 2 倍，圆钢的搭接长度应为其直径的 6 倍；对于交叉式焊接应通过卡子增大焊接面。焊完后，焊接处应涂防腐油（柏油），以保证可靠的电气接触和防止腐蚀。

接地体在施工基本完毕后必须进行测量，并应以季节系数等换算其接地电阻，验证符合要求后，才算最后竣工。因此，无论在设计时还是施工回填土时，都应注意在接地体的非引出端考虑增装的可能，并留有增装余地。

7.5.3 接地导线和母线的设计制作

① 接地导线和接地母线的选材。

接地导线一般采用 30 mm×6 mm 以上的扁钢、50 mm² 以上的紫铜带、ϕ20 mm 以上的圆钢或 ϕ8 mm 以上铜线。

接地母线一般采用 50 mm² 以上的紫铜带，或 ϕ8 mm 以上的铜线。

② 接地体、接地导线及接地母线的连接。

接地体、接地导线、接地母线间的连接一般应采用搭接焊，其搭接长度至少为其宽度的 2 倍以上。搭接处应两面镀锡，镀锡长度应稍长于接触面，焊接应牢固、整齐、光亮。

当用圆钢或铜线做接地母线时，圆钢或铜线两端应焊接大小合适的铜鼻子，焊锡应均匀饱满、光亮，不得留有残锡。铜鼻子和螺栓连接应紧固。

③ 接地导线和接地母线的敷设。

接地导线和接地母线应敷设在易于检查的地方，并需要有防止机械损伤和化学腐蚀的保护措施。为了保护接地线的安全可靠，可以采用加大截面、镀锌钢材、涂沥青以及略加弯曲和覆盖保护的方法。

注意事项：接地导线和接地母线暴露的地方应有绝缘防护，防止对其他信号影响或雷电的干扰。

接地导线、接地母线的所有连接处应焊接。当焊接确有困难时，可用螺栓连接，但接头处要采取可靠的防腐措施，以保证良好的电气接触。当接地导线穿过墙壁或楼板时，需设置钢管。待接地导线敷设完工后，在洞孔中应填充黄沙，以防止电化腐蚀；洞孔两端由沥青或沥青棉纱予以填塞。

7.5.4 设计举例

例 7.2 南方的陶黏土、泥灰岩、沼泽地、黑土、园田土、陶土、黏土等土壤电阻率较低，若实测得到的土壤电阻率为 100 Ω·m，并考虑季节修正系数 $K=1.5$，设计 4 Ω 工作接地装置。

① $\rho = K\rho' = 1.5 \times 100\ \Omega \cdot m = 150\ \Omega \cdot m$。

② 单个接地体垂直埋设的接地电阻的计算

选择直径为 $d=0.05$m，管壁厚度不小于 3 mm，长 $L=2.5$ m 的镀锌钢管作为接地体，垂直埋深 $h=0.7$m，则接地电阻为：

$$R = \frac{\rho}{2\pi L} \ln \frac{4L(L+2h)}{d(L+4h)}$$

$$= \frac{150\ \Omega \cdot m}{2 \times 3.14 \times 2.5\text{m}} \ln \frac{4 \times 2.5(2.5 + 2 \times 0.7)}{0.05 \times (2.5 + 4 \times 0.7)}$$

$$\approx 47.7\ \Omega$$

③ 若用接地导线将多个相同的镀锌钢管按照图 7.30 所示间距（5 m）直线排列，那么镀锌钢管数量是多少个，才能满足 4 Ω 的接地电阻要求？

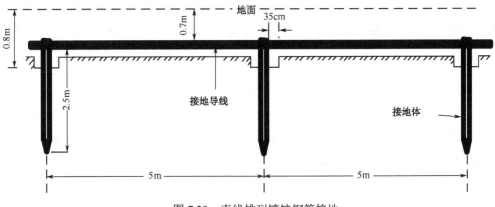

图 7.30 直线排列镀锌钢管接地

因接地体间距 5 m 与接地体长 2.5 m 的比值为 2，通过查表 7.1 可知接地体利用系数 $\eta=0.74$，则接地电阻为：

$$R_z = \frac{R}{\eta \cdot N} \approx \frac{47.7\,\Omega}{0.74 \times N} = 4\,\Omega$$

则 $N \approx 16$。

由以上计算得出：16 个镀锌钢管接地，才能满足 4 Ω 的接地电阻要求。

④ 采用电解离子接地棒。

为减小接地体的占地面积，提高接地性能，采用某公司生产的电解离子接地棒，间距 5 m 垂直埋设，其接地棒直径为 50 mm，长度 3 m，棒管外部填充料添加后，其接地电阻值如 7.4 所示。从表 7.4 可知，选用 3 根即可满足 4 Ω 的接地电阻要求。

表 7.4 某公司电解离子接地棒垂直埋设时的接地电阻

土壤电阻率/(Ω·m)		100	200	500	1000	1500
接地电阻/Ω	1 套	7.36	10.41	26.03	37.79	37.42
	2 套	3.91	5.54	13.85	19.57	19.90
	3 套	2.70	3.81	9.53	13.48	13.71
	4 套	2.11	2.99	7.48	10.57	10.75

7.6 降低地阻的方法

降低接地电阻的方法有两大类：

第一类是设计时经常采用的办法，即变换接地体的型式和增加接地体的数量。

第二类是施工过程中经常采用的办法，即加工、改良或改换接地体周围土壤的电阻率，具体分为物理法和化学降阻剂法。其中，物理法有换土法、食盐层叠法、食盐溶液灌注法等，化学降阻剂有碳素粉、水玻璃、石膏类、脲醛树脂、丙烯酰胺、聚丙酰胺等。

7.6.1 物理法

1. 换土法

换土法是将接地体周围 1～4 m 的范围内原有的土壤取走，换上比原来土壤电阻率小的土壤，然后分层夯实。一般可用黏土、泥炭、黑土等土壤置换，必要时可用焦炭粉和碎木炭。换土法的效果不如化学处理法好，稳定度也较差，故只在取土、换土方便时才采用。

2. 食盐层叠法

① 垂直埋设食盐层叠法。此法如图 7.31 所示，是在每根接地管的周围挖一个直径 0.5 m 的圆坑，坑的深度约为管长的三分之一（不包括管上端的埋深），交替铺 6～8 层的土壤和食盐，每层土厚约 10 cm，盐厚约 2～3 cm，逐层夯实并浇水。如此，每根管的用盐量约需 30～40 kg，可按每千克食盐加水 1～2 kg 计算。

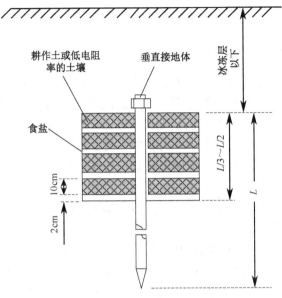

图 7.31 垂直埋设食盐层叠法

② 水平埋设食盐层叠法。此法如图 7.32 所示，挖一个 0.5 m 宽的沟，沟的深度（包括埋深）不小于 1 m，在沟底交替铺两层食盐和土，每层需夯实并浇水。装上接地体以后再在接地体上交替铺 4 层食盐和土，每层夯实浇水，层厚如图所示。

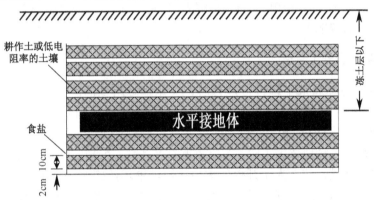

图 7.32 水平埋设食盐层叠法

注意：不论垂直和水平埋设食盐层叠法，随着时间的推移，食盐将逐渐溶化流失，接地电阻将增大。所以，一般应过 2～3 年处理一次。

3．食盐溶液灌注法

食盐溶液灌注法适用于钢管型接地体。此法是在接地管数量较多时为节省挖土工作量而选用的。

先在每根接地管上，每隔 20 cm 处钻 5～6 个直径为 1 cm 的小孔，钻孔位置应错开，呈梅花形。然后将管打入地下。再用漏斗把食盐或硫酸铜等药品的饱和溶液灌入管内，让液体自动通过管壁小孔流入土壤。也可用亚铁氰化铜溶液，它不仅导电率大，而且易和别的化合物变成胶体状态而不易流失。食盐用量每根管约为 20～40 kg。

事后管口用木塞堵住。每隔 2～3 年应补充一次食盐溶液。

7.6.2 化学降阻剂及其施工方法

1．化学降阻剂介绍

化学降阻剂是由高分子合成树脂、电解质化合物、树脂的硬化剂三种主要成分组成的。

施工时,将它用于接地体和土壤之间,一方面能够与金属接地体紧密接触,形成足够大的电流流通面,这相当于扩大了电极尺寸;另一方面,它能向周围土壤渗透,水溶液中的合成树脂与催化剂发生化学反应,生成具有包裹电解质水溶液于其中的网络结构大分子,这种具有弹性和一定强度的不溶于水的凝胶体的电阻率约为 $0.1\,\Omega\cdot m$,相当于增大了接地体的有效半径,起到降阻作用。

实验证明:化学降阻剂可使接地电阻在沙质土壤内减到 1/3～2/5,但化学降阻剂常存在污染水源和腐蚀地网的缺陷。

目前,广泛使用的是防腐高效固体化学降阻剂。这种降阻剂以碳素为导电材料,辅以防腐剂、扩散剂和起固化作用的水泥,不含腐蚀性的盐酸盐。它属于材料学中不定性的复合型材料,可以根据使用环境做成不同形状的包裹体,包裹在接地体周围。此类降阻剂导电性能稳定,不受气候干湿影响,不腐蚀金属,还可提高电极的防腐性。它具有吸潮性,可保持电极附近土壤潮湿,因此增大了接地电极与土壤的接触面积,有效降低接地电阻,并延长地网的使用寿命。此类降阻剂的使用,也减少了施工工作量,可少打接地体,解决施工场地受局限的困难,大量节省金属材料,尤其可用水平接地体代替难于施工的垂直接地体(在山区及岩石地区等)。目前,全国各地电力、广播电视、铁道、石油、邮电等部门,都广泛采用此类降阻剂来降低地网的接地电阻。

2．化学降阻剂的施工方法

在垂直埋设接地体和水平埋设接地体时,其化学降阻剂的施工方法是不同的,具体如图 7.33 所示。

① 垂直埋设时降阻剂的施工方法。

使用降阻剂在垂直接地体施工时,若无机械打孔条件,可预定敷设降阻剂的接地体外径,加工一个钢管作为外模,放在人工开挖的大口接地坑中。把接地体放在钢模中央,使它们处于垂直位置。钢模外面用细土回填,然后将配制好的降阻剂倒入钢模与接地体之间,最后用起重机向上拉出钢模,再浇水夯实。

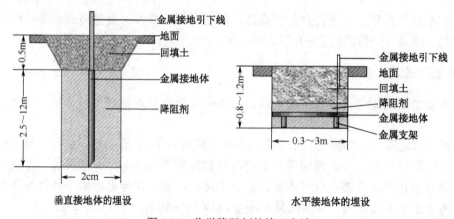

图 7.33 化学降阻剂的施工方法

② 水平埋设时降阻剂的施工方法。

使用降阻剂在水平接地体施工时，先挖一个深 1.4 m、宽 0.3 m、长为水平接地体长度的坑，在坑中放入 20 cm 金属支架，再把接地体放到金属支架上，然后将配制好的降阻剂倒入坑中，覆盖住接地体，上面用细土回填，浇水夯实。

无论采取何种接地体，都需把接地体放在中间位置，使降阻剂包裹着接地体，以便降阻剂与接地体之间以及降阻剂与土壤之间都处于良好的接触状态。

7.7 地阻测量

在接地装置施工以后，要测量接地电阻是否符合设计要求。如果没有测量确认，接地装置就不能说已正确接地了；因土壤复杂，接地设计过程只能作为工程参考。

另外，定期测量接地电阻值是否正常，也是日常维护工作中必须做的事情；否则，随时可能存在安全等问题。

7.7.1 测量方法及测试仪表

根据测量原理的不同，接地电阻的测试方法很多。起初，接地电阻测量采用伏安法（即电流表、电压表），测试非常原始。20 世纪 60 年代，苏联 E 型摇表法（参见图 7.34），取代了伏安法，其电源是手摇发电机，稳定性差，测量精度低。80 年代数字式接地电阻仪（参见图 7.36）投入使用，其稳定性、测量精度比摇表法高，应用范围广。90 年代后，适用于回路地网测量的钳口式电阻仪诞生。钳口法测试原理及测试仪（参见图 7.37），打破了传统检测方式，不必打辅助地桩，并且可测量不同工频接地电阻，但易受地线回路同频信号干扰。

根据测试电流的不同，一般有 50 Hz 工频大电流法和异频电源法两种。为了提高测量精度，前者采用增大工频电流、提高信噪比的办法减小干扰的影响；后者主要靠改变测试电流频率（如 100 Hz、120 Hz 等），从而避开 50 Hz 频率干扰，但这种方法容易受测试引线的干扰影响。

根据测量电极布放和连接方式的不同，有双线法、三线法、四线法、单钳法和双钳法等。这些方法各有各的特点，实际测量方式、方法等的选择，与接地装置的大小、测量的精度等有关。

下面举例介绍一些常见的接地电阻测试仪及测试方法。

1. 摇表型接地电阻测量仪 ZC-8

ZC-8 型接地电阻测量仪主要由手摇发电机、电流互感器、滑线电阻及检流计等组成，其外形如图 7.34 所示，其测量时的连接方式如图 7.35 所示。

具体测量步骤如下：

① 按图 7.35 接好测量电路，E′和 C′之间距离不小于 20 m。

② 将仪表放置在水平位置，检查测量仪的指针是否指在中心红线上，否则可用零位调整器将其调整在中心红线上。

③ 将"倍率标度"置于最大倍数，慢慢转动发电机的摇把，同时旋动"测量标度盘"使

检流计的指针指于中心红线上。若"测量标度盘"的读数小于 1，应将"倍率标度"置于较小的倍数，再重新调整"测量标度盘"，以使读数更准确。

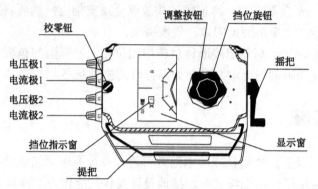

图 7.34 ZC-8 型接地电阻测量仪外形

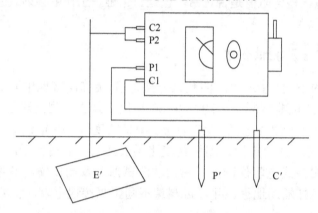

图 7.35 ZC-8 型接地电阻测量仪连接方式

④ 当检流计的指针接近于平衡时，加快发电机摇把的转速，使其达到每分钟 120 转以上，同时调整"测量标度盘"使指针准确地指在中心红线上。

⑤ 用"测量标度盘"的读数乘以"倍率标度"的倍数，即为所测量的接地电阻值。

注意事项：

- ▶ 当检流计的灵敏度过高时，可将电压柱探针插入土壤浅一些；
- ▶ 当检流计灵敏度不够时，可在电流柱、电压柱周围注水，使其湿润；
- ▶ 在布置测量电柱时，应使电流柱和电压柱位置与各种线路或地下金属管道相垂直而不能平行，以避免引起测量误差。

2. 数字式接地电阻测试仪 DER 2571B

测量接地电阻的接线图如图 7.36 所示，测量步骤如下：

① 断开所有设备的接地线。

② 沿被测接地体的地面引出线点 E′向外走直线，20 m 处为电位探针 P′，再继续走 20 m 为电流探针 C′，并使三者在一条直线上。

③ 用导线将被测接地体地面引出线 E′、探针 P′、探针 C′分别与测试仪上的 P2/C2、P1、C1（参考图 7.36）连接。

④ 选定合适的测量量程。

⑤ 按测试按钮 TEST，电流指示灯亮，屏幕显示值即为被测接地装置的接地电阻值。

⑥ 为了保证测量准确，在接地体的不同方向重复进行测量，将测量结果的平均值作为接地装置的接地电阻值。

测量时应注意：测量接地电阻不宜在雨天或雨后进行。

图 7.36　测量接地电阻的接线图

3. 钳形地阻仪 ETCR2000

钳形地阻仪 ETCR2000 如图 7.37（a）所示，其测试原理如图 7.37（b）所示。

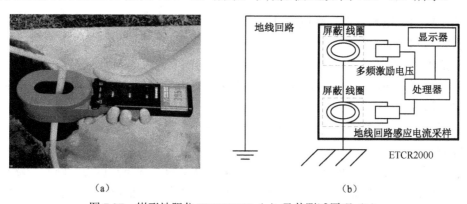

（a）　　　　　　　　　　　　　　（b）

图 7.37　钳形地阻仪 ETCR2000（a）及其测试原理（b）

传统方法必须将接地线解扣，并且要打辅助接地体。即：将被测的接地体从接地装置中分离，且须将电压极和电流极按规定的距离打入土壤中作为辅助电极才能进行测量。钳形地阻仪只须将被测接地线钳住，即可从液晶屏上读出接地电阻值，操作简便。

传统测量方法的准确度取决于辅助电极之间的位置，以及它们与接地体之间的相对位置。如果辅助电极的位置受到限制，不符合计算值，则会带来所谓的布放电极误差。对于同一个接地体，不同的辅助电极位置，可能会使测量结果有一定程度的分散性；而这种分散性会降低测量结果的可信度。

传统方法必须打入两个有相对位置要求的辅助电极,这是使用传统方法的最大限制。

随着我国城市化的发展,被测接地体周围找不到土壤,它们全被水泥所覆盖。即便有绿化带、街心花园等,它们的土壤也往往被水泥与大地土壤分开,更何况传统方法打辅助电极时对辅助电极的相对位置有要求。要找到符合距离要求的土壤,在大多数情况下是很困难的。

从测量原理来说,钳形地阻仪必须用于有接地环路的情况下,单点接地装置并不能直接测量;但只要用户有效地利用周围环境,给单点接地提供一个对地通路,钳形地阻仪可完全测量单点接地装置。

在某些场合下,钳形地阻仪能测量出用传统方法无法测量的接地故障。例如,在多点接地装置(如杆塔等,此外有些建筑物也采用不止一个接地体)中,它们的接地体的接地电阻虽然合格,但从接地体到架空地线间的连接线有可能在使用日久后接触电阻过大甚至断路;尽管其接地体的接地电阻符合要求,但接地装置是不合格的。对于这种情形,用传统方法是测量不出的,用钳形地阻仪则能正确测出;因为钳形地阻仪测量的是接地体电阻和线路电阻的综合值。

7.7.2 地阻测量常见的问题

在测接地电阻时,有哪些因素造成接地电阻不准确,如何避免?

① 接地装置(地网)周边土壤构成不一致,地质不一,紧密、干湿程度不一样,具有分散性,存在地表面杂散电流,特别是架空地线、地下水管、电缆外皮等,对测试影响特别大。解决方法:取不同的点进行测量,取平均值。

② 测试线方向不对,距离不够长。解决方法:找准测试方向和距离。

③ 辅助接地体电阻过大(一般指 500 Ω 以上时)。解决方法:在地桩处泼水或使用降阻剂降低电流极的接地电阻。

④ 测试夹与接地测量点接触电阻过大。解决方法:将接触点用锉刀或砂纸磨光,用测试线夹子充分夹好磨光触点。

⑤ 干扰影响。解决方法:调整放线方向,尽量避开干扰大的方向,使仪表读数减少跳动。

⑥ 仪表使用问题:电池电量不足,解决方法是更换电池;仪表精确度下降,解决方法是重新校准为零。

被保护的电器设备的接地端是否可以不用断开进行测试,这对测试仪表或被保护电器设备有什么影响?

一般情况下,在测试接地电阻时,要求被保护电器的设备与其接地端断开,这是因为:如果不断开被保护的电器设备,在接地电阻过大或接触不好的情况下,仪表加在接地端的电压或电流会反串流入被保护的电器设备,如果一些设备不能抵抗仪表所反串的电压电流,可能会给电器设备造成损坏。另外,一些电器设备由于漏电,使漏电电流经过测试线进入仪表,将仪表烧坏。所以,一般情况要求断开被保护的电器设备。在接地良好的情况下,可以不用断开被保护电器设备进行测量。

复习思考题

1. 请说明接地的目的与作用。

2．什么叫工作接地装置、保护接地装置和防雷接地装置？

3．影响土壤电阻率的主要因素有哪些？

4．若实测得到的土壤电阻率为 500 Ω·m，并考虑季节修正系数 $K=1.5$，设计 4 Ω 工作接地装置。

5．降低接地电阻的方法有哪几种？

6．实地测量土壤电阻率，观察它随湿度、酸碱度和温度等的变化情况。

7．接地导线和接地母线的制作与敷设应注意哪些问题？

8．直立鞭状天线，工作波长为 300 m，架高 15 m，不铺地网时天线效率为 6.5%；架设 120 根直径 3 mm、长 90 m 的地网后，效率提高到 93.3%。请画施工图，并说明效率提高的原因。

第 8 章 雷电与电磁武器防护

8.1 雷电的形成及雷电流特征参数

雷电（Lightning）是一种常见的大气放电现象，地球上每秒钟有 100 次闪电发生。我国每年因雷击造成的直接经济损失，在 100 万元以上的有数百起，造成上千人伤亡。雷电灾害已经成为我国最严重的自然灾害之一，它对社会财产和人民生命安全形成了巨大威胁。

8.1.1 雷电的形成

在地球磁场与电离层间电场极化作用下，空中随气流运动的云团或水汽，摩擦、碰撞、分裂后，其正负离子将非均匀分布，并局部产生大量同极性电荷积累。当电荷积累到场强足够高（潮湿空气时大约 1 kV/m 左右，干燥空气时大约 2.5 kV/m 左右）时，将会击穿空气，即空气电离或称空气导电，将引起雷云内或雷云间的强烈放电，这条发光放电通道，形成空中闪电，称为云内闪电或云际闪电，如图 8.1 所示。若此时的空中飞行器正好穿过，将会遭受雷击。

图 8.1 云团的离子分布及放电过程

在低空云团的电场作用下，潮湿地面或突出物体，将会感应异性电荷。同样，当电荷积累到场强足够高时，引起雷云对地放电，形成云地闪电，将会使地面植被、建筑、设备及人员等遭受雷击。

雷电的发生与地理纬度、地质条件、季节因素和气象等诸多因素有关。低纬度地区发生的雷电次数要远远高于高纬度地区，海洋雷电活动大于陆地雷电。雷电的发生有很大的随机性，因此研究雷电大多采取大量观测记录，用统计的方法寻找出它的概率分布的方法。大量测量资料表明，各次雷击闪电电流的大小和波形差别很大，尤其是不同种类放电的差别更大。另外，雷雨云电荷分布规律为下部带负电，上部带正电的概率较大。当根据云层带电极性来定义雷电流的极性时,云层带正电荷对地放电称为正闪电,而云层带负电荷对地放电称为负闪电。正闪电时正电荷由云到地,为正值;负闪电时负电荷由云到地,故为负值。总之,雷电的破坏作用与峰值电流及其波形有密切的关系,所以了解雷电流的特征非常重要。

8.1.2 雷电流特征参数

要描述雷击及雷电流特征,通常用到雷暴日 T_d、落雷密度 N_g、建筑物年预计雷击次数、最小闪络雷电流、闪击距离、雷电流概率分布函数、雷电流的归一化波形及雷电流频谱等特性参数。

1. 雷暴日 T_d 和落雷年平均密度 N_g

国际气象学联合会通常用雷暴日 T_d 和落雷密度 N_g 两种数据描述雷电发生的频率。以一年当中该地区有多少天发生人耳能听到雷鸣来表示该地区的雷暴日(表 8.1 所示是我国部分城市年均雷暴日分布情况),以一年内 1 km² 范围内总共发生的闪击次数来表征某一地域的落雷密度。

表 8.1 我国部分城市年平均雷暴日

城市	雷暴日/(d/a)	城市	雷暴日/(d/a)	城市	雷暴日/(d/a)
北京	36.3	石家庄	31.2	哈尔滨	35.2
上海	28.4	太原	34.5	南京	32.6
天津	29.3	呼和浩特	36.1	杭州	37.6
沈阳	26.9	长春	35.2	合肥	28.2
福州	53.0	南昌	56.4	济南	25.4
郑州	21.4	武汉	34.2	长沙	46.6
广州	76.1	南宁	84.6	成都	34.0
贵阳	49.4	昆明	63.4	拉萨	68.9
西安	15.6	兰州	23.6	西宁	31.7
银川	18.3	乌鲁木齐	9.3	海口	104.3
台北	27.9	香港	34.0	吉林	40.5

雷暴日及雷击大地的年平均密度,首先应按当地气象台、站资料确定;若无此资料,可按下式计算:

$$N_g = 0.024 T_d^{1.3} \tag{8.1}$$

由此可知,雷暴日的天数越多,落雷密度越大,表示该地区雷电活动越强;反之则越弱。

2. 建筑物年预计雷击次数 N

建筑物年预计雷击次数应按下式计算:

$$N = k \times N_g \times A_e \tag{8.2}$$

式中:N 为建筑物年预计雷击次数 (次/a);k 为校正系数,在一般情况下取 1,位于河边、湖边、山坡下或山地中土壤电阻率较小处、地下水露头处、土山顶部、山谷风口等处的建筑物以及特别潮湿的建筑物取 1.5,位于金属屋面、没有接地的砖木结构建筑物取 1.7,位于山顶上或旷野的孤立建筑物取 2;N_g 为建筑物所处地区雷击大地的年平均密度[次/(km²·a)];

A_e 为与建筑物截收相同雷击次数的等效面积（km²）。

3．最小闪络雷电流 I_{min}

最小闪络雷电流 I_{min} 由闪击距离 h_r 决定，国际电工委员会（IEC）推荐二者之间关系为：

$$h_r = 2I_{min} + 30 \times (1 - e^{-\frac{I_{min}}{6.8}}) \tag{8.3}$$

由此可得表 8.2。

表 8.2　最小闪络雷电流 I_{min} 与闪击距离 h_r 关系

h_r/m	20	30	45	60	159.5	259.7	313.1
I_{min}/kA	2.8	5.4	10.1	15.8	100	150	200

4．雷电流概率分布函数

雷电的发生是一个概率事件，雷击电流峰值出现的概率计算公式也有一定差异，IEC 推荐的低纬度多雷区（如我国）的概率计算公式为

$$\lg P = \begin{cases} -I/88 & (\text{雷暴日大于 20 d/a 的地区}) \\ -I/44 & (\text{雷暴日小于 20 d/a 的地区}) \end{cases} \tag{8.4}$$

雷电流的概率分布函数波形如图 8.2 所示，从中可以看出 50 kA 以内的雷电流是大概率事件，150 kA 以上的雷电流是小概率事件。

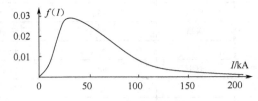

图 8.2　雷电流概率分布函数波形

5．雷电流归一化波形

雷电闪击时的放电过程一般是多重性的，每次放电相隔大约 600～800 击时，放电数目平均为 2～3 次。根据 IEC1312-1 的定义，供分析用的一次闪击由下列雷击组成：
① 一个正极性或负极性的首次雷击；
② 一个负极性的后续雷击（首次以后的雷击）；
③ 一个正极性或负极性的长时间雷击。

其中雷击电流波形有多种，以常用的双指数函数为例则雷电流的归一化波形如图 8.3 所示：

$$i_c(t) = I_{max} \cdot K \cdot (e^{-t/\tau_1} - e^{-t/\tau_2}) \tag{8.5}$$

式中：I_{max} 为电流峰值，τ_1 为波头时间，τ_2 为波长时间。

在图 8.3 中，先从纵轴上的 0.1、0.9 和 1.0 这 3 个刻度分别作 3 条平行于横轴的平行线，前两条平行线与波形曲线的波头部分分别相交于 A、B 两点；过 A、B 两点作一条直线，该直线与第三条平行线和横轴分别交于 C、D 两点；由 C 点引横轴的垂线，其垂足 E 点与 D 点之间的时间即定义为波头时间（上升时间），用 τ_1 表示。再由纵轴上 0.5 刻度作横轴的平行线，该平行线与波形曲线的波尾部分相交于 F 点，从 F 点引横轴的垂线，其垂足 G 点与 D 点之间

的时间即定义为半峰值时间,用 τ_2 表示。

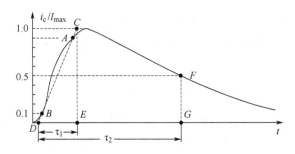

图 8.3 雷击电流归一化波形

雷电波形通常直接利用 τ_1 和 τ_2 特征参数(单位为 μs)表述 I_0(τ_1/τ_2),其中通信工程防雷常用的雷电波有:

- ▶ 首次雷击波形 I_0(10/350),表示 τ_1 = 10μs,τ_2 = 350μs;
- ▶ 后续雷击波形 I_0(0.2/100),表示 τ_1 = 0.2μs,τ_2 = 100μs;
- ▶ 通信线路上雷电过压波 I_0(10/1000),表示;τ_1 = 10μs,τ_2 = 1000μs;
- ▶ 经传导衰减的感应雷电流波 I_0(8/20),表示。τ_1 = 8μs,τ_2 = 20μs;

雷电流峰值及作用时间决定其主要破坏作用,通常峰值可达到几十到几百千安。雷电流的上升速度(陡度)极高,在 1~80 kA/μs 之间;作用时间也极短,则电磁感应破坏力极强。

6. 雷电流频率特性

雷电流频谱是研究避雷设备的重要依据,从雷电能量的频率分布情况,估算系统工作频带内雷电冲击的幅度和能量大小,确定合适的避雷措施,用最小投资达到最佳的防雷效果。以首次雷击波形 I_0(10/350)为例,通过频谱分析得出其峰值比率—频率特性如图 8.4 所示,图中反映出雷电流频率分布情况:0~5 kHz 范围内的谐波电流幅度较大,8.5 kHz 以上的电流幅值明显下降,频率越高电流幅度越低,另外波头越陡高频越丰富,波尾越长低频越丰富。

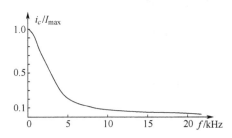

图 8.4 雷电流 I_0(10/350)峰值比率—频率特性

8.2 雷电危害方式

雷电的危害都是由以上两个放电特性引起的。雷电的破坏作用主要是雷电流引起的,它的危害基本上可分为两大类型:一是直击雷危害,主要是雷电流热效应以及雷击产生的内压力和冲击波效应等;二是雷击电磁脉冲引起的危害,主要有雷电电磁感应和雷电静电感应引起的感应过电压。根据受害物的特点及作用机理的不同,雷电可以通过以下 7 种方式产生危害。

1. 热效应

雷电具有极强的瞬时功率，当它击中人体、建筑物或电子设备时，在数十至数百微秒的时间内释放出焦耳热，使受害物产生高温融化或汽化。根据焦耳定律，在时间段 τ 内，雷击所释放的能量为：

$$Q = \int_0^\tau I(t)^2 \cdot R \mathrm{d}t \tag{8.6}$$

式中：$I(t)$ 为回击电流强度（A），R 为回击通道电阻（Ω），τ 为回击持续时间（s）。

由于雷电回击过程持续时间短，可近似看作绝热过程，则回击电流引起的温升为：

$$\Delta T = \frac{Q}{mc} \tag{8.7}$$

式中：m 为物体质量（g）；c 为物体的比热容，单位为 J/（kg·K）。

通常，一次雷击放电释放的能量为 500~2 000 J，回击通道温度上升 6 000~10 000℃。因此，雷电流的热效应能灼伤人体，引起可燃物燃烧、爆炸。另外，雷击也是世界各地引起森林和草原火灾的重要原因。

2. 冲击波效应

雷电回击使放电通道内空气迅速升温、膨胀，而放电结束后空气体积迅速收缩，能使回击通道附近区域的物体受到冲击波作用。另外，在雷电击中树木、建筑物等含有水较多的物体时，水分瞬间受热汽化而剧烈膨胀，雷电能量转化为机械能，产生 5~6 kN 的冲击力，可使树木爆炸，使建筑物结构破坏或倒塌，危及附近人员安全。

3. 电动力效应

雷电回击电流产生强磁场，能使附近的通电导体受到力的作用，称为电动力效应。当该作用力超过导体的机械强度时，可将其拉断。根据安培定律，若两根平行导体分别通过电流 i_1 和 i_2，两导体间距离为 d，则彼此之间的作用力为：

$$F = 1.02 \frac{2l}{d} i_1 i_2 \times 10^{-8} \quad (\text{kg}) \tag{8.8}$$

设 $i_1 = i_2 = 100$ kA，$d = 0.5$ m，$l = 2$ m，则 $F = 816$ kg，足以使导线扭曲变形甚至被拉断。因此，在安装避雷针引下线、屏蔽套管等可能流过大电流的导线时，应特别注意布线方式，避免出现直角或锐角转弯。

4. 电磁效应

雷电的电磁效应也称感应雷效应，包括静电感应和电磁感应。这种危害不发生在回击通道上，而在附近或远处产生效应，因而过去常被忽视；但其发生概率远大于直击雷，对电子设备的危害程度也不亚于直击雷。

（1）静电感应

带有大量电荷的雷雨云产生的电场在金属导线上感应出束缚异号电荷，当雷雨云放电时，电场瞬间减弱，线路上感应出的束缚电荷失去束缚，沿着线路阻抗最小的通道流向大地，产生过电压、大电流冲击。这种过电压波的持续时间，和线路与地之间的阻抗及电容有关，电

压 U 衰减符合 RC 电路放电规律：

$$U = U_0 \cdot e^{\frac{t}{RC}} \tag{8.9}$$

式中：U_0 为雷击发生时导体与大地间的瞬时电压，R 为导体与大地间的电阻，C 为导体与大地间的电容。

据统计，高压输电线上的感应过电压可达到 300～400 kV，而普通低压输电线的感应过电压通常不超过 100 kV，通信线路感应过电压为 40～60 kV。在电子设备遭受的雷击事故中，沿线路传播的感应过电压侵入设备而造成的雷击故障约占 80%。

（2）电磁感应

雷电电流具有极大的峰值和陡度，在它周围出现瞬变电磁场，在空间一定的范围内，处在这瞬变电磁场中的导体会感应出较大的感生电动势（如图 8.5 所示），产生电磁干扰作用。另外，雷电电磁脉冲也能以高频电磁辐射形式，在三维空间范围里对各类屏蔽不良的电子设备发生作用。

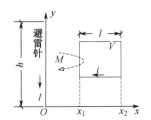

图 8.5 回击通道附近线圈电磁感应示意图

在图 8.5 中，设避雷针 h 通过电流为 I，在同一平面上，有一个非闭合正方形金属环，其边长为 l，x_1 是正方形方框与避雷针的距离。

依据电磁感应定律，该金属环开口处最大感生电动势为：

$$V = M \frac{dI}{dt} \tag{8.10}$$

式中：M 为互感系数（H），dI/dt 为回击电流变化率（A/s）。

穿过线圈截面的磁通量用下式计算：

$$\Phi = \int_{x_1}^{x_2} d\Phi l dx = \int_{x_1}^{x_2} \mu_0 H l dx \tag{8.11}$$

依据安培环路定理，磁场强度为 $H = \frac{\mu_0 I}{2\pi x}$，得磁通量为：

$$\Phi = \int_{x_1}^{x_2} \frac{\mu_0 I l}{2\pi} \int_{x_1}^{x_2} \frac{1}{x} dx = \frac{\mu_0 I l}{2\pi} \ln x \Big|_{x_1}^{x_2} \tag{8.12}$$

又因为互感系数 M 可用下式计算：

$$M = \frac{\Phi}{I} = \frac{\mu_0 I l}{2\pi} \ln x \Big|_{x_1}^{x_2} \tag{8.13}$$

而 $x_2 = x_1 + l$，则开口环的最大感生电动势为：

$$V = M \frac{dI}{dt} = 2 \times 10^{-7} \times l \cdot \ln \frac{l + x_1}{x_1} \cdot \frac{dI}{dt} \tag{8.14}$$

通过上面的分析可推测，回击峰值为 100 kA、电流波形上升时间为 2.5 μs 的地闪通道附近，边长 5 m 的开口金属框在距离雷击点 200 m 处，感应电压峰值约为 1 kV。雷雨时环境湿度大，空气击穿场强降低到 1 kV/mm，如果开口处间隙为毫米量级，就有可能使局部空气击穿，发生火花放电。

5. 地电位反击

如图 8.6 所示，建筑物在遭受直接雷击时，雷电流将沿建筑物防雷系统中各引下线和接地体入地，在此过程中，雷电流将在防雷系统中产生暂态高电压。

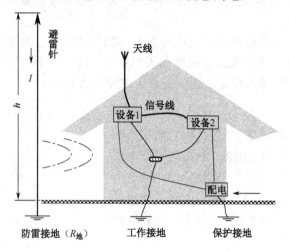

图 8.6　地电位反击

单根避雷针引下线线上的电压为

$$U = IR_{地} + L_0 l \frac{dI}{dt} \tag{8.15}$$

式中：$R_{地}$为避雷系统接地电阻（Ω）；I为引下线中流过的雷电流（A）；L_0为引下线单位长度电感（μH/m）；l为引下线长度（m）。

可见，引下线上的过电压包括两部分：①雷电流流过接地电阻产生的压降；②雷电流在电感上产生的压降，它与雷电流的变化率及引下线电感（多根平行引下线还应考虑互感）有关。

设雷电流峰值为 50 kA，雷电流陡度为 50 kA/μs，引下线为粗圆铜线，电阻率约 1×10^{-4} Ω/m，接地电阻设为 5 Ω，长度 $l=10$ m，单位引下线长度上的电感为 $L_0=1\times10^{-6}$ μH/m，则雷电流引起的对地电位峰值为 750 kV。

如果引下线与周围网络设备绝缘距离不够，且设备与避雷系统不共地，就将在两者之间出现很高的电压，并会发生放电击穿，导致网络设备严重损坏，甚至人身安全。

如果防雷与工作接地体共地，则当接地技术处理不当时，雷电流会通过共地传导耦合进工作接地，引起地电位的反击，从而造成整个网络系统设备被击毁。

因此，我国 GB 50057 明确规定：第一类防雷建筑物，防雷装置与被保护物之间的距离不应小于 3 m。在因为条件限制而无法达到所规定的间隔尺寸时，应将避雷引下线和金属体用金属搭接或焊接起来，使它们成为等势位体，以避免发生闪击。

另外，下雨时人应远离树木、旗杆或避雷针引下线等易遭受雷击的物体，防雷装置应与金属体保持一定距离；在房前种树也应注意与房屋之间留出一定空间。

6. 跨步电压作用

雷电流入地后，在雷击点附近形成电位梯度，地面任意两点之间都会有瞬间电势差存在，称为跨步电压。通常认为人的步距是 0.80 m，关于人能承受雷电造成的跨步电压和接触电压是多少伏，允许流过的电流是多少安，至今尚无明确的数据；但大量试验证实，由于雷电的作用时间非常短，人体对脉冲电压和电流耐受能力要比工频时大得多。人体能承受的跨步电压为 90～110 kV；而大牲畜由于四蹄着地，电流易经过心脏，所以对雷电流比人更敏感，例如牛受到 96 kV 的跨步电压即可出现呼吸失常、心脏机能损伤。

7．过电压波侵入

过电压波侵入是防雷工程中常用的名词，其本质主要是雷电浪涌通过室外电源线或信号线的传导耦合，即变电站、输电线路或室外信号线被雷击产生的雷电浪涌，沿输电线向两边传播，使同一线路上的电子设备都受到过电压或者过电流的冲击。当线路处于荒郊野外时，更易发生雷击事故；若输电线路雷击会引起跳闸，不但影响电力系统的正常供电，增加输电线路及开关设备的维修工作量，而且雷电过电压波极易造成电力设备的绝缘损坏。据统计：一条 100 km 长的输电线路在一年中往往要遭受数十次雷击，对用电设备的安全构成严重威胁；在我国，雷击引起的跳闸次数占总跳闸次数的 40%～70%。

雷击过电压又分为纵向过电压和横向过电压。纵向过电压是在平衡电路某点出现的对地的过电压，例如地电位上升起的电压，可看成从地系统侵入的纵向过电压；横向过电压则是在平衡电路线与线之间，或不平衡电路的线对地之间出现的过电压，连接对称平衡传输线路的设备由于线路中两线分别对地的纵向过电压不平衡，或因纵向防护元件动作时间的差异，都会导致横向过电压的产生。

8.3　防雷技术措施及规范

8.3.1　防雷技术措施

目前，防雷有躲、引、拒的三种策略。躲：古人对待雷电采用"惹不起，躲得起"的策略，近代人仍在采用，如航天、航空领域。引：富兰克林的人工引雷入地，就是提供一条使雷电（雷电磁脉冲）对地泄放的低阻抗路径，使其不能随机性选择放电通道，目前应用最多的是该主动防雷策略。拒：是一种新的防雷策略，由庄洪春教授发明的等粒子避雷装置，能"拒"雷电到指定的建筑，目前正在进行实践检验。

国际电工委员会标准 IEC61024-1 将建筑物的防雷分为直击雷电的防护和感应雷电的防护两部分，对应外部防雷装置和内部防雷装置。直击雷电的防护起步较早，工程实践的手段多样；感应雷电与电磁武器的防护，到最近 20 年才得到普遍重视。这是因为低电压微电子器件的飞速发展与广泛应用，使电子设备抗击电磁杀伤的能力大大减弱，特别是电磁武器爆炸时可以发出上百万瓦的电磁脉冲，频谱覆盖了分米波到厘米波波段，在 0.03 μs 内即可上升到最大值（比闪电快 50 倍），磁场就在附近的各类金属导体上激发感应电动势和感应电流，比雷电电磁脉冲更具有杀伤力。

现代防雷技术遵循"整体防护、预防为主、安全第一"的原则。外部防雷装置（即传统的常规避雷装置）由接闪器、引下线和接地装置组成，位于建筑物外部，其作用是引导雷电入地；内部防雷装置的作用是减少建筑物内的雷电流和所产生的电磁效应并防止雷电反击、接触电压、跨步电压等二次雷害。除外部防雷装置外，所有为达到防雷目的所采用的设施、手段和措施均属于内部防雷装置，包括等电位连接设施、屏蔽设施、加装的浪涌保护器以及合理布线和良好接地等措施。组成雷电防护的外部防雷系统和内部防雷系统相互配合、各行其责、缺一不可，如图 8.7 所示。

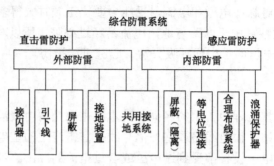

图 8.7 现代综合防雷技术

通信台站雷电防护，应该先调查地理、地质、土壤、气象、环境等条件及机房特点，直击雷防护是基础，机房内部弱电设备的雷电电磁脉冲防护是重点。国内外都颁布了通信系统及机房场地的雷电防护设计规范，主要包括：

- ▶ GB 50057《建筑物防雷设计规范》；
- ▶ GB 50343《建筑物电子信息系统防雷设计规范》；
- ▶ GB 50174《电子计算机机房设计规范》；
- ▶ GB 50054《低压配电设计规范》；
- ▶ IEC1312《雷电电磁脉冲的防护》；
- ▶ IEC1024《建筑物雷电防护标准》；
- ▶ IEC60364-4《建筑物电气装置电磁干扰（EMI）防护》。

通常依据雷电风险评估调查结论，确定雷电防护设计，其中雷电风险评估包括勘测报告、建筑物防雷分区、建筑物防雷分类、机房雷电防护分级等几个重要环节。

8.3.2 建筑物防雷分区

根据 IEC1312-1 标准，建筑物及电子信息系统的防雷保护应根据雷电电磁脉冲的严重程度进行分区保护，把需要保护的空间划分为不同的防雷区（LPZ），如图 8.8 所示。其中，LPZ0A 为非直击雷保护区，LPZ0B 为直击雷室外保护区，LPZ1 为室内第一级建筑屏蔽区，LPZ2 为室内第二级建筑屏蔽区。在分区保护的原则下，进行建筑物及电子信息系统的防雷设计，才能实现电子信息系统的全方位保护。

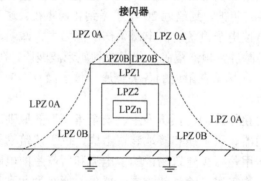

图 8.8 建筑物及电子信息系统的防雷区划分

LPZ0A 区：该区内的各物体都可能遭到直接雷击和导走全部雷击电流，其内的电磁场强度没有衰减。

LPZ0B区：直击雷室外保护区。

LPZ1区：该区内的各种物体不可能遭到大于所选滚球半径对应的雷电流直击，但该区内的电磁场强度没有衰减，其导体传导雷电流比LPZ0区小。

LPZ2区：该区内的各种物体不可能遭到直接雷击，流经各导体的电流比LPZ1区更小；该区内的电磁场强度可能衰减，这取决于屏蔽措施。

LPZ3后续防雷区：当需要进一步减小流入的雷电流和电磁场强度时，应增设后续防雷区，并按照需要保护对象所要求的环境去选择后续防雷区的环境条件。

LPZ3+n（$n=1,2,\cdots,P$）：为设备自身的屏蔽区，包括设备外壳及设备外壳内对部分敏感器件采取的屏蔽措施，设备自身的屏蔽区可由多层构成。

建筑物中的电子设备均处于LPZ2区内。但建筑物内电子设备的网络干线、微波中继等处于LPZ1区，而微波接收、发射装置等则处于LPZ0A或LPZ0B区，故在设计中应对建筑物的防雷区域做综合分析论证，制定出高性能价格比的设计方案。

LPZ0A、LPZ0B是直接雷击区域，危险性最高，主要由外部（建筑）防雷系统保护，越往里则危险程度越低。保护区的界面划分主要通过防雷系统、钢筋混凝土及金属管道等构成的屏蔽层而形成，从0级保护区到最内层保护区，必须实行分层多级保护，从而将过电压降到设备能承受的水平。一般而言，雷电流经传统避雷装置后约有50%直接流入大地，还有50%将流入各电气通道（如电源线、信号线和金属管道等）。

总的防雷原则是将绝大部分雷电流直接经避雷针接闪引入地下泄流（外部保护），阻塞沿电源线或数据线、信号线引入的过电压波（内部保护及过电压保护），限制被保护设备上的浪涌过压幅值（过电压保护）。这三道防线，相互配合，各行其责，缺一不可。为了彻底消除雷电所引起的毁坏性电位差，特别需要实行等电位连接，目的是减小需要防雷的空间各金属部件和各系统之间的电位差：电源线、信号线、金属管道、接地线都要进行等电位连接，各个内层保护区的界面处同样要依此进行局部等电位连接，各个局部等电位连接板相互连接，并最后与主等电位连接板相连，使它们达到电位相等，为雷电流提供低阻抗通道，使它迅速流入大地。

8.3.3 建筑物防雷类别

在GB 50057《建筑物防雷设计规范》中，根据建筑物的重要性、使用性质以及发生雷电事故的可能性和后果等，将防雷建筑物分为三类，其对应的雷击电流和滚球半径如表8.3所示。

表8.3 三类防雷建筑物对应的雷击电流和滚球半径

防雷建筑物类别	雷击电流/kA	滚球半径/m
第一类	5.4～200	30～313
第二类	10.1～150	45～260
第三类	15.8～100	60～200

1. 第一类防雷建筑物

在可能发生对地闪击的地区，遇下列情况之一时，应划为第一类防雷建筑物：

① 凡制造、使用或贮存火（炸）药及其制品的危险建筑物，因电火花而引起爆炸、爆轰，

会造成巨大破坏和人身伤亡者。

② 具有0区或20区爆炸危险场所的建筑物。

③ 具有1区或21区爆炸危险场所的建筑物，因电火花而引起爆炸，会造成巨大破坏和人身伤亡者。

根据《爆炸和火灾危险环境电力装置设计规范》（GB 50098）规定：

- ▶ 0区：连续出现或长期出现爆炸性气体混合物的环境；
- ▶ 1区：在正常运行时可能出现爆炸性气体混合物的环境；
- ▶ 2区：在正常运行时不可能出现爆炸性气体混合物的环境，或即使出现也仅是短时存在的爆炸性气体混合物的环境；
- ▶ 10区：连续出现或长期出现爆炸性粉尘环境；
- ▶ 11区：有时会将积留下的粉尘扬起而偶然出现爆炸性粉尘混合物的环境；
- ▶ 21区：具有闪点高于环境温度的可燃液体，在数量和配置上能引起火灾危险的环境；
- ▶ 22区：具有悬浮状、堆积状的可燃粉尘或可燃纤维，虽不可能形成爆炸混合物，但在数量和配置上能引起火灾危险的环境；
- ▶ 23区：具有固体状可燃物质，在数量和配置上能引起火灾危险的环境。

2. 第二类防雷建筑物

在可能发生对地闪击的地区，遇下列情况之一时，应划为第二类防雷建筑物：

① 国家级重点文物保护的建筑物。

② 国家级的会堂、办公建筑物、大型展览和博览建筑物、大型火车站和飞机场、国宾馆、国家级档案馆、大型城市的重要给水泵房等特别重要的建筑物。注：飞机场不含停放飞机的露天场所和跑道。

③ 国家级计算中心、国际通信枢纽等对国民经济有重要意义的建筑物。

④ 国家特级和甲级大型体育馆。

⑤ 制造、使用或贮存火（炸）药及其制品的危险建筑物，且电火花不易引起爆炸或不致造成巨大破坏和人身伤亡者。

⑥ 具有1区或21区爆炸危险场所的建筑物，且电火花不易引起爆炸或不致造成巨大破坏和人身伤亡者。

⑦ 具有2区或22区爆炸危险场所的建筑物。

⑧ 有爆炸危险的露天钢质封闭气罐。

⑨ 预计雷击次数大于0.05次/a的部、省级办公建筑物和其他重要或人员密集的公共建筑物以及火灾危险场所。

⑩ 预计雷击次数大于0.25次/a的住宅、办公楼等一般性民用建筑物或一般性工业建筑物。

3. 第三类防雷建筑物

在可能发生对地闪击的地区，遇下列情况之一时，应划为第三类防雷建筑物：

① 省级重点文物保护的建筑物及省级档案馆。

② 预计雷击次数大于或等于0.01次/a，且小于或等于0.05次/a的部、省级办公建筑物和其他重要或人员密集的公共建筑物，以及火灾危险场所。

③ 预计雷击次数大于或等于0.05次/a，且小于或等于0.25次/a的住宅、办公楼等一般性

民用建筑物或一般性工业建筑物。

④ 在平均雷暴日大于 15 d/a 的地区，高度在 15 m 及以上的烟囱、水塔等孤立的高耸建筑物；在平均雷暴日小于或等于 15 d/a 的地区，高度在 20 m 及以上的烟囱、水塔等孤立的高耸建筑物。

8.3.4 建筑物电子信息系统雷电防护等级

GB 50343《建筑物电子信息系统防雷设计规范》，依据防雷装置的拦截效率，将建筑物电子信息系统雷电防护分为 A、B、C、D 四级，如表 8.4 所示。通信台站的防雷主要是通信建筑物防雷、通信天线防雷与馈线杆防雷、电子信息系统机房设备防雷等，应更侧重雷电磁脉冲防护，在进行防雷设计时可以参照表 8.4 进行等级选择。

表 8.4　建筑物电子信息系统雷电防护等级

雷电防护等级	建筑物性质
A 级（拦截效率 $E>0.98$）	大型通信枢纽、机场、五星级宾馆等
B 级（$0.90<E<0.98$）	中型通信枢纽、移动通信基站、雷达站、微波站等
C 级（$0.80<E<0.90$）	小型通信枢纽、三星级宾馆等
D 级（$E<0.80$）	除上述 A、B、C 级以外的一般用途的电子信息设备

8.4　直击雷的防护

直击雷电的防护主要是通过为雷电电流提供一个对地的低阻抗泄放通道，以保护机房设备或天线免受直击雷电的摧毁。其防雷保护装置主要有接闪器（如避雷针、避雷带和避雷网）、引下线、接地体等，下面将分别予以介绍。

8.4.1　接闪器

1. 何谓接闪器

直接接受雷击的金属构件称为接闪器，其作用和性能要求是：①具有空气击穿前的先导（提前放电）能力，保护对象免遭雷击；②具有承受强大电流泄放能力，雷击后不损坏，提供终身服务。

常用接闪器可分为避雷针（闪光柱/棒）、避雷线和避雷网，如图 8.9 所示。

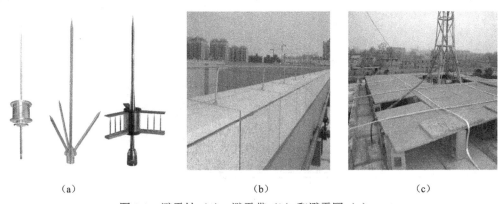

图 8.9　避雷针（a）、避雷带（b）和避雷网（c）

一般建筑屋宜采用避雷网，网格的导线应着重敷设在房屋的棱角边缘、尖顶和一切比屋面高的物体上。网格的宽度一般为5～10 m。在尖顶建筑屋面上，宜采用避雷针。

2. 接闪器保护范围

IEC 和国家规范推荐用滚球法，用半径为 R 的滚球沿接闪器周围滚动，滚动外沿轨迹与地面或建筑物所形成的空域，为接闪器保护范围。因滚球半径 R 与雷电闪击距离 h_r 相对应，所以又称为击距法。图 8.10 所示为单支避雷针的保护范围示意图。

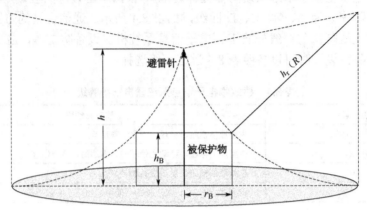

图 8.10 单支避雷针的保护范围示意图

通过分析计算可知，单支避雷针架设高度 h 与滚球半径 R（雷电闪击距离 h_r）的关系为：

$$h = h_r - \sqrt{h_r^2 - \left[\sqrt{h_r^2 - (h_r - h_B)^2} + r_B\right]^2} \tag{8.16}$$

避雷针的架设高度可利用上式计算。由表 8.3 可知：第一类防雷建筑的雷击电流为 5.4 kA 时，对应的雷击滚球半径（h_r）为 30 m；第二类防雷建筑的雷击电流为 10.1 kA 时，对应的雷击滚球半径（h_r）为 45 m；第三类防雷建筑的应雷电流为 15.8 kA 时，对应的雷击滚球半径（h_r）为 60 m。若被保护的建筑物高度、半径已知，即可计算确定各类防雷建筑避雷针的架设高度。当回击电流大于上述值时，雷闪将击中接闪器；当回击电流小于上述值时，则有可能击中被保护物。

例如：某单位超短波通信电台站建筑如图 8.11 所示，计划在楼顶架设 1 副盘锥天线，天线距地面高度定为 12 m，按第二类防雷建筑防护要求设计避雷针和天线的安装位置及实际高度。

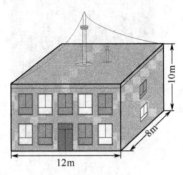

图 8.11 避雷针安装设计举例

依题知，建筑高度 h_B=10m，半径 $r_B=\sqrt{(12/2)^2+(8/2)^2}$（m）= 8.2 m，第二类防护，即 h_r=45 m，利用式（8.16）计算得 h_B=18.3 m，则避雷针架设在楼顶中央，楼面以上高 8.3 m，盘锥天线也架设在楼顶，楼面以上高 2 m，并一定安装在避雷针保护范围内即可。

3．接闪器材料规格选择

避雷针宜采用圆钢或焊接钢管制成：针长 1 m 内时圆钢直径不应小于 12 mm，钢管直径不应小于 20 mm；针长 1～2 m 时圆钢直径不应小于 16 mm，钢管直径不应小于 25 mm。为提高防雷效果，也可以采用各式提前放电的避雷装置。

另外，当第一类防雷建筑的高度超过 30 m，第二类防雷建筑的高度超过 45 m，第三类防雷建筑的高度超过 60 m 时，应采取防侧击雷措施，如：增装避雷针、避雷网或避雷带。

避雷网和避雷带宜采用圆钢或扁钢，优先采用圆钢。圆钢直径不应小于 8 mm；扁钢截面积不应小于 48 mm^2，其厚度不应小于 4 mm。

架空避雷线和避雷网宜采用截面积不小于 35mm^2 的镀锌钢绞线。

8.4.2 引下线

引下线是避雷针接闪时将雷电流迅速引向地下的金属导线，一般采用圆钢或扁钢。其中圆钢直径不应小于 8 mm；扁钢截面积不应小于 48 mm^2，其厚度不应小于 4 mm。引下线应沿建筑物外墙明敷，并经最短路径接地；当建筑艺术要求较高时，可暗敷，但圆钢直径不应小于 10 mm，扁钢截面积不应小于 80 mm^2。

另外，防雷建筑的引下线不应少于 2 根，且第一类防雷建筑的引下线间距不大于 12 m，第二类防雷建筑的引下线间距不大于 18 m，第三类防雷建筑的引下线间距不大于 25 m。

8.4.3 接地体

防雷接地体的接地电阻应小于 10 Ω，其设计与安装可参见第 7 章相关内容。

当采用大、中型建筑物埋置在钢筋混凝土中的导体作为接地体时，必须保证建筑物基础钢筋处于地下潮湿层，以获得适当的接地环境。

若防雷地、工作地和保护地联合接地时，接地电阻应满足最小接地电阻值要求，并确保防雷接地的引下线与工作地和保护地引线分开 15 m 以上，且独立连接到接地体，如图 8.12 所示。若分开距离不足，应安装地极电浪涌保护器（Surge Protective Device，SPD）。

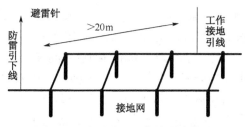

图 8.12 防雷地和工作地联合接地

8.5 感应雷电和电磁武器的防护

8.5.1 概述

雷电直击是小概率事件，而雷电感应是大概率事件，因此对感应雷电的防护尤为必要。

另外，军用设备还应做好对电磁武器的防护。电磁武器和感应雷电的破坏机理本质上是一致的：电磁传播耦合由各种导线、金属体、电阻和电感及电容性阻抗耦合到电子设备，也可以由公共接地阻抗和公共电源耦合而危害设备；电磁辐射耦合则是通过空间以电磁场形式耦合到电子设备的接收天线及传输电缆上以危害电子设备。只要摧毁设备的电子元件，就可以摧毁电子设备，而现在的电子设备均用低电压的晶体管、集成电路等构成，很小的脉冲电流（这个能量比利用冲击波和弹片摧毁目标所需的能量小数万倍）就能击穿晶体管和集成电路。

例如，电磁弹在爆炸时可以发出能量高达数百万瓦的电磁脉冲，产生的电磁脉冲变化迅速，在 $0.01\sim0.03~\mu s$ 的时间内即可上升到最大值，比闪电快 50 倍。因此，爆炸的电磁弹从低频到超高频的频域范围均有杀伤力，可破坏大范围内的军用和民用电子信息系统，摧毁敌方可能用来发射导弹的电子控制设备，破坏敌国的输电网或通信网（包括收音机和手机）等，给敌方带来沉重的打击。所以，只有直击雷电的防护是不够的。

感应雷电和电磁脉冲对电子设备的破坏作用一般可分为两类：功能损坏和工作干扰。功能损坏是指电缆的绝缘材料被击穿或者电子设备的某些元器件受电磁脉冲的作用而造成永久性损伤；工作干扰是指电磁脉冲虽然没有使系统或器件受到破坏，但其引进的附加信号使某些器件的工作状态改变，导致电子设备的功能紊乱，发出错误信号，或消除和改变存储器中的内容。

目前，感应雷电和电磁武器的防护途径有工程级、系统级、设备级和器件单元级等。在通信工程建设中，当设备定型后，工程与系统兼顾的防护设计的性价比最高，其最常用的防护技术方案有浪涌保护（SPD）、等电位连接与共用接地、屏蔽及布线等。为了提高防护效果，通常采用多种方案，层层设防，综合治理。

8.5.2 屏蔽

1. 外部屏蔽

① 为了改善电磁环境，与建筑物相关联的所有大尺寸金属部件应连接在一起，并且与防雷装置等电位连接，如金属屋顶及金属立面、混凝土内钢筋、门窗的金属框架等，构成法拉第笼削弱进入建筑物内部的电磁感应强度。

② 信息系统设备主机房的六面应敷设金属屏蔽网，屏蔽网应与机房内环形接地母线均匀多点相连。

③ 金属导体、电缆屏蔽层及金属线槽（架）等进入机房时，应做等电位连接。

例如对精密设备机房按 I 级屏蔽机房设计。墙面采用 3 mm 优质冷轧钢板经标准模块加工后镀锌处理。顶面、底板采用双层厚度为 3 mm 的钢板中间夹 10 mm 金属棉，全钢板焊接式，现场施工安装。通风窗使用高性能蜂窝状通风波导窗换气，进入通道采用 0.85 m 全钢板三道簧片高性能手扳式屏蔽门。机房内四周墙面采用铝塑板装饰，吊顶为喷塑铝孔板，地面铺设全钢防静电地板，四壁布置电源插座和信号接入插座，照明采用嵌入式不锈钢格栅日光灯。

2. 线路屏蔽

① 信息系统设备主机房应避免设在建筑物的高层，宜选择在建筑物低层中心部位，其设备应避免紧靠建筑物立柱或横梁，设置在雷电防护区（LZP）的较高级别区域（LPZ2 或 LPZ3）内。

② 对于需要重点保护的信号线缆，宜采用屏蔽电缆进行布线，也可采用光缆。当采用屏

蔽线系统时，线缆中传输信号频率为 1 MHz 以下时，采用单端接地，线缆中传输信号频率为 1 MHz 以上时，采用两端接地。采用单端接地应保持各子系统中屏蔽层的电气连续性。在电缆屏蔽层二端接地时，两个接地装置之间的接地电位差不应大于 1 V（联合接地系统）。

③ 架空电力线由终端杆引下后应更换为屏蔽线缆，进入建筑物前应水平直埋，埋入地下的长度 L 一般应大于 15 m 或满足下式要求：

$$L \geqslant 2\sqrt{\rho} \tag{8.17}$$

其中 ρ 为土壤电阻率。埋地深度宜大于 0.6 m，且屏蔽层两端接地。

④ 光缆的所有金属接头、金属挡潮层、金属加强芯等，应在入户处直接接地。

8.5.3 等电位连接

等电位连接分为防雷等电位连接和电气安全等电位连接。等电位连接就是将设备、组件和元器件的金属外壳或构架在电气上连接在一起，形成一个电气连续的整体，这样可以避免在不同金属外壳或构架之间出现电位差，而这种电位差往往是产生电磁干扰和造成雷电反击的原因。

在现代建筑物中，为了节省室内空间，电子信息系统中各设备的布置往往是相当紧凑的，设备之间难以隔开足够的空间距离。当建筑物受到雷击时，其防雷系统各部分均会出现暂态电位升高，如果各设备之间没有进行等电位连接，则有可能会引起雷电反击而使设备损坏。等电位连接不仅可以在发生雷击时防止设备受到雷电反击，还可以保障人身安全。

一般来说，凡进入建筑物内的金属管道（如供热管、供气管、水管、穿线管）、电力电缆多种金属护套、电源线进配电箱的 PE 线、信号线屏蔽层等，均在入口处就近对其进行等电位连接；对于布置于建筑物内部的各种金属管、电缆槽、金属构件、电气和电子设备外壳等，也应进行等电位连接。这些等电位连接属于常规的等电位连接，主要是通过搭接、连接母排和母线环等方式来实施的。

搭接是将两个以上金属件在相遇或相近处采用连接紧固装置或焊接而连接起来，它是一种最基本的等电位连接方式，适合于金属件之间的直接等电位连接。

在建筑物室内，为了便于多个设备或系统进行等电位连接，常在室内沿墙体四周设置一圈连接母线环，让各个设备及线路屏蔽层就近与母线环进行连接，实现各设备和线路屏蔽层之间的间接电位均衡。这种母线环实质上就是闭合形式的连接母排，其截面积应不小于 50 mm^2，在距墙根几厘米高处明敷，通常每隔约 5 m 连接到基础接地体上去。这种利用母线环来进行电位均衡的做法也被应用于高层建筑物的外部防雷系统，用在此处的母线环习惯上也称为均压环。在距地面一定高度（滚环半径）以上每隔一定间隔做一圈均压环，均压环与引下钢筋相互电气连接，形成笼式防雷系统，这样在雷击时可以有效地减小建筑体各部位的电位差。当然，这种均压环也具有防建筑物侧面雷击的接闪作用。

另外，若信号线屏蔽层和电源保护地线 PE 在入口处必须与接地的母排做常规等电位连接，当建筑物受雷击时，其地电位将抬高，则信号线屏蔽层和电源保护地线 PE 的电位也将随之抬高，相对于这一抬高的电位，信号芯线和电源火线上工作电压是低的，于是就在屏蔽层与信号芯线以及在电源火线与 PE 线之间出现高的暂态电位差。为了消除这种电位差，可在信号芯线和电源火线与接地的母排之间加装信号保护器和电源保护器。在正常运行时，各电涌保护器件承受正常运行电压，它们呈现出高阻开路状态，不会影响各线路的正常运行；但在发生雷击时，它将承受雷电暂态高电位差的作用，转变为导通短路状态，实施与屏蔽层和 PE

线的暂态等电位连接。

在煤气管道进入建筑物的入口处，也需要设置上述等电位连接。通常，为了避免将这种金属管道用作自然接地体，在煤气管入户处串接一段绝缘管，将户内和户外的两部分管道绝缘开。

其次是各机房内等电位连接，即在机房内每排机柜下部敷设 40 mm×3 mm 的铜条，汇合后采用 BVV 1×50 mm² 的塑套线，再与一楼地网汇流排直接连接。

8.5.4 合理布线系统

现代化的建筑物都离不开照明、动力、电话、电视和信息系统等电子设备的管线电缆，在防雷设计时必须考虑防雷系统与这些管线的关系。

为了保证在防雷装置接闪时这些管线不受影响，首先要考虑这些电子设备放置的位置，要设法避开强磁场区，将信息线缆穿于金属管内，实现可靠的屏蔽，金属管道与等电位端子板相连；其次应该把这些线路主干线的垂直部分设置在智能建筑的中心部位，且避免靠近已用其内主筋做避雷引下线的建筑物立柱，以尽量缩小被感应的范围。在管线较长或桥架等设施较长的线路上，还需要两端接地；对于新建机房，应尽量选择低层楼房。

另外，应该注意电源线、天线和屋顶天面的各种线缆，在设计各种管线时，注意布线的安全距离。例如，表 8.5 所示的双绞线电缆与电磁干扰源之间的最小分隔距离，表 8.6 所示的光缆与其他管线之间的最小净距。

表 8.5 双绞线电缆与电磁干扰源之间的最小分隔距离

干扰源种类	<2 kV·A	2.5 kV·A	>5 kV·A
开放或没电磁隔离的电力线或电力设备	127 mm	305 mm	610 mm
接地金属导体通路的无屏蔽电力线或电力设备	64 mm	152 mm	305 mm
接地金属导体通路封装在接地金属导体内的电力线		76 mm	152 mm
变压器和电动机	800 mm	1000 mm	1200 mm
日光灯		305 mm	

表 8.6 光缆与其他管线之间的最小净距

走线方式	范围	最小间隔距离/m	
		平行	交叉
市话管道线（不包括入孔）	-	0.75	0.25
非同沟的直埋通信电缆	-	0.50	0.50
市话管道边线（不包括入孔）	-	0.75	0.25
直埋式 电力电缆	<35 kV	0.65	0.50
	>35 kV	2.00	0.50
高压石油、天然气管		10.00	0.50

对于功率大于 5 kV·A 的情况，需进行工程计算，以确定电磁干扰源与双绞电缆分隔距离（L）。计算公式如下：

$$L = （电磁干扰源功率 \div 电压） \div 131 \text{ (m)} \tag{8.18}$$

例：若有一个 36 kV·A 的电动机，380 V 的电压线路，双绞电缆与之相隔的距离为：

$$L = （36000 \div 380 \div 131）\text{ (m)} \approx 0.72 \text{m}$$

8.5.5 电涌保护器（SPD）

1. SPD 的结构和类型

电涌电压是指超出正常工作电压的瞬间过电压，电涌电流是指电源接通瞬间或者在电路出现异常情况（如感应雷电）下，产生的远大于稳态电流的峰值电流或过载电流。所谓瞬变电压或瞬变电流，意味着其存在时间仅为微秒或纳秒量级，因此，人们需要响应速度快于 1 μs 的元件，对于静电放电甚至要快于 1 ns。这种元件能够在极短的时间间隔内将高达数十千安的电流导出。

电涌保护器（Surge Protective Device，SPD）是一种为各种电子设备、仪器仪表、通信线路等提供安全防护的电器装置。SPD 是用于限制暂态过电压和分流电涌电流的装置，也常称为"过电压保护器"或"避雷器"。SPD 的类型和结构按不同的用途而有所不同，但至少应包含一个非线性电压限制元件。

SPD 的元件从响应特性来看，有软、硬之分。属于硬响应特性的放电元件有气体放电管和放电间隙型放电器，属于软响应特性的放电元件有压敏电阻和抑制二极管。所有这些元件的区别在于放电能力、响应特性及残余电压。由于这些元件各有优缺点，人们将其组合成特殊保护电路，以扬长避短。常用的 SPD 以保护用途和工作原理进行分类。

按照 SPD 在电子信息系统的保护用途可分为：
① 电源 SPD，如交流电源保护器、直流电源保护器、开关电源保护器等；
② 信号 SPD，如低频信号保护器、高频信号保护器、天馈保护器等。

对于进入大楼的电源系统，防雷保护应使用电源 SPD；对于天馈系统，使用天馈 SPD；对于通信网络系统，使用信号线路 SPD。图 8.13 所示为电源与信号 SPD 举例。

图 8.13 电源与信号 SPD 举例

按照 SPD 的工作原理可分为：
① 电压开关型 SPD：采用放电间隙、气体放电管、晶闸管和三端双向晶闸管元件构成的 SPD。其工作原理是当无瞬时过电压时呈现为高阻抗，一旦响应雷电瞬时过电压时，其阻抗就突变为低值，允许雷电流通过，这种通常称为开关型 SPD。用作此类装置的器件有放电间隙、气体放电管、闸流晶体管等。

② 限压型 SPD：采用压敏电阻和抑制二极管组成。其工作原理是当无瞬时过电压时为高阻抗，但随电涌电流和电压的增加阻抗会不断减小，其电流、电压特性为强烈的非线性，通常称为限压型 SPD。用作此类装置的器件有氧化锌（ZnO）压敏电阻、抑制二极管、雪崩二极管等。

③ 分流型与扼流型 SPD。根据不同需要，SPD 与被保护设备的接入方式通常有并联和串联两种方式。与被保护的设备并联的是分流型 SPD，工作时对雷电脉冲呈现低阻抗，而对正

常工作频率呈现高阻抗;与被保护设备串联的是扼流型 SPD,工作时对雷电脉冲呈现高阻抗,而对正常的工作频率呈现低阻抗。用作此类装置的器件有扼流线圈、高通滤波器、低通滤波器、λ 工作短路器等。

2. 信号线路 SPD 的选型

浪涌保护器的选择是个复杂的过程,需要考虑多种因素,虽然国家有一定的规范,但选择方法不尽相同。

通信线路 SPD 串联安装于线路上,在选择 SPD 时,除能保证起到防雷保护作用外,还要考虑 SPD 与通信线的匹配问题。在通信 SPD 的选型上主要从以下 4 个方面考虑。

① 工作电压选择。通信线路 SPD 最高工作电压是一个重要参数,通常依据通信线的工作电压来确定。常用通信线上的工作电压如表 8.7 所示,一般通信线路 SPD 工作电压应大于通信线工作电压的 1.2 倍以上。例如,模拟电话线工作电压为 110 V,则常用 SPD 最高工作电压选为 180 V。

表 8.7 建筑物电子信息系统雷电防护等级选择表

序号	通信类型	额定电压/V	带宽(速率)	SPD 最高电压/V	接口类型
1	xDSL	<6	8 Mb/s	18	RJ/ASP
2	2 Mb/s 数字中继	<5	2 Mb/s	6.5	同轴 BNC
3	ISDN	<40	2 M	80	RJ
4	模拟电话线	<110	64 k	180	RJ
5	100 Mb/s 以太网	<5	100 Mb/s	6.5	RJ
6	同轴电缆以太网	<5	10 Mb/s	6.5	同轴 BNC/N
7	RS232	<12	57 k	18	DB
8	RS422/485	<5	2 Mb/s	6	ASP/DB
9	工业现场控制	<24		27	ASP

② 传输特性选择。通信线路 SPD 安装在信号线上时,支持带宽或传输速率应不小于通信系统本身的传输速率,否则会导致通信中断或误码率增加,影响通信系统正常工作。同时,传输性能参数应符合表 8.8 所示的规定。对于传输模拟信号的线路,还要考虑插入损耗应满足系统设计总插入损耗允许值的预留范围。对于信号接地,如果网络接地,就要求整个网络与地之间的绝缘电阻大于 50 MΩ,绝缘电阻下降后将出现干扰。这类系统通常采用机壳接地,其余电路悬地。

表 8.8 信号线路 SPD 传输性能参数要求

名称	插入损耗/dB	电压驻波比	响应时间/ns	平均功率/W	特性阻抗/Ω	传输速率/(Mb/s)	工作频率/MHz	接口形式
数值	≤值形式	≤值形式	≤值形	≥值形式倍系统平均功率	应满足系统要求	应满足系统要求	应满足系统要求	应满足系统要求

③ 接口类型选择。一般通信线路与设备接口类型有 4 种:DB 接口、RJ(RJ45/RJ11)接口、COAX(同轴 BNC /N/SMB/L9)接口、ASP 接口(压接口)。常用通信接口类型参见表 8.5。通常通信线路 SPD 以串联方式安装在线路上,为阻抗匹配和保持最小的接触电阻,

应选择与通信线同类型的接口，其中对于 RJ、DB 类型接口要注意线对配合，对于同轴接口要注意公母配合。在安装时还需确认连接的通信设备使用的通信引脚与 SPD 的保护脚是否相匹配，否则要在接口处进行跳线，即更改接线。

④ 保护能力选择。SPD 保护能力主要从放电电流、限制电压两方面选择。SPD 的标称放电电流应大于装设部位预期的最大电涌电流，例如同轴电缆 SPD 标称放电电流大于 3 kA，屏蔽双绞线 SPD 标称放电电流大于 0.5 kA，非屏蔽双绞线 SPD 标称放电电流大于 1 kA。SPD 的限制电压应不大于保护对象的耐压等级，例如同轴电缆、屏蔽双绞线、非屏蔽双绞线的 SPD 限制电压大于最大工作电压的 1.2 倍。

3. 电源 SPD 的选型

电源 SPD 的主要参数有额定工作电压、冲击通流容量、电压保护水平、响应时间等。对于配电系统，我们按照三级防雷设计。第一级选用电压开关型 SPD，安装在总配电柜处；第二级选用电压限制型 SPD，安装在分配电柜处；第三级选用电压限制型 SPD，安装在需要保护的设备前端。而且，电压开关型 SPD 与限压型 SPD 之间的线路长度宜大于 10 m，限压型 SPD 之间的线路长度宜大于 5 m；若小于规定长度，应在两级 SPD 之间串联加装退耦装置。各级配电电源系统 SPD 的主要参数如表 8.9 所示。

表 8.9 配电电源系统 SPD 主要参数（参考值）

内 容	SPD 参数		
	第一级	第二级	第三级
标称通流容量 I_n/kA（8～20μs）	60	40	20
最大通流容量 I_{max}/kA（8～20μs）	100	80	40
保护水平/kV	2.5	2.2	1.8
持续工作电压（U_c）/V	385	385	385
响应时间/ns	<25	<25	<25

在施工中要特别注意三点：一是浪涌保护器的接地属于防雷保护接地，不应连接到工作地线上；二是电缆中未使用的空线也应两端接地；三是出入机房的光缆虽然不需要浪涌保护，但其金属芯部分应抽出接地。

复习思考题

1. 防雷与保护目前有哪三种策略？
2. 画图说明雷电防护分区（LPZ）划分。
3. 画图说明单支避雷针的保护范围。
4. 说明接闪器材料选择的一般原则。
5. 当雷电的滚球半径过大时，即便有避雷针保护天线，达到 A 级防护，为什么仍不能说做到有 100% 的防雷效果？还应采取哪些防雷措施？
6. 什么是感应雷电？说明电磁弹和感应雷电的破坏机理。
7. 如何进行电磁弹和感应雷电的防护？

第 9 章　通信电源与配电

通信电源与配电设计，直接关系到通信、计算机、网络以及其他用电设备的稳定运行以及相关人员的正常工作与人身安全。所以，通信电源与配电系统不仅要高效节能，而且要安全可靠。在通信电源与配电设计和施工过程中，配电系统的设计、电源线的选择与安装合理与否，对于提高机房建设工程质量和使用维护效率，都有着极其重要的作用。

9.1　电力系统概述

9.1.1　电力系统及供配电概念

电力系统是由发电厂、电力网（包括输配电线路和变配电所）和用电设备三部分组成；供配电系统是电力系统的电能用户，也是电力系统的重要组成部分。图 9.1 所示电力系统和供配电为系统示意图。

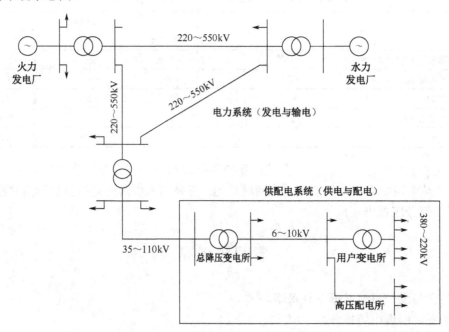

图 9.1　电力系统和供配电系统示意图

总降压变电所是用户电能供应的枢纽，它将 35~110 kV 的外部供电电源降为 6~10 kV 高压配电电压，供给高压配电所、用户（车间或建筑物等）变电所和高压用电设备。

用户变电所将 6~10 kV 电压降为 380V/220V 电压，供低压用电设备使用。

配电线路分为 6~10 kV 高压配电线路和 380V/220V 低压配电线路。高压配电线路将总降压变电所与高压配电所、车间变电所或建筑物变电所和高压用电设备连接起来，低压配电线路将用户变电所 380V/220V 的电压送给各低压用电设备。

用电设备按用途可分为动力用电设备、工艺用电设备、电热用电设备、试验用电设备和照明用电设备等。

应当指出，对于某个具体的供配电系统，可能上述部分全都有，也可能只有其中某几个部分，这主要取决于电力负荷的大小和配电区的大小。不同的供配电系统，不仅组成不完全相同，而且相同部分的构成也会有较大差异。

另外，电能的生产、输送和使用，都广泛采用三相制，单相交流电路只是三相制中的一相。与单相制相比，三相交流电具有以下特点：

① 在同样条件下输送同样大的功率，特别是远距离输电时，三相输电线路比单相输电线路节约25%左右的材料。

② 三相交流电动机（或用电设备）与尺寸相同的单相交流电动机（或用电设备）相比，前者输出功率大，性能优越，振动小。

9.1.2 低压配电系统的接地制式

低压配电系统电源的中性点可以直接接地，也可以不接地，或通过高阻抗接地。低压用电设备的外露导电部分可以直接接地，也可以通过导线连接到配电系统电源接地的中性点上。把配电系统与用电设备接地方式的几种组合，称为配电系统接地制式。依据国际电工委员会（IEC）规定，我国配电系统接地制式分三类，即IT制（三相三线制）、TT制（三相四线制）和TN制（三相五线制），其中TN制中又分TN-C、TN-S和TN-C-S三种情况。通信台站供电用得最多的为TT制与TN制，下面简要说明。

1．TT制（三相四线制）

我国农村电网中一般采用TT制，其输电线路为三相四线，其中三条相线是A、B、C，另一条是中性线N（区别于零线），故称三相四线制如图9.2所示。在进入用户的单相输电线路中，有两条线，一条称为火线，另一条称为零线，零线正常情况下要通过电流，以构成单相线路中电流的回路；而在三相系统中，三相自成回路，在正常情况下中性线是无电流的。在380 V低压配电网中，为了从380 V相间电压中获得220 V线间电压而设N线，有的场合也可以用来进行零序电流检测，以便进行三相供电平衡的监控。

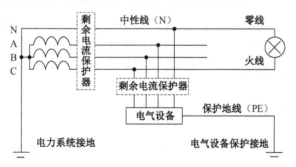

图9.2 TT制（三相四线制）

TT制的各电气设备外露导电部分（金属外壳）就近保护单独接地，多个接地装置之间无关联，正常时无电位。当某一相线碰到设备的金属外壳时，机壳对地剩余电压较高，若这时无较大的断路电流，供电系统将不能及时断路。但各设备单独接地，对地故障电压不会蔓延，故电磁干扰小。

随着电子设备和数字处理系统的广泛应用，处于偏远农村的通信基站、通信电台等的供电需求越来越多,若采用 TT 制供电时,应在供电系统中增加剩余电流动作保护器(RCD),以便在电流发生故障时能及时切断电源。

2. TN 制(三相五线制)

目前我国城市 380V/220V 低压配电系统广泛采用中性点直接接地方式,并引出中性线(N 线)、保护线(PE 线)或保护中性线(PEN 线),这样的系统称为 TN 系统。因 N 线和 PE 线的不同形式,又分为 TN-C 系统、TN-S 系统和 TN-C-S 系统。

(1)TN-C 系统

TN-C 系统的 N 线和 PE 线合用一根导线——PEN 线,所有设备外露可导电部分(如金属外壳等)均与 PEN 线相连,如图 9.3 所示。保护中性线(PEN 线)兼有中性线(N 线)和保护线(PE 线)的功能,当三相负荷不平衡或接有单相用电设备时,PEN 线上均有电流通过。

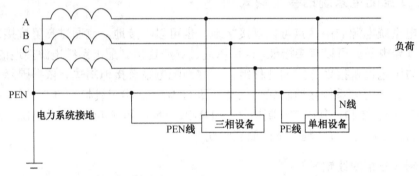

图 9.3 TN-C 系统

这种系统一般能够满足供电可靠性的要求,而且投资较少,节约有色金属,过去在我国低压配电系统中应用最为普遍。但是当 PEN 断线时,该系统可使设备外露可导电部分带电,对人有触电危险。所以,在安全要求较高的场所和要求抗电磁干扰的场所,均不允许采用 TN-C 系统。

(2)TN-S 系统

TN-S 系统的 N 线和 PE 线是分开的,所有设备的外露可导电部分均与公共 PE 线相连,如图 9.4 所示。这种系统的特点是公共 PE 线在正常情况下没有电流通过,因此不会对接在 PE 线上的其他用电设备产生电磁干扰。此外,由于其 N 线与 PE 线分开,因此即使 N 线断线也并不影响接在 PE 线上的用电设备的安全。该系统多用于环境条件较差、对安全可靠性要求较高以及用电设备对抗电磁干扰要求较严的场所。

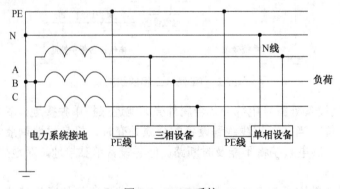

图 9.4 TN-S 系统

（3）TN-C-S 系统

这种系统前一部分为 TN-C 系统，后一部分为 TN-S 系统（或部分为 TN-S 系统），如图 9.5 所示。它兼有 TN-C 系统和 TN-S 系统的优点，常用于配电系统末端环境条件较差且要求无电磁干扰的数据处理或具有精密检测装置等设备的场所。

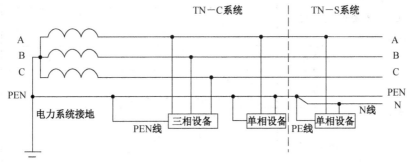

图 9.5 TN-C-S 系统

9.2 供配电系统设计要求

9.2.1 基础电源供电要求

通信电源包括基础电源和机架电源（即通信设备内的插件电源），本书主要讨论基础电源。我国通信行业标准 YD/T 1051—2000 规定：通信电源系统必须保证稳定、可靠和安全地向通信设备供电，供电不中断，供电质量达到规定指标要求，电磁兼容性符合相关标准规定。

1. 交流基础电源的要求

由市电或备用发电机组（含移动电站）提供的低压交流电源，称为通信台站交流基础电源。低压交流电的额定电压为 220V/380V（三相四线制），即相电压为 220 V，线电压为 380 V，额定频率为 50 Hz。

通信设备用交流供电时，在通信设备电源输入端子处测量，电压允许变动范围为额定电压值的-10%～+5%，即相电压 198～231 V，线电压 342～399 V。通信电源设备及重要建筑用电设备采用交流供电时，在设备的电源输入端子处测量，电压允许变动范围为额定电压值的-15%～+10%，即相电压 187～242 V，线电压 323～418 V。

交流电的频率允许变动范围为额定值的±4%，即 48～52 Hz。

交流电的电压波形正弦畸变率应不大于 5%。电压波形正弦畸变率是电压的谐波分量有效值与总有效值之比。

三相供电电压的不平衡度应不大于 4%。

大、中型通信台站要安装无功功率补偿装置，使之在采用 100 kV·A 以下变压器时，功率因数不小于 0.85；而采用 100 kV·A 以上变压器时，功率因数不小于 0.9。

2. 直流基础电源技术指标

向各种通信设备和二次变化电源设备或装置提供直流电压的电源，称为通信台站的直流基础电源。

YD/T 1051—2000 规定直流基础电源首选-48 V，过渡时期暂留-24V，其技术指标如表 9.1 所示。此外，目前有一部分移动通信基站的直流基础电源电压为+24 V。

表 9.1 直流基础电源电压标准的技术指标

额定电压/V			-48	-24
通信设备受电端子上电压的允许变动范围/V			-40～-57	-21.6～-26.4
杂音电压	峰-峰值		≤400 mV	≤400 mV
	频宽		3.4～150 kHz，杂音电压≤100 mV	
			0.15～30 MHz，杂音电压≤30 mV	
	离散频率		3.4～150 kHz，杂音电压≤5 mV	
			150～200 kHz，杂音电压≤3 mV	
			200～500 kHz，杂音电压≤2 mV	
			0.5～30 MHz，杂音电压≤1 mV	

3．供电可靠性

通信电源系统的可靠性用"不可用度"指标来衡量。电源系统的不可用度是指电源系统的故障时间与总时间（故障时间和正常供电时间之和）的比，即

$$电源系统不可用度 = \frac{故障时间}{故障时间 + 正常供电时间} \tag{9.1}$$

根据 YD/T 1051—2000 规定：省会城市和大区中心通信综合枢纽、长途及市话端局等，电源系统的不可用度应不大于 5×10^{-7}，即平均 20 年内故障累计时间应不大于 5 min；地市级城市综合局、长途及市话端局等，电源系统的不可用度应不大于 1×10^{-6}，即平均 20 年内故障累计时间应不大于 10 min；县级城市综合局、长途及市话端局等，电源系统的不可用度应不大于 5×10^{-6}，即平均 20 年内故障累计时间应不大于 50 min。

9.2.2 电源系统接入方案

1．外部电源接入

通信台站外部电源接入一般为一路市电、两路市电及柴油发电机等形式。重要负荷的供电一般应由三路不同回路电源输入，即两座变压器双路标准市电专线接入和一路应急柴油发电机专线接入，满足机房设备配电的需求并实现自动切换（ATS），在一路主回路发生故障或检修时，均不能造成供电线路的中断；在两路市电均发生故障的情况下可保证切换到由发电机提供电源。图 9.6 所示为外部电源接入示意图。

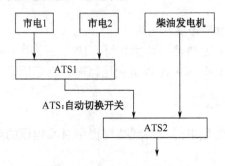

图 9.6 外部电源接入示意图

2. UPS 接入

随着电力供应的紧张以及电网环境的相对复杂性，不时会出现频繁停电，以及用电高峰期出现供电电压异常低、用电低谷期则出现供电电压异常高（即市电电压波动超过额定电压值的-10%～+5%）等现象。这将会直接导致通信机房中的路由器、交换机、计算机、服务器、数据存储器等各类设备无法连续正常工作。而电源浪涌、谐波失真、频率漂移、瞬间尖峰、电压跌落等，虽然一般用户难以觉察，但确实经常发生，也会大大增加通信网络系统的数据传输误码率以及发生数据掉包的几率，导致数据传输速率严重下降而出错，同时易造成设备的电源故障。因此，要求有条件的单位一般均应配备 UPS（Uninterrupted Power Supply，不间断电源）接入。

目前，根据设备机房级别，可以采用以下几种工作方式：
① 采用 UPS 单机供电工作方案；
② 采用 UPS 并机系统组成的供电工作方案；
③ 采用 UPS 双总线系统组成的供电工作方案。

如何选择适合电网环境、高可靠性、高质量的 UPS 或 HVDC（高压直流系统）供电电源解决方案，是用户在选择机房供电方案时必须考虑的问题。

9.3 UPS 电源的配置

9.3.1 UPS 电源分类

UPS 电源的种类很多，从工作原理上可分为后备式（离线式，Off-line）和在线式（On-line）两种。

1. 后备式 UPS

图 9.7 所示为后备式 UPS 工作原理图结构。市电正常供电（图 9.7 中实线路径）时，蓄电池处于充电状态；当市电停电或出现故障时，就会切换到电池/逆变器作为备用电源供电（图 9.7 中虚线路径），此时逆变器进入工作状态，将电池提供的直流电转变为稳定的交流电输出。因后备式 UPS 中逆变器平时离线，只在电源出现故障时才启动，故也被称为离线式 UPS。这种设计的主要优点是效率高、尺寸小、成本低。若采用适宜的滤波电路和浪涌保护电路，这些系统还可以提供适当的噪声过滤和浪涌抑制功能。

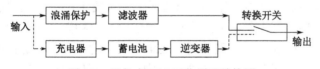

图 9.7 后备式 UPS 工作原理结构图

2. 在线式 UPS

对于在线式 UPS，市电经过整流器整流后变成直流电，一部分给蓄电池充电，另一部分则是直接送到逆变器进行逆变，把直流电转换为交流电输出；当市电出现问题时，蓄电池会向逆变器提供电力，保证电力的持续输出。其工作原理结构图如图 9.8 所示。因为这类 UPS 进行了"交流—直流—交流"两次变换，所以又叫作双转换 UPS。

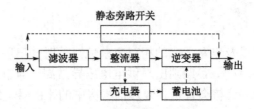

图 9.8 在线式 UPS 工作原理结构图

正常时由 UPS 主回路经整流、逆变双转换后对负载供电；当整流器出现故障或输入电源消失时，由后备蓄电池组逆变转换给负载供电；当逆变器出现故障或后备电池无电时，转为静态旁路由市电直接进行供电。

3．两类 UPS 的主要区别

后备式 UPS 在有市电时仅对市电进行稳压，逆变器不工作，处于等待状态；当市电异常时，后备式 UPS 会迅速切换到逆变状态，将 UPS 蓄电池电能逆变为交流电对负载继续供电。因此，后备式 UPS 在由市电转逆工作时会有一段转换时间，一般小于 10 ms，基本上用在小功率、对于电源反应不是很敏感的场合，比较适用于办公室和家庭。

在线式 UPS 开机后逆变器始终处于工作状态，因此在市电异常转为 UPS 蓄电池放电时没有中断时间，即 0 中断，电压输出平稳、无杂波。而且，现在的在线式 UPS 还支持自检、信息显示和软件远程监控等功能，特别适合要求较高的配电应用。

9.3.2　UPS 电源技术指标

UPS 作为保护性的电源设备，其技术指标、性能参数主要有输入电压、输出电压、频率、波形畸变等，在设计与选购时应重点考虑。例如：输入电压范围宽，则表明对市电的利用能力强（减少电池放电）；输出电压、频率范围小，则表明对市电调整能力强，输出稳定。波形畸变率用以衡量输出电压波形的稳定性。另外，UPS 效率、功率因数、转换时间等也是表征 UPS 性能的重要参数，这些重要参数决定了 UPS 对负载的保护能力和对市电的利用率。性能越好，保护能力也越强。

但当用各种技术指标评价一台 UPS 的优劣时，要有轻重之分，还要根据电网条件、用电环境、自然环境、用电设备的特殊要求、使用和维护水平等因素进行判断，其中以下几个问题值得注意：

① 不要过分追求 UPS 常规电气性能指标的优化。对 UPS 来说，常规电气性能指标（如转换时间、电压和频率稳定精度、波形失真度等）均需要考虑，但无须过分追求。对负载而言，大部分 UPS 在这些指标上都可以满足负载的要求，不应成为评定优劣、是否选用的标准。作为电网与负载的中间环节，UPS 要能适应当地电网环境，并且在运行中不能对电网产生不良影响。一台 UPS 对电网的适应能力主要指电网电压的变化范围、频率变化范围、波形失真和各种干扰情况下的运行能力。根据我国电网情况，UPS 允许的电压变化范围一般只要做到 ±25%，在频率变化 50 Hz±5% 范围内能正常运行即可。

② 不应忽视对 UPS 输入功率因数和谐波电流大小的要求。输入功率因数低和输入电流谐波成分大，意味着对电网的干扰大，特别是大功率 UPS，一般都是双逆变在线式结构，由于输入端有整流电路，往往其输入功率因数只有 0.8，而谐波电流高达 20%～30%。也就是说，如果 UPS 由电网引入的有功功率为 30 kW，同时也就有 12 kW 左右的无功功率在电网与 UPS

间流动,这对电网的影响相当严重。如果由柴油发电机带动 UPS,就需要发电机的功率容量是 UPS 功率容量的 2 倍,甚至更大。UPS 电路中的主要功率部件是逆变器,由它产生的高频干扰有可能反馈到电网中去,因此 UPS 电路本身应该具有去耦合及谐波抑制电路等设计,防止 UPS 对电网构成污染。

③ 重视对 UPS 输出能力和可靠性指标的考察。UPS 的平均无故障工作时间(MTBF)仅是一个估算可靠性的参数,是一个无法检测的参数,影响其数值的因素很多。而 UPS 输出能力的各项性能指标都是可量化的可靠性指标,在同等运行条件下,效率高、输出电流峰值系数大、过载能力强的 UPS,其可靠性必然高;效率低,则意味着 UPS 本身损耗大、发热量大,这会加快元器件的老化,缩短使用寿命。

④ 注重对总体成本的考虑。购买时不仅要考虑购买价格,而且还要考虑 UPS 本身效率的高低所造成的使用运行费用及维护费用。

9.3.3 UPS 供电系统的配置

1. UPS 后备时间选择

UPS 依后备时间可分为标准型及长效型。

标准型 UPS 指单台 UPS 已内置小容量电池(或装在主机机箱内),市电断后供电时间较短,满载下仅需几分钟,通常 UPS 厂商已设定好放电时间,如 3~15 min。

长效型 UPS 则根据后备时间的要求外配不同容量的电池,还需另配电池、电池柜(架)、连线和电池开关,一般安装在 UPS 主机柜外,供电时间依用户需要选定,通常为 30~8 h 不等。

当遇到设备停电只需存盘、退出时,应选用标准型 UPS;当设备停电仍需长时间运转,则必须选用长效型 UPS。当市电停电时间短且自备发电机能及时供电时,UPS 的供电时间可按 10 min 配置;如市电停电时间长或自备发电机不能及时开机供电,UPS 的供电时间一般按 30 min 以上配置。

实践证明,无谓地加大蓄电池容量是不能保证电子设备安全运行的,而且也不科学、不经济。首先,要从直流电源稳定可靠的观念向交流电源稳定可靠的观念转变,因为只有确保交流电源的稳定可靠,才能确保直流电源的稳定可靠,从而确保机房环境的稳定可靠。在确保交流电源稳定可靠的前提下,蓄电池的容量配置可以适当减小。

目前,大部分通信台站都配置了性能优越的备用发电机组,一旦市电中断,均能在 5~15 s 内启动供电,这大大缩短了蓄电池的放电时间,从而减少蓄电池容量的配置。这样,既能节约建设资金,又能确保交流电源的稳定可靠。

2. UPS 容量计算与选择

UPS 的额定容量用输出视在功率(kV·A)表示。根据我国通信行业标准 YD/T 1051—2000《通信局(站)电源系统总技术要求》,UPS 的容量系列如下:

- ▶ 单相输入单相输出 UPS 容量系列(kV·A):0.5,1,2,3,5,8,10;
- ▶ 三相输入单相输出 UPS 容量系列(kV·A):5,8,10,15,20,25,30,35,40;
- ▶ 三相输入三相输出 UPS 容量系列(kV·A):10,20;30,50,60,80,100,120,150,200,250,300,400,500,600。

通信台站所需 UPS 的额定容量应根据负载的总功率(负荷)大小确定,因此应首先获得负载的总功耗，并将单位统一到 kV·A。

单相输入单相输出 UPS 总功耗的计算方法：

$$P = I \times 220V/1000 \tag{9.2}$$

式中，P 为总功率、I 为输出电流。

考虑到 UPS 运行在 50%～70%区间时处于最佳运行状态，一般建议在计算时将上面的结果乘以 1.8，再一次放大，然后选取最靠近的功率产品。

最后根据 UPS 的输出功率因数，计算带载率确认 UPS 容量。

例如：某通信台站拟采用三相输入单相输出 UPS 供电，台站系统总负载为 17 kW，负载输入功率因数为 0.9，则对应容量为 1.7 kW/0.9=18.9 kV·A。考虑到 UPS 的最佳运行状态，得到 18.9 kV·A×1.8=34.02 kV·A，查 UPS 选型手册，35 kV·A 的 UPS 最靠近，能够满足控制系统的要求，因此目前可选取 35 kV·A 的 UPS 主机，若考虑系统扩容问题时应进一步增加 UPS 容量。

3. 蓄电池容量的配置

充足电后的蓄电池放电到规定终止电压所能供应的电量（电流与时间的乘积），称为蓄电池的容量。在 UPS 供电系统配置时，电池容量计算参考通信行业标准 YD/T 5040—2005《通信电源设备安装工程设计规范》，其常用的固定型铅酸蓄电池计算公式如下：

$$Q = \frac{k \cdot T \cdot I}{\eta[1 + \alpha(t - 25\text{℃})]} \tag{9.3}$$

式中：Q 为蓄电池额定容量（A·h）；k 为安全系数，一般取 1.25；T 为电池需要的最大放电时间（h）；I 为最大负载电流（A），即蓄电池的计算放电电流；η 为放电容量系数，当 T=0.5 h 时 η 取 0.45，T=1 h 时 η 取 0.55，T=2 h 时 η 取 0.61，T=3 h 时 η 取 0.75，T=4 h 时 η 取 0.79，T=6 h 时 η 取 0.88；t 为电解液的实际最低温度，按 15℃（有采暖设备）或 5℃（无采暖设备）考虑；α 为电池温度系数，10 h 放电率 α=0.006，1≤放电小时率<10 时 α=0.008，放电小时率<1 时 α=0.01。

另外，最大负载电流为：

$$I = \frac{\lambda \cdot S}{\mu \cdot U} \tag{9.4}$$

式中：I 为蓄电池的计算放电电流（A）；λ 为负载功率因数，一般取 0.8；S 为 UPS 额定容量（V·A）；μ 为 UPS 逆变器的效率，一般取 0.9 或最好按照说明书取值；U 为蓄电池放电时终止电压（V），即逆变器输入电压，2 V 电池时取（1.75～1.80 V）×N，12 V 电池时取（9.6～10.5 V）×N，N 为串联的电池个数。

若 λ=0.8、k=1.25、μ=0.9、t=5℃（无采暖设备），电池需要的最大放电小时数为 T=4 h，对应的 η=0.79，α=0.008，则由式（9.3）和式（9.4），最大负载电流为：

$$\begin{aligned}
Q &= \frac{\lambda \cdot k \cdot T \cdot S}{\mu \cdot \eta \cdot [1 + \alpha(t - 25)] \cdot U} \\
&= \frac{0.8 \times 1.25 \times 4\,\text{h} \times S}{0.9 \times 0.79 \times [1 + 0.008(5\,\text{℃} - 25\,\text{℃})] \times U} \\
&= 6.7 \frac{S}{U}
\end{aligned}$$

若 UPS 额定容量 $S = 20\text{kV}\cdot\text{A}$，12 V 蓄电池最低放电电压为 10.5 V，选用 40 节（$N=40$），则每节蓄电池的容量为：

$$Q = 6.7\frac{S}{U} = 6.7\frac{20\,\text{kV}\cdot\text{A}}{10.5\,\text{V}\times 40} = 319\,\text{A}\cdot\text{h}$$

然后通过电池企业提供的技术参数，查表获得最佳电池型号。

4．UPS 供电方案设计

（1）单机供电方案

通常在负载量小于 20 kV·A 且不是关键负载的情况下，会使用单台 UPS 对负载进行保护，当出现市电不能正常供给时，将由 UPS 对负载设备供电。其优点是结构简单、成本低廉；缺点则是没有备份，当此台 UPS 进行检修或发生故障时，负载不能得到保护。图 9.7 和图 9.8 中就是这种方案。

（2）热备份串联供电方案

该方案是并机早期的链接方式，因受当时并机技术的制约，其中 UPS 设备的使用率较低，安全可靠性有限，不能满足用户的更高安全要求，目前这种方案很少使用。由于两台 UPS 无须在同一控制程序下协调工作，无须通信链接，所以只要在 UPS 功率满足负载要求的前提下，就可以使用不同品牌的 UPS，其供电原理框图如图 9.9 所示。

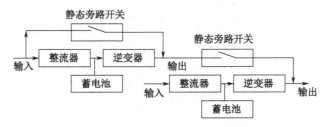

图 9.9　双机串联 UPS 供电原理框图

优点：灵活性高，不受品牌限制；安装简单，无须额外调试；不增加额外辅助电路，不增加购置成本；可 $N+1$ 热备份，可分期扩容。

缺点：瞬时过载能力低；两机老化不一致；备机电池长期不处于浮充状态，影响电池寿命。

（3）直接并机 $M+N$ 冗余供电方案

直接并机供电方案是将多台同型号、同功率的 UPS，通过并机柜、并机模块或并机板，把输出端并接，目的是共同分担负载功率。

其基本原理是：在正常情况下，多台 UPS 均由逆变器输出，平分负载和电流，当一台 UPS 发生故障时，由剩下的 UPS 承担全部负载。并联冗余的本质，是 UPS 均分负载，实现组网的形式有 $N+1$（N 台工作，1 台冗余）或者 $M+N$（M 台工作，N 台冗余）。

在"1+1"情况下，正常工作时，两台 UPS 各承担 50% 负载，若其中一台出现故障，另一台 UPS 就自动承担 100% 负载，故障 UPS 自动退出并机模式。当故障 UPS 维修好以后可直接投入并机，两台 UPS 自动均分负载；若故障 UPS 退出并机还没有维修好，而带载 UPS 也出现故障，此时将自动切换至带载 UPS 的旁路；当两台 UPS 全部维修好以后，按并机开启步骤可将两台 UPS 投入到"1+1"冗余并机工作状态。其原理框图如图 9.10 所示。

优点：多台 UPS 均分负载，瞬间过载能力强，可靠性大大提高；没有瓶颈故障点，系统寿命和可维护性大大提高。

缺点：并机之间需要通信连接，必须是同品牌、同系列、同规格的 UPS。另外，两个 UPS 之间有可能存在环流，环流增加无功损耗，降低系统可靠性，这也是区分 UPS 优劣的一个标准。

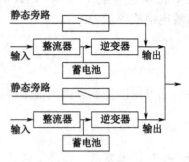

图 9.10　直接并机"1+1"冗余 UPS 供电原理框图

（4）双总线输出冗余 UPS 供电方案

尽管"1+1"冗余并机方案可极大地改善供电环境，但近年来对机房的运行状况调查发现，仅靠冗余并机系统并不能确保输出端不出现停电事故，如接线端子老化、保险丝烧毁、断路器跳闸等。同时，由于存在单电源输入的关键性设备，输出配电柜、开关等系统不能进行单路停电检修维护，这就需要输出线路中配置负载自动切换开关。所以就有了双总（母）线输出冗余 UPS 供电方案，即 $2N$ 或 $2(N+1)$ 双总线 UPS 系统，其中两套 UPS 是独立的，直接供给双电源或三电源负载，各承担 50% 负载，从而使整个配电系统得到更加稳定可靠的保障，如图 9.11 所示。

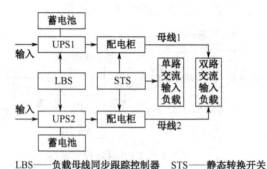

LBS——负载母线同步跟踪控制器　STS——静态转换开关

图 9.11　双总线输出冗余 UPS 供电原理框图

其中，LBS（负载母线同步跟踪控制器）、STS（静态转换开关）对负载自动切换开关在执行自动切换操作时，对输入到设备的电源仅有 3 ms 左右的瞬间供电中断，该值远小于当今设备所允许的 20 ms 瞬间供电中断容限。另外，双总线系统真正实现了系统的在线维护、在线扩容、在线升级，解决了供电回路中的"单点故障"问题，极大地增加了整个系统的可靠性，提高了输出电源供电系统的"容错"能力。

优点：灵活性高，不受品牌限制；瞬间过载能力强；保险系数高。

缺点：建设成本高。

5．典型机房供配电方案

大型通信机房按一类负荷供电考虑，供配电系统划分为两个相对独立的系统：第一部分为设备配电系统，主要为机房内的计算机设备、网络设备、消防系统、应急照明系统等提供稳定可靠的不间断电源，由 UPS 电源供电；第二部分为辅助设备配电系统，由市电直接供电。典型机房供配电方案设计框图如图 9.12 所示。

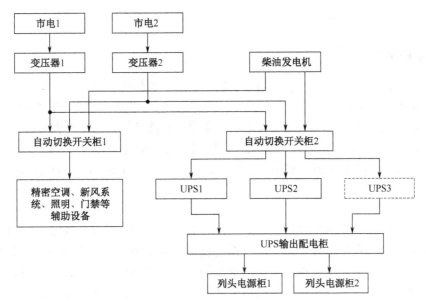

图 9.12 典型机房供配电方案设计框图

9.4 机房配电容量估算

学会计算或估算电力负荷的大小是很重要的，它是正确选择供电系统中的导线、电缆、开关电器、变压器等的基础，也是保证供配电系统安全可靠运行必不可少的环节。

机房的配电容量（即用电量）主要由机房内设备用电、环控（空调和通风）用电和照明及辅助用电三部分组成。通信台站在建设时需要根据其用电量来确定供电线路的容量和配电柜的设计。但是，在实际工程中需要先进行机房建设，而设备的具体数量和具体用电量等都没有最后确定，设计者往往只能粗略地计算主要设备的用电量而忽略或者不知如何计算辅助设备的用电量。所以，一种简单而实用的计算方法成为机房设计者必须掌握的工具。

1. 机房内设备布置的数量

在已建好的机房内布置设备，根据机房的房间面积，应用公式可以计算出设备的摆放数量。机房内（无人值守或少人值守）设备布置数量和机房面积的一般参考计算方法有两种：

① $$S = (5 \sim 7) \sum S_n \tag{9.5}$$

式中：S 为机房的使用面积（m²）；S_n 为设备安装所占的（投影）面积（m²），ΣS_n 为机房内所有设备所占面积的总和。

② $$S = k \times A \tag{9.6}$$

式中：S 为机房的使用面积（m²）；A 为机房内所有设备的总数（台）；k 为系数，一般取值为 $4.5 \sim 5.5 \ m^2/$台。

在知道设备具体种类和安装投影面积情况下可采用式（9.5）。在不确定设备种类和投影面积时，机房设计者可以采用式（9.6）来预计算可放置设备数量，并据此进行下一步设计。

例如：根据式（9.6），k 取 5，可得出 800 m²（以下的例子都是以 800 m² 的机房为参考）的控制大厅可布置的设备总数为 800 m²÷5 m²/台=160 台。显然，这只是理论计算，实际布置的设备要考虑各方面的因素，不是仅仅凭公式就能计算出来的，但机房建设者可以据此来设计。

2. 设备的用电量估算

根据实际工作中的经验，一般通信设备机柜的用电量约为 1 kW；监控台（计算机和显示器）的用电量约为 0.6 kW；高功放、发射机等设备的用电量差别较大，要根据实际值计算。这些设备基本上属于高频开关电源，对电网来说属于容性负载，在计算容量时，应增加 1.3～1.5 倍的安全系数对设备容量进行计算配置。特别是对于使用 UPS 不间断电源供电的设备，虽然在实际运行中，设备的实际使用功率达不到计算值，但对设备的安全可靠运行至关重要。

3. 环控用电量的确定

为了达到保证设备正常工作需要的温度，设备机房应该采用精密空调，空调的负荷（制冷量）一般根据制冷系统负荷确定。制冷系统负荷等于室内负荷、新风负荷和其他热量形成的冷负荷之和，也就是说空调制冷系统的供冷能力除了要补偿室内的冷负荷外，还要补偿新风量（保持室内空气新鲜的换气量）的冷负荷和抵消其他热量（设备散热、照明散热等）形成的冷负荷。

机房的空调负荷（设备散热量除外）主要包括围护结构负荷、照明负荷与人体散热负荷。围护结构负荷、照明负荷、新风负荷和人体散热形成的负荷所涉及的具体参数很多，如房屋的构造类型、内墙外墙的材料、玻璃的安装形式、人员的多少和换气量等，这些参数都要根据实际情况来确定。这里只给出北京地区的经验参考（值）计算方法（其他地区可查表得到耗冷量指标），耗冷量指标取 180 W/m²，即每平方米需要的耗冷量应为 180 W（包括新风、照明散热和人体散热等负荷）。

机房的空调负荷（即耗冷量）的计算公式如下：

$$Q_1 = 耗冷量指标 \times 房间面积 \tag{9.7}$$

式中：Q_1 为不包括设备散热量的空调负荷。依此估算出 800 m² 机房的空调负荷为 800 m²×180 W/m² = 144 000 W = 144 kW。

$$Q_2 = N_1 \times K_1 \tag{9.8}$$

式中：Q_2 为设备散热量；N_1 为设备安装功率（用电量）；K_1 为功耗系数，国内设备取 0.4～0.5，国外设备取 0.6～0.8。

$$Q = Q_1 + Q_2 \tag{9.9}$$

式中：Q 为机房空调总负荷。

考虑到设备运行的可靠性，空调系统还应留有 10%～15%的备用制冷量，以消除空调本身的散热量和后续设备的扩充。所以机房空调的负荷能力（制冷量）应为：$Q/[1-(10\%～15\%)]$。

但是，空调的制冷负荷并不等于空调的用电量，空调的制冷负荷和用电量之间存在着一定的比例关系，根据选用的空调系统不同，系数也不一样，系数范围为 0.4～0.6。例如：2 kW 制冷量的（空调）用电量为 2 kW×（0.4～0.6）=0.8～1.2 kW。

4. 照明及辅助用电

设备机房主要采用人工采光，照明质量的好坏不仅影响操作人员和软硬件维修人员的工作效率和身体健康，而且会影响设备的可靠运行。工作位置排列与工作人员的方位要求同灯具排列联系起来,应尽量避免直接反光,避免灯光从作业面至眼睛的直接反射而损坏对比度、降低能见度。对机房宜采用带隔栅的荧光灯,可选用三管的或二管的,灯具的镜面为亚光。根据《电子计算机机房设计规范》的规定,主机房的平均照度可按 200 lx、300 lx、500 lx 取值,通信台站机房应按 500 lx(离地面 750 mm 处)选取,根据实际工程经验,照度为 100 lx 的荧光灯的功率为 10 W/m², 依此估算出 800 m² 机房的照明用电量约为 40 kW。

辅助用电主要是为设备的维修及一些备用插座准备的,可以根据房间的面积及设备量适度考虑,留出充足接电位置,因为不是同时使用,一般 2 kW 的容量就够了。

5. 设备机房总用电量的确定

设备机房总的用电量即为设备的用电量、环控(空调和通风)用电量和照明及辅助用电三部分的总和。

假设机房内设备数量为 50 台,总功率为 50 kW,功耗系数取 0.6,可以得出空调的制冷负荷为:

$$Q = (Q_1 + Q_2) / [1-(10\% \sim 15\%)]$$
$$= (144 \text{ kW} + 50 \text{ kW} \times 0.6) / [1-(10\% \sim 15\%)]$$
$$= 216 \sim 228 \text{ kW}$$

空调需要的用电量约为:

$$(216 \sim 228 \text{ kW}) \times (0.4 \sim 0.6) = 86 \sim 137 \text{ kW}(折中,取 110 \text{ kW})$$

照明及辅助用电量为:

$$40 \text{ kW} + 2 \text{ kW} = 42 \text{ kW}$$

根据假设条件估算出 800 m² 机房总用电量为:

设备的用电量×1.3+照明及辅助用电量+空调需要的用电量
=50 kW×1.3+42 kW+110 kW=217 kW

由于机房设计初期,很多具体的情况不是非常清楚,可以根据以上公式和计算得出参考值,使机房设计者有的放矢,去做初步的预算。但因为实际使用涉及许多具体参数,估算值与具体的实际需求会有一定出入,这可随着工程的进展去修正数据,达到科学设计、合理预算的目的。

9.5 配电电缆的选择

低压配电电缆的选择是通信机房设计和设备安装中的重要内容之一。电缆是分配电能的主要器件,选择得合理与否,直接影响到有色金属的消耗量和线路投资,以及通信设备的安全、经济运行。

低压配电电缆的选择,必须满足用电设备对安全可靠供电和电能质量的要求,尽量节省投资,降低年运行费,布局合理,维修方便。

低压电缆的选择主要包括三方面的内容:①材料与型号的选择;②截面积的选择;③颜色的选择。

9.5.1 材料与型号的选择

电缆的结构包括导线、绝缘层、屏蔽层和护层四个主要部分。

电线、电缆常用的导体材料有铜和铝,目前提倡采用铜线,以减少损耗,节约用电;但铜芯线价格较贵,而腐蚀轻微。

在易爆炸、腐蚀严重的场所,以及用于移动设备、检测仪器、配电盘的二次接线等,必须采用铜芯电缆。

绝缘层有塑料绝缘、橡皮绝缘、聚氯乙烯绝缘等。聚氯乙烯绝缘电缆制造工艺简便,耐热能力强,耐压强度高,耐油、耐酸碱腐蚀,重量轻,弯曲性能好,接头制作简便,使用寿命长。低压电缆和电线多采用聚氯乙烯绝缘电缆和电线。

在低压电源线的选择中,通常使用的电源有单相 220 V 和三相 380 V。不论是 220 V 供电电源,还是 380 V 供电电源,导线均应采用耐压 500 V 的绝缘电线;而耐压为 250 V 的聚氯乙烯塑料绝缘软电线(俗称胶质线或花线),只能用作吊灯使用的导线,不能用于布线。

屏蔽层用于隔离电磁波的泄漏和防止干扰信号的侵入。通常电源线宜采用带屏蔽的电源线,若是非屏蔽的电源线宜穿金属管(槽)敷设。

根据敷设方式和环境条件(对于承受机械外力的影响)不同,电缆外护层的选择应采用钢丝铠装、钢带铠装或聚氯乙烯护套等。常用低压绝缘导线的型号及用途如表 9.2 所示。

表 9.2 常用绝缘导线的型号及用途

型号	名称	主要用途
BV	铜芯聚氯乙烯绝缘电线	用于交流 500 V、直流 1000 V 及以下的线路中,供穿钢管或 PVC 管明敷或暗敷用
BLV	铝芯聚氯乙烯绝缘电线	
BVV	铜芯聚氯乙烯绝缘聚氯乙烯护套电线	用于交流 500 V、直流 1000 V 及以下的线路中,供沿墙、沿平顶、线卡明敷用
BLVV	铝芯聚氯乙烯绝缘聚氯乙烯护套电线	
BVR	铜芯聚氯乙烯软线	与 BV 同,安装要求柔软时使用
RV	铜芯聚氯乙烯绝缘软线	供交流 250 V 及以下各种移动电器接线用,大部分用于电话、广播、火灾报警等,前三者常用 RVS 绞线
RVS	铜芯聚氯乙烯绝缘绞刑软线	
BXF	铜芯氯丁橡皮绝缘线	具有良好的耐老化性和不延燃性,并具有一定的耐油、耐腐性能,适用于户外敷设
BLXF	铝芯氯丁橡皮绝缘线	
BV-105	铜芯耐 105℃ 聚氯乙烯绝缘电线	供交流 500 V 及直流 1 000 V 及以下电力、照明、电工仪表、电信电子设备等温度较高的场所使用
BLV-105	铝芯耐 105℃ 聚氯乙烯绝缘电线	
RV-105	铜芯耐 105℃ 聚氯乙烯绝缘软线	供 250 V 及以下的移动式设备及温度较高场所使用

9.5.2 截面积的选择

电源线的截面积依据负载电力负荷确定,最小截面积应该满足以下三项要求:安全载流量;压降损失;机械强度。在实际设计中,一般根据经验按其中一个原则选择,再校验其他原则。

1. 按允许载流量选择截面积

导线通过电流时会发热,裸导线如果温度过高,接头处会发生氧化,使接触电阻增加,继而氧化加剧,如此恶性循环,将导致断线。当绝缘导线和电缆温度过高时,可使绝缘损坏,或者引起火灾。因此,导线和电缆的正常发热温度不得超过额定负荷时的最高允许温度。选择截面积时必须使通过相线的计算电流 I_C 不超过其允许流量 I_{al},即

$$I_C \leqslant I_{al} \tag{9.10}$$

导线的允许载流量是指在规定的环境温度条件下,导线能连续承受而不使其稳定温度超过允许值的最大电流。表 9.3 所示为聚氯乙烯绝缘电线的最大安全载流量。

表 9.3 聚氯乙烯绝缘电线的最大安全载流量(单位:A)

线芯截面积 /mm²	BLV 铝芯聚氯乙烯绝缘电线				BV 铜芯聚氯乙烯绝缘电线			
	敷设于 35℃ 空气中	敷设于管中 35℃			敷设于 35℃ 空气中	敷设于管中 35℃		
		2根单芯	3根单芯	4根单芯		2根单芯	3根单芯	4根单芯
1					16	12	11	9
1.5	15				20	16	14	13
2.5	21	17	15	12	27	22	20	19
4	27	23	20	19	36	30	26	24
6	36	30	27	24	47	40	35	32
10	51	42	38	32	64	56	49	43
16	69	54	48	43	90	70	63	56
25	90	69	60	50	119	92	82	73
35	112	86	77	69	147	115	99	90
50	142	108	95	86	185	142	126	112
70	177	134	123	109	229	177	158	142
95	216	164	1`47	131	281	216	194	173
120	246	190	168	148	324	250	224	198
150	281	216	194	173	371	285	259	229

按允许载流量选择截面积时需要注意以下几点:

① 允许载流量与环境温度有关。

当实际环境温度与规定的环境温度不一致时,可将允许载流量乘上温度修正系数 K_θ,以求出实际的允许载流量:

$$I'_{al} = K_\theta \cdot I_{al} \tag{9.11}$$

式中:$K_\theta = \sqrt{\dfrac{\theta_{al} - \theta'_0}{\theta_{al} - \theta_0}}$;且 θ_{al} 为导线额定负荷时的最高允许温度,θ_0 为导线允许载流量所采用的环境温度,θ'_0 为导线敷设地点实际的温度。

这里所说的"实际环境温度",是按允许载流量选择导线和电缆的特定温度,在室外取当地最热月平均最高气温,在室内取当地最热月平均最高气温加 5 ℃。

② 在多根电缆并列时,其散热条件较单根敷设时差,故允许载流量降低,要用电缆并列校正系数 K_p(一般取值范围为 0.84~0.9)进行校正。

③ 电缆在土壤中敷设时,因土壤热阻系数不同,散热条件也不同,其允许载流量也应乘上土壤热阻系数 K_s(一般取值范围为 0.75~1)校正。

2. 按机械强度选择截面积

在选择导线时，还要考虑导线的机械强度。有些小负荷的设备，虽然选择很小的截面积就能满足允许电流的要求，但还必须查看其是否满足导线机械强度所允许的最小截面积；如果这项要求不能满足，就要按导线机械强度所允许的最小面积重新选择。表 9.4 所示为不同机械强度允许的导线最小截面积。

表9.4 不同机械强度允许的导线最小截面积

用途及敷设方式		线芯的最小截面积/mm²		
		铜芯软线	铜线	铝线
照明用灯头线	① 屋内	0.4	1.0	2.5
	② 屋外	1.0	1.0	2.5
移动式用电设备	① 生活用	0.75		
	② 生产用	1.0		
架设在绝缘支持件上绝缘导线上的支持点之间的距离	① 2m 及以下，屋内		1.0	2.5
	② 2m 及以下，屋外	—	1.5	2.5
	③ 6m 及以下		2.5	4
	④ 15m 及以下		4	6
	⑤ 25m 及以下		6	10
穿管敷设的绝缘导线		1.0	1.0	2.5
塑料护套线沿墙明敷设		—	1.0	2.5
预制板板孔穿线敷设的导线		—	1.5	2.5

3. 按允许电压损失选择截面积

在导线和电缆通过正常最大负荷电流（即计算电流）时，线路上产生的电压损失不应超过正常运行时允许的电压损失，以保证供电质量。

380 V 交流馈电线路的压降损失按表 9.5～表 9.7 计算，一般在 5%～10%范围内。

表9.5 1 kV 聚氯乙烯电力电缆用于三相 380 V 系统的电压损失值

截面积/mm²		电阻/(Ω/km)(θ=60℃)	感抗/(Ω/km)	电压损失/[%/（A·km）]					
				$\cos\varphi=0.5$	$\cos\varphi=0.6$	$\cos\varphi=0.7$	$\cos\varphi=0.8$	$\cos\varphi=0.9$	$\cos\varphi=1.0$
铝	2.5	13.085	0.100	3.022	3.615	4.208	4.799	5.338	5.964
	4	8.175	0.093	1.901	2.270	2.640	3.008	3.373	3.728
	6	5.452	0.093	1.279	1.525	1.770	2.014	2.255	2.485
	10	3.313	0.087	0.789	0.938	1.085	1.232	1.275	1.510
	16	2.085	0.082	0.508	0.600	0.692	0.783	0.872	0.095
	25	1.334	0.075	0.334	0.392	0.450	0.507	0.562	0.608
	35	0.954	0.072	0.246	0.287	0.328	0.368	0.406	0.435
	50	0.668	0.072	0.181	0.209	0.237	0.263	0.288	0.305
	70	0.476	0.069	0.136	0.155	0.175	0.192	0.209	0.217
	95	0.351	0.069	0.107	0.121	0.135	0.147	0.158	0.160
	120	0.278	0.069	0.091	0.101	0.111	0.120	0.128	0.127
	150	0.223	0.070	0.078	0.087	0.094	0.101	0.105	0.102
	185	0.180	0.070	0.069	0.075	0.080	0.085	0.088	0.082
	240	0.139	0.070	0.059	0.064	0.067	0.070	0.071	0.063

续表

截面积/mm²		电阻/(Ω/km) (θ=60℃)	感抗/(Ω/km)	电压损失/[%/(A·km)]					
				cosφ=0.5	cosφ=0.6	cosφ=0.7	cosφ=0.8	cosφ=0.9	cosφ=1.0
铜	2.5	7.981	0.100	1.858	2.219	2.579	2.938	3.294	3.638
	4	4.988	0.093	1.174	1.398	1.622	1.844	2.065	2.274
	6	3.325	0.093	0.795	0.943	1.091	1.238	1.383	1.516
	10	2.035	0.087	0.498	0.588	0.678	0.766	0.852	0.928
	16	1.272	0.082	0.322	0.378	0.443	0.486	0.538	0.580
	25	0.814	0.075	0.215	0.250	0.284	0.317	0.349	0.371
	35	0.581	0.072	0.161	0.185	0.209	0.232	0.253	0.265
	50	0.407	0.072	0.121	0.138	0.153	0.168	0.181	0.186
	70	0.291	0.069	0.094	0.105	0.115	0.125	0.133	0.133
	95	0.214	0.069	0.076	0.084	0.091	0.097	0.102	0.098
	120	0.169	0.069	0.066	0.071	0.076	0.081	0.083	0.077
	150	0.136	0.070	0.059	0.063	0.066	0.069	0.070	0.062
	185	0.110	0.070	0.053	0.056	0.058	0.059	0.059	0.050
	240	0.085	0.070	0.047	0.049	0.050	0.050	0.049	0.039

表 9.6 三相 380 V 导线的电压损失值（导线明敷，相间间距 150 mm）

截面积/mm²		电阻/(Ω/km) (θ=60℃)	感抗/(Ω/km)	电压损失/[%/(A·km)]					
				cosφ=0.5	cosφ=0.6	cosφ=0.7	cosφ=0.8	cosφ=0.9	cosφ=1.0
铝	2.5	13.085	0.100	3.022	3.615	4.208	4.799	5.338	5.964
	4	8.175	0.093	1.901	2.270	2.640	3.008	3.373	3.728
	6	5.452	0.093	1.279	1.525	1.770	2.014	2.255	2.485
	10	3.313	0.087	0.789	0.938	1.085	1.232	1.275	1.510
	16	2.085	0.082	0.508	0.600	0.692	0.783	0.872	0.095
	25	1.334	0.075	0.334	0.392	0.450	0.507	0.562	0.608
	35	0.954	0.072	0.246	0.287	0.328	0.368	0.406	0.435
	50	0.668	0.072	0.181	0.209	0.237	0.263	0.288	0.305
	70	0.476	0.069	0.136	0.155	0.175	0.192	0.209	0.217
	95	0.351	0.069	0.107	0.121	0.135	0.147	0.158	0.160
	120	0.278	0.069	0.091	0.101	0.111	0.120	0.128	0.127
	150	0.223	0.070	0.078	0.087	0.094	0.101	0.105	0.102
	185	0.180	0.070	0.069	0.075	0.080	0.085	0.088	0.082
	240	0.139	0.070	0.059	0.064	0.067	0.070	0.071	0.063
铜	2.5	7.981	0.100	1.858	2.219	2.579	2.938	3.294	3.638
	4	4.988	0.093	1.174	1.398	1.622	1.844	2.065	2.274
	6	3.325	0.093	0.795	0.943	1.091	1.238	1.383	1.516
	10	2.035	0.087	0.498	0.588	0.678	0.766	0.852	0.928
	16	1.272	0.082	0.322	0.378	0.443	0.486	0.538	0.580
	25	0.814	0.075	0.215	0.250	0.284	0.317	0.349	0.371
	35	0.581	0.072	0.161	0.185	0.209	0.232	0.253	0.265
	50	0.407	0.072	0.121	0.138	0.153	0.168	0.181	0.186
	70	0.291	0.069	0.094	0.105	0.115	0.125	0.133	0.133
	95	0.214	0.069	0.076	0.084	0.091	0.097	0.102	0.098
	120	0.169	0.069	0.066	0.071	0.076	0.081	0.083	0.077
	150	0.136	0.070	0.059	0.063	0.066	0.069	0.070	0.062
	185	0.110	0.070	0.053	0.056	0.058	0.059	0.059	0.050
	240	0.085	0.070	0.047	0.049	0.050	0.050	0.049	0.039

表 9.7 三相 380V 导线的电压损失值（导线穿管）

	截面积/mm²	电阻/(Ω/km)(θ=60℃)	感抗/(Ω/km)	电压损失/[%/(A·km)]					
				cos φ=0.5	cos φ=0.6	cos φ=0.7	cos φ=0.8	cos φ=0.9	cos φ=1.0
铝	2.5	13.085	0.100	3.022	3.615	4.208	4.799	5.338	5.964
	4	8.175	0.093	1.901	2.270	2.640	3.008	3.373	3.728
	6	5.452	0.093	1.279	1.525	1.770	2.014	2.255	2.485
	10	3.313	0.087	0.789	0.938	1.085	1.232	1.275	1.510
	16	2.085	0.082	0.508	0.600	0.692	0.783	0.872	0.095
	25	1.334	0.075	0.334	0.392	0.450	0.507	0.562	0.608
	35	0.954	0.072	0.246	0.287	0.328	0.368	0.406	0.435
	50	0.668	0.072	0.181	0.209	0.237	0.263	0.288	0.305
	70	0.476	0.069	0.136	0.155	0.175	0.192	0.209	0.217
	95	0.351	0.069	0.107	0.121	0.135	0.147	0.158	0.160
	120	0.278	0.069	0.091	0.101	0.111	0.120	0.128	0.127
	150	0.223	0.070	0.078	0.087	0.094	0.101	0.105	0.102
	185	0.180	0.070	0.069	0.075	0.080	0.085	0.088	0.082
	240	0.139	0.070	0.059	0.064	0.067	0.070	0.071	0.063
铜	2.5	7.981	0.100	1.858	2.219	2.579	2.938	3.294	3.638
	4	4.988	0.093	1.174	1.398	1.622	1.844	2.065	2.274
	6	3.325	0.093	0.795	0.943	1.091	1.238	1.383	1.516
	10	2.035	0.087	0.498	0.588	0.678	0.766	0.852	0.928
	16	1.272	0.082	0.322	0.378	0.443	0.486	0.538	0.580
	25	0.814	0.075	0.215	0.250	0.284	0.317	0.349	0.371
	35	0.581	0.072	0.161	0.185	0.209	0.232	0.253	0.265
	50	0.407	0.072	0.121	0.138	0.153	0.168	0.181	0.186
	70	0.291	0.069	0.094	0.105	0.115	0.125	0.133	0.133
	95	0.214	0.069	0.076	0.084	0.091	0.097	0.102	0.098
	120	0.169	0.069	0.066	0.071	0.076	0.081	0.083	0.077
	150	0.136	0.070	0.059	0.063	0.066	0.069	0.070	0.062
	185	0.110	0.070	0.053	0.056	0.058	0.059	0.059	0.050
	240	0.085	0.070	0.047	0.049	0.050	0.050	0.049	0.039

直流馈电线路的压降损失应符合以下规定：60 V 和 48 V 电源系统由蓄电池端子至设备的总压降按 1.6 V 取定；24 V 电源系统的总压降一般按 0.8～1.2 V 取定。

4．中性线 N、保护接地线 PE 和保护接地中性线 PEN 的截面积选择

中性线 N 的允许载流量应大于最大三相不平衡电流与零序谐波电流之和，即通常情况下中性线的线芯截面积不小于相线截面积。

PE 线和 PEN 线截面积应满足回路保护电器可靠动作的要求和热稳定选择的要求。根据低压配电设计规范（GB 50054）中的规定，当采用单芯导线做 PEN 线干线且为铜材时，其截面积应不小于 10 mm²；为铝材时，其截面积应不小于 16 mm²；采用多芯电缆的芯线作 PEN 线干线，其截面积应不小于 4 mm²。当 PE 线所用材质与相线相同时，PE 线最小截面积应符合上述规定。

9.5.3 导线颜色选择

GB 50258—96《电气装置安装工程 1 kV 及以下配线工程施工及验收规范》第 3.1.9 条规

定：当配线采用多相导线时，其相线的颜色应易于区分，相线与零线（即中性线 N）的颜色应不同；同一建筑物、构筑物内的导线，其颜色选择应统一；保护地线（PE 线）应采用黄绿颜色相间的绝缘导线，零线宜采用淡蓝色绝缘导线。

① 相线颜色：宜采用黄、绿、红三色。三相电源引入三相电度表箱内时，相线宜采用黄、绿、红三色；单相电源引入单相电度表箱时，相线宜分别采用黄、绿、红三色。

② 中性线颜色：规范规定中性线宜采用淡蓝色绝缘导线。"宜"的含义是：在条件许可时首先应采用淡蓝色。有的国家中性线采用白色，如果其建筑物因业主要求采用白色做中性线，那么该建筑物内所有的中性线都应采用白色。如果中性线的颜色是深蓝色，那么相线颜色不宜采用绿色；因为在暗淡的灯光下，深蓝色与绿色差别不大，此时相线颜色在单相供电时应采用红色或黄色。

③ 保护地线的颜色：规范规定应采用黄绿颜色相间的绝缘导线。"应"的含义是必须，在正常情况下均必须采用黄绿相间的绝缘导线。

④ 订购时必须注明颜色。实际工程中经常发现电缆或护套线内导线的颜色不符合要求。有的工程用的三相照明电缆，三根相线是同色线；有的工程用的单相三芯照明电缆，导线是黄、绿、红三色。这是规范所不允许的。此外，在导线上包色带的补救措施也不应该采用。所以，工程中订购电缆或护套线时，除型号外还应注明导线的截面积和颜色。

9.6 低压断路器选择

9.6.1 低压断路器类型

低压断路器是一种用于额定交流电压 1.2 kV 以下、直流额定电压 1.5 kV 以下的配电电器。它按功能被定义为能够接通、承载及分断电路正常电路的电流，也能在规定的非正常条件下（过载、短路、欠电压及发生单相接地故障时）接通、承载一定时间和分断电流的开关电器。低压断路器容量范围很大，最小为 4 A，而最大可达 5000 A。

低压断路器分类方式很多：

- 按保护性能，可分为选择型（保护装置参数可调）和非选择型（保护装置参数不可调）。所谓选择型，是指断路器具有过载长延时、短路短延时和短路瞬时的三段保护性。
- 按结构形式，可分为框架式和塑外壳式两种。塑外壳式断路器将全部结构组件都装在一个结构紧凑的小塑料外壳内，它由于固定在一个外壳内因此较为单一，但由于体积较小的优点一般适用于小容量断路器；框架式断路器将结构元件都装在一个底板或框架上。其优点是有较多结构变化方式和较多类型脱扣器，多被大容量断路器采用。
- 按灭弧介质分，有空气式（空气开关）和真空式。
- 按操作方式分，有手动操作、电动操作和弹簧储能机械操作。
- 按极数，可分为单极、二极、三极和四极断路器。

9.6.2 低压断路器结构

以三极塑外壳式低压断路器（如图 9.13 所示）为例，低压断路器主要由触头、灭弧系统、操作机构和保护装置等组成。

1. 触头系统

触头（分静触头和动触头）在断路器中用来实现电路的接通或分断。触头的基本要求如下：

① 能安全可靠地接通和分断极限短路电流及以下的电路电流；

② 长期工作制的工作电流；

③ 在规定的电寿命次数内，接通和分断后不会严重磨损。

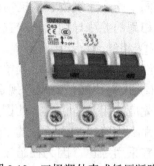

图9.13 三极塑外壳式低压断路器

常用断路器的触头形式有对接式触头、桥式触头和插入式触头。对接式和桥式触头多为面接触或线接触，在触头上都焊有银基合金镕块。大型断路器每相除主触头外，还有副触头和弧触头。

断路器触头的动作顺序是：断路器闭合时，弧触头先闭合，然后是副触头闭合，最后才是主触头闭合；断路器分断时却相反，主触头承载负荷电流，副触头的作用是保护主触头，弧触头用来承担切断电流时的电弧烧灼。电弧只在弧触头上形成，从而保证主触头不被电弧烧蚀而长期、稳定地工作。

2. 灭弧系统

灭弧系统用来熄灭触头间在断开电路时产生的电弧。灭弧系统包括两部分：一为强力弹簧机构，使断路器触头快速分开；一为在触头上方设有灭弧室。

3. 操动机构

断路器操动机构包括传动机构和脱扣机构两大部分。

按断路器操作方式的不同，传动机构可分为手动传动、杠杆传动、电磁铁传动、电动机传动；按闭合方式，可分为贮能闭合和非贮能闭合。

脱扣机构的功能是实现传动机构和触头系统之间的联系。

4. 保护装置

断路器的保护装置由各种脱扣器来实现。断路器的脱扣器种类有：欠压脱扣器、过电流脱扣器、分励脱扣器等。

欠压脱扣器用来监视工作电压的波动：当电网电压降低至额定电压的70%~35%或电网发生故障时，断路器可立即分断；在电源电压低于35%额定电压时，能防止断路器闭合。带延时动作的欠压脱扣器，可防止因负荷陡升所引起的电压波动，而造成的断路器不适当地分断。延时时间可为1 s、3 s和5 s。

分励脱扣器用于远距离遥控或热继电器动作分断断路器。

过电流脱扣器用于防止过载和负载侧短路，它还可分为过载脱扣器和短路脱扣器。

一般断路器还具有短路锁定功能，用来防止断路器因短路故障分断后，故障未排除前再合闸。在短路条件下，断路器分断，锁定机构动作，使断路器机构保持在分断位置；锁定机构未复位前，断路器合闸机构不能动作，无法接通电路。

断路器除上述四类装置外，还具有辅助接点，一般有常开接点和常闭接点。辅助接点供信号装置和智能式控制装置使用。

9.6.3 断路器的特性参数和选用

1．特性参数

我国低压电器标准规定低压断路器应有下列特性参数：

① 型式。断路器型式包括相数、极数、额定频率、灭弧介质、闭合方式和分断方式。

② 主电路额定值。主电路额定值有：额定工作电压、额定电流、额定短时接通能力、额定短时耐受电流。万能式断路器的额定电流还分主电路的额定电流和框架等级的额定电流。

③ 辅助电路参数。断路器辅助电路参数主要为辅助接点特性参数。万能式断路器一般具有常开接点、常闭接点各3对，供信号装置和控制回路用。塑壳式断路器一般不具备辅助接点。

断路器特性参数除上述各项外，还包括：脱扣器型式及特性、使用类别等。

2．断路器选用

额定电流在600A以下，且短路电流不大时，可选用塑壳断路器；额定电流较大，短路电流亦较大时，应选用万能式断路器。一般选用原则如下：

① 断路器额定电流≥负载工作电流。
② 断路器额定电压≥电源和负载额定电压。
③ 断路器脱扣器额定电流≥负载工作电流。
④ 断路器极限通断能力≥电路最大短路电流。
⑤ 断路器瞬时（或短路时）脱扣器整定电流≥1.2×线路或负载最大电流。
⑥ 断路器欠电压脱扣器额定电压=线路额定电压。
⑦ 低压断路器极数选择主要依据线路的中性线是否需要断开。对于TT线路系统，由于它和建筑物内的等电位连接未导通，因此可导致由外来故障带来的危险电压，为了避免这种情况的出现，需断开中性线，必须选择两极和四级断路器；对于TN线路系统，不需要断开中性线，所以可选择单级和三级断路器。

9.7 通信机房分支供电的要求

为了确保安全、便于检修，也为了方便用电，通信机房各个设备应采用分支供电方式，并符合以下要求：

① 机房照明独立配置并与插座支路分开。

机房一般配备三种照明系统，即常用照明（由市电供电的照明系统）、备用照明（由柴油发电机供电的照明系统）、事故照明（由蓄电池供电的照明系统，在常用照明电源中断而备用电源尚未供电时自动启用）。通常，三种照明系统均应独立配置，规模较小的通信机房，在不增大油机容量的条件下，可将常用照明与备用照明系统合并。

另外，机房照明与插座支路应分开，这样做的目的有两个：一是各自支路出现故障时不会相互影响；二是有利于故障原因的分析和检修。比如，当照明支路发生故障时，可以用插座接上台灯进行检修，而不至于整个房间内"黑灯瞎火"。

② 对于通信电台、空调器、电热器、电炊具、电热淋浴器等耗电量较大的电器，应单独从配电箱引出支路供电；支路铜导线的截面积，应根据用电器实际情况决定，例如：分体式

空调器一般为 2.5 mm²，柜式空调器一般为 4 mm²。

一般在对电源系统布线设计时，容易产生一个误区，认为电脑使用的电源线随便拉一条就行。其实，机房内总负载最大的还是电脑，在不配备音箱的情况下，其功率一般为 150 W 左右，机器数量增多，功率就明显增大。因此，电源线不应该是逐一串联的模式，而是使用分组点接，具体做法如下：每隔 1.5 m 左右接入一只 10 A 三芯国标插座（即墙上嵌入的独立插座）作为一个点，再将上述多孔插座接入，在 1.5 m 的范围内，将会有 4~5 台电脑使用这一个插座接入电源；然后，可视实际情况把电脑按 10 台或 16 台为一组，每组由一个空气开关控制，整个机房可以分为 4~6 组或者更多的组。

③ 照明支路最大负荷电流应不超过 15 A，各支路的出线口应控制在 16 个以内（一个灯头、一个插座都算一个出线口）。各个出线口的最大负荷电流在 10 A 以下，支路出线口最多不应超过 25 个。

④ 一般市场出售的墙壁开关的额定容量为 10 A，专用空调插座为 16 A，所以墙插在使用时，应避免在一个插座串接多个电器，而应尽量分开使用；超过 1.5 kW 的两个以上电器应避免使用同一个插座。

复习思考题

1. 画图说明从发电厂到用户的发、输、配电过程。
2. 说明低压配电系统的制式及特点。
3. 通信设备对供电有哪些基本要求？
4. 简述 UPS 电源分类。
5. 某通信台站系统总负载为 18 kW，负载输入功率因数为 0.9，考虑到 UPS 运行在 50%~70%区间处于最佳运行状态，请确认所需的 UPS 容量。
6. 一台 20 kV·A 的 UPS，要求输入断电后电池供电为 4 小时，选择 40 只 12 V 电池，计算每 2 V 单元电池提供的功率（W）。
7. 画图并说明双总线输出冗余 UPS 供电方案。
8. 计划在 800 m² 机房内安装设备数量为 50 台，单台功率为 50 kW，试估算机房设备的用电量、照明及辅助用电量、空调需要的用电量以及机房配电总容量。
9. 电源线的截面积依据负载电力负荷确定，最小截面积应该满足哪三项要求？
10. 何为低压断路器？如何选择？
11. 通信机房分支供电有哪些注意事项？

附录 A 通信工程图形符号

表 A.1 地图图形符号

序号	图形符号	说明	序号	图形符号	说明
1		窑洞	21		旱田
2		石油井	22		稻田
3		油库	23		铁路
4		矿井	24		火车站
5		高压线，电力线	25		公路
6		果园	26		高速公路
7		独立树木	27		行车桥
8		树林	28		人行桥
9		草地	29		乡村路
10		灌木丛	30		人行小路
11		房屋、建筑	31		水闸
12		建筑物地下通道	32		护坡坎 坡坎高 H
13		高地	33		城墙
14		洼地	34		水平基准点
15		池塘，湖泊	35		标高 高度×××毫米
16		山脉等高线	38		指北标识
17		河流	39		接图号标志
18		堤坝（挡水坝）	40		图内接断开先标志
19		水井	41		相邻图纸位置及编号的表示法
20		芦苇区	42		国界
21		竹林	43		省界
22		塔	44		地区界

表 A.2 杆路图形符号

序号	图形符号	说　明
1		架空光缆或架空电缆，一般标注线缆型号、芯数、长度等。
2	● P18 或 ○ P18	原有木杆或油杆（新设涂实或粗线），P18 为电杆编号
3	◎ P18	原有水泥杆（新设涂实或粗线），P18 为电杆编号
4	0.8m	更换水泥电线杆（拆除原有电杆，更换为 8.0 m 水泥杆）
5	◎ H 或 ◎◎◎	原有箱 H 形水泥杆（不设交接箱）
6	A ◎⊠◎ P18	原有架空交接箱（新设涂实或粗线，P18 为电杆编号，A 为交接箱编号）
7	○ 单	原有单接杆（新设涂实或粗线）
8		原有品接杆（新设涂实或粗线）
9	○L ○A ○△ ○#	原有 L、A、△、#形杆（新设涂实或粗线）
10		电杆保护用围桩，电杆加帮桩
11		水泥引上杆（新设涂实或粗线）
12	◎ 1.5m	水泥电杆移位 1.5 m
13	◎———	带撑杆的电杆（原有为细线）
14	◉ 2×7/2.6	新设双股拉线（程式有 7/2.2，7/.26，7/30）
15	7/2.6 ← ◉ → 7/2.6	新设单股双方拉线（程式有 7/2.2，7/.26，7/30）
16	◎ 12m ● 或 ◎ 12m 20m	带撑杆拉线的电杆，12 为距离，20 为撑杆高度
17		电杆分水桩
18	◉	新设卡盘或单横木
19	◉	新设双卡盘双横木
20	◎ 或 ○	电杆上装设地线（直埋式、延伸式）
21	○ 或 ○ A	电杆上装设火花间隙防雷线或放电器，A 处为型号
22	新设7/2.2 HYA200×2×0.4	穿钉式架空电缆杆，新设吊线为实心，原有为细圆 HY200×2×0.4 为 HYA 电缆 200 对线，线径 0.4 mm
23	新设7/2.2 HYA200×2×0.4	二线担式架空电缆杆，新设吊线为实心，原有为细圆
24	新设7/2.2 HYA200×2×0.4	抱箍式架空电缆杆，新设吊线为实心，原有为细圆
25	d N	线路与标志物的关系，N——线路转点编号或桩号，d——线路与标志物的距离

表 A.3 直埋、管道图形符号

序号	图形符号	说 明
1		直埋线路，一般标注线缆型号、芯数、长度等
2		管道线路，一般标注管孔数量、管道长度、线缆型号、芯数等
3	N1 中直	直通型人孔（注：有大号、中号、小号之分，中直表示中号直通型人孔，N1 为人孔编号）
4		有防蠕动装置的人孔（本图示为防左侧电缆蠕动）
5		局前人孔（原有为细线，新建为粗线）
6	N1 中直30°	斜通型人孔（注：大类有大号、中号、小号之分，小类有15°、30°、45°、60°、75°；"中斜30°"斜通型人孔，N1 为人孔编号）
7	N1 中三	三通型人孔（注：有大号、中号、小号之分，中三表示大号四通型人孔，N1 为人孔编号）
8	N1 大四	四通型人孔（注：有大号、中号、小号之分，大四表示大号四通型人孔，N1 为人孔编号）
9	10 塑φ90×2	人孔引上管（原有为细线，新建为粗线。2 根长 10 m、内径为 φ90 mm 的引上塑管）
10	N1 中手	手孔（注：有大号、中号、小号或三页、两页之分，"中手"表示中号手孔，N1 为人孔编号）
11	小手	埋式手孔（原有为细线，新建为粗线）
12		原有管道断面（6 孔管道，并做管道基础，管孔材料可为水泥管、钢管、塑料管等）
13	基础加座 φ10	新建塑料或钢管管道断面（上面为 6 孔水泥管道，下面做管道基础，φ10 mm 为受力钢筋的直径）
14		原有过桥管道（箱体内或吊挂式）断面
15	混1500 850 普通土 600~900 460 30	一立型通信管道，一般要标注管道挖深范围、管道基础厚度和宽度，并标注路面情况（混凝土 1500），挖土土质（普通土），管群净高度、管道包封情况、管群上方距路面高度（单位：m）
16	1.23 0.8~1.2 0.16 1.03	四平 B 型通信管道，一般要标注管道挖深范围，管道基础厚度和宽度，并标注路面情况，挖土土质、管群净高度、管道包封情况、管道上方距路面高度（单位：mm）

表 A.4 通信台站图形符号

序号	图形符号	说 明
1		接地的一般符号
2		无噪声（抗干扰接地）
3		保护接地
4		接机壳或底板
5		等电位接地
6		落地式交接箱（A 是交接箱编号，B 为交接箱容量，原有用细线表示，新设用粗线表示）
7		墙挂式交接箱（A 是交接箱编号，B 为交接箱容量，原有用细线表示，新设用粗线表示）
8		分线盒，N 为分线盒编号，B 为分线盒容量，C 为线序实际用户数，d 为现有容量，D 为设计容量
9		交接配线区，N 为交接配线区编号，例如 J22001 表示 22 局第 1 个交接配线区。n 为交接箱容量，如 2400（对）；P 为主干容量（电缆为线对数，设施为线序）；P1 为现有局号用户数；P2 为现有专线用户数；P3 为设计局号用户数；P4 设计专线用户数
10		无线通信台站的一般符号，可加注文字不同工作的无线电台，如：UHF 特高频无线电台站，BS 为移动通信基站
11		无线电收、发信电台（在同一天线上同时发射和接收）
12		移动无线电台（在同一天线上交替发射和接收）
13		卫星通信地球站或地面站
14		微波通信终端站
15		信息插座（单孔）
16		信息插座（多孔，n 为孔数）
17		光缆终端盒，6 芯
18		地面出线盒
19		过线盒

表 A.5 通信天线图形符号

序号	图形符号	说 明
1		天线的一般符号
2		天线塔的一般符号
3		圆极化天线
4		在方位角水平极化的定向天线
5		固定方位角水平极化的定向天线
6		在俯仰角上辐射方向可变的天线
7		环形（或框形）天性
8		用电阻终端的菱形天线
9		偶极子天线
10		折叠偶极子天线
11		喇叭天线或喇叭馈线
12		抛物线天线
13		矩形导馈电抛物面天线
14		八木天线
15		吸顶天线
16		板状天线

参 考 文 献

[1] 杜思深, 等. 通信工程设计与案例[M]. 北京：电子工业出版社, 2009, 2011.
[2] 杜思深, 等. 综合布线工程实践[M]. 西安：西安电子科技大学出版社, 2014.
[3] 庄绪春, 杜思深. 通信基础网设备与运用[M]. 西安：西安电子科技大学出版社, 2015.
[4] 张庆海. 通信工程综合实训[M]. 北京：电子工业出版社, 2010.
[5] 解相吾. 通信工程设计制图[M]. 北京：电子工业出版社, 2010.
[6] 黄艳华, 等. 现代通信工程制图与概预算[M]. 北京：电子工业出版社, 2011.
[7] 魏明. 雷电电磁脉冲及其防护[M]. 北京：电子工业出版社, 2010.
[8] 陈运良. 2006 年最新电线电缆施工及综合布线工艺[M]. 西宁：青海人民出版社, 2006.
[9] 丁龙刚. 通信工程施工与监理[M]. 北京：电子工业出版社, 2006.
[10] 陈家斌. 接地技术与接地装置[M]. 北京：中国电力出版社, 2002.
[11] 李景禄. 接地装置的运行与改造[M]. 北京：中国水利水电出版社, 2005.
[12] 川濑太郎. 接地技术与接地系统[M]. 北京：科学出版社, 2001.
[13] 莫里森, 著. 接地与屏蔽技术[M]. 陈志雨, 等, 译. 北京：机械工业出版社, 2006.
[14] 李维红, 任国全, 李冬伟, 等. 地面机动设备雷电防护工程[M]. 北京：国防工业出版社, 2014.
[15] 刘裕城, 韩志强. 通信防雷技术手册[M]. 北京：人民邮电出版社, 2015.
[16] 哈斯, 著. 低压系统防雷保护[M]. 傅正财, 译. 北京：中国电力出版社, 2005.
[17] 王远, 郭宜忠, 宫迅勋, 等. 电磁脉冲武器对雷达的损伤效应及防护措施[J]. 航天电子对抗, 2006(6).
[18] 孙永军. 电磁脉冲武器原理及其防护[J]. 空间电子技术, 2004(3).
[19] 叶蜚誉. 浪涌保护技术讲座第一讲：电涌保护的作用[J]. 低压电器, 2004 (2).
[20] 叶蜚誉. 浪涌保护技术讲座第二讲：电涌保护器的原理[J]. 低压电器, 2004 (3).
[21] 叶蜚誉. 浪涌保护技术讲座第三讲：电涌保护器的电压保护水平[J]. 低压电器, 2004(4).
[22] 叶蜚誉. 浪涌保护技术讲座第四讲：电涌保护器的通流容量[J]. 低压电器, 2004 (5).
[23] 叶蜚誉. 浪涌保护技术讲座第五讲：电涌保护器的最大持续运行电压[J]. 低压电器, 2004 (6).
[24] 叶蜚誉. 浪涌保护技术讲座第六讲：电源电涌保护器的布局[J]. 低压电器, 2004 (7).
[25] 叶蜚誉. 浪涌保护技术讲座第七讲：电涌保护系统的设计[J]. 低压电器, 2004 (8).
[26] 叶蜚誉. 电气、电子设备电源侧的电涌保护——电涌保护器主要参数[J]. 电工技术杂志, 2004 (3).
[27] 张晓娟, 刘成伟. 防雷浪涌保护器的应用[J]. 应用科技, 2013(10 上).
[28] 张伟强, 杨小平, 李建英, 等. 浪涌保护器的发展动向[J]. 电瓷避雷器, 2001(4).
[29] 吴明柱. 过电压保护器（SPD）的具体分类及其应用[J]. 山西电子技术, 2002(6).
[30] 骆建, 徐文兴. 建筑物低压电源系统的选择及应用[J]. 电气应用, 2006(25).

[31] 赵晋文. 涌电压保护器在建筑物防雷中的应用[J]. 山西建筑, 2008(7).
[32] 晏庆模. SPD 在低压交流配电系统的选型[J]. 智能建筑电气技术, 2013(8).
[33] 杜尚彬. 浪涌保护器原理及应用[J]. 机械工程师, 2014(6).
[34] 王力. 防雷装置 SPD 产品的分级探讨[J]. 应用科技, 2015(3).
[35] 王旭. 计算机网络防雷工程技术与 SPD 的应用[J]. 计算机应用技术, 2014(7).
[36] 高云鹏, 章程, 李鹏飞, 等. 浪涌保护器两端引线长度及线径问题的探讨[J]. 低压电器, 2011(3).
[37] 何佳. 浅谈浪涌保护器的分类与应用[J]. 重庆建筑, 2012(11).
[38] 杨宇龙. 某航管雷达站防雷设计[J]. 建筑电气, 2013(1).
[39] 刘芳, 高鹏. 雷击浪涌保护器(SPD)级间的配合的意义探讨——行波分析法[J]. 产业与科技论坛, 2011(10).
[40] 维基百科（英语版）. Electromagnetic pulse[EB/OL]. http://en.wikipedia.org/wiki/electromagnetic_pulse.
[41] 维基百科（英语版）. Surge protector [EB/OL]. http://en.wikipedia.org/wiki/surge_protector.
[42] 维基百科（英语版）.High attitude nuclear test [EB/OL].http://en.wikipedia.org/wiki/high_attitude_nuclear_test.
[43] 维基百科（英语版）. Voltage spike [EB/OL]. http://en.wikipedia.org/wiki/voltage_spike.
[44] 百度百科. 浪涌保护器[EB/OL]. http://baike.baidu.com/view/483627.htm.
[45] 百度百科. 雷电（自然现象）[EB/OL]. http://baike.baidu.com/subview/79219/5037656.htm.
[46] 百度百科. 浪涌[EB/OL]. http://baike.baidu.com/view/950177.htm.
[47] 百度百科. 7·23 甬温线特别重大铁路交通事故 [EB/OL]. http://baike.baidu.com/view/6171322.htm.
[48] GB50057—2010 建筑物防雷设计规范[S].
[49] TCE1024 建筑物雷电防护标准[S].
[50] GB 50343—2004 建筑物电子信息系统防雷设计规范[S].
[51] GB/T 18802.21—2006/IEC61643-21-2001 低压电涌保护器第 21 部分：电信和信号网络的电涌保护器（SPD）——性能要求和实验方法[S].
[52] GJB 6784—2009 军用地面电子设施防雷通用要求[S].
[53] 吴勇. 弱电系统中接地干扰及其抑制措施[J]. 电气应用, 2010, 29(19).
[54] 于世根, 于步洋. 低压电网接地型式的探讨[J]. 低压电器, 2013, (18): 47-55.
[55] 牛永红. TN-C 供电系统中设备保护接地方式研究[J]. 自动化应用, 2011(12).
[56] 张光升, 王家伍. 敏感设备抗干扰接地技术[J]. 低压电器, 2010(5).
[57] 王青山. 建筑设备[M]. 北京：机械工业出版社, 2003.
[58] GB 50168—2006 电气装置安装工程 电缆线路施工及规范[S].
[59] Meng Qingbo, He Jinliang, Dawalibi F P, et al. A new method todecrease ground resistances of substation grounding systems in high resistivity regions [J]. IEEE Transactions on Power Delivery, 1999, 14(3): 911-916.
[60] 鲁志伟, 陈慈萱. 任意形状接地网接地电阻的计算[J]中国电力, 1994(3).

[61] Dawalibi F P, Donoso F. Integrated analysis software for grounding, EMF, and EMI[J]. IEEE Computer Applications in Power, 1993, 6(2): 19-24.

[62] GB 50057 建筑物防雷设计规范.

[63] TCE1024 建筑物雷电防护标准.

[64] 石健. 电子信息系统机房 S 型及 M 型等电位连接探析[J]. 建筑电气, 2010 (11).

[65] 杜思深. 避雷针接闪对通信台站布线及接地系统影响分析[J]. 空军工程大学学报（自然科学版），2013（14）.

[66] 杜思深, 黄国策. 基于战场环境下通信台站的雷电及电磁武器防护设计[J]. 河北科技大学学报，2011, 32（8）：5-8.

[67] 黄克俭，黄小彦，涂山山，等. 电位连接与雷电反击关系的探讨[J]. 气象科学，2009（2）.